GIESSENER GEOGRAPHISCHE SCHRIFTEN

herausgegeben von den Hochschullehrern des Geographischen Instituts

der Justus Liebig - Universität Giessen

Heft 72

Joachim W. Härtling

Kommunale Entsorgung
in der kanadischen Arktis

Umweltaspekte von Wasserversorgung, Abwasserentsorgung und

Abfallwirtschaft in der Baffin-Region, Nordwest-Territorien, Kanada

1993

Selbstverlag des Geographischen Instituts

der Justus Liebig - Universität Giessen

Schriftleitung: U. Müller-Böker

Textverarbeitung: J. Härtling

Kartographie: J. Härtling

Einband: R. Stolper

Druck: D. Lickert

ISSN   0435-978X
ISBN   3-928209-05-1

© Selbstverlag Giessener Geographische Schriften 1993
Geographisches Institut
Senckenbergstraße 1
D-35390 Giessen
Germany

VORWORT

Die vorliegende Arbeit ist die Fortführung meiner Untersuchungen zu den chemischen und mikrobiologischen Einflüssen von Abwasser und Sickerwasser auf die Umwelt und den Menschen in der östlichen kanadischen Arktis. Prof. Dr. L. King ermöglichte es mir, das Thema an der Justus-Liebig-Universität, Gießen, abzuschließen. Ihm und seinen Mitarbeitern der Spitzbergen-Gruppe sei hiermit herzlich gedankt. Herrn Prof. W. Haffner bin ich für Anregungen und die Anfertigung des Zweitgutachtens sehr verbunden.

Den Anstoß, eine angewandte umweltrelevante Arbeit zu diesem Thema zu erstellen, erhielt ich durch den Betreuer meiner Master of Science Arbeit, Prof. Dr. R. Gilbert vom geographischen Institut der Queen's University in Kingston, Kanada. Er und seine Mitarbeiter von der "Pangnirtung Research of Underwater and Nearshore Environments (PRUNE)" Gruppe führten mich in den arktischen Raum ein. Dr. J. Glew, Dr. J. Dale, A. Hyatt und A. Wolfe sei hiermit sehr herzlich für ihre Kameradschaft und den wissenschaftlichen Austausch gedankt. Ein großes Dankeschön gilt auch den Professoren und Mitarbeitern der Queen's University, vor allem Prof. Dr. W. Vreeken, M. Publicover (Geographie), Prof. Dr. J. Kingston (Biologie) und Prof. Dr. G. VanLoon, Dr. P. Beeley (Chemie) für die Unterstützung mit Kenntnissen, Materialien und Laboreinrichtungen. Als Dozent an der Technischen Universität Ryerson in Toronto, Ontario, setzte ich meine Untersuchungen in der kanadischen Arktis fort. Unterstützt wurde meine Arbeit durch Diskussionen mit Prof. B. Clarence und Prof. P. Robinson. Prof. Dr. R. Cummings und Mitarbeiter führten für mich chemische Analysen durch.

Finanziert wurde die Arbeit vor allem durch den "World University Service of Canada (WUSC) Award" (1986-88), den "Queen's University Graduate Award" (1986/87), den "Ryerson Services/ORI Award" (1989/90) und Forschungsmittel, die vom "Natural Science and Engineering Research Council of Canada (NSERC)" und vom "Queen's University Advisory Research Council" an Prof. Dr. R. Gilbert vergeben wurden.

Meine große Dankbarkeit und Bewunderung gilt den Bewohnern der Baffin-Region, die mich auf vielfältigste Art und Weise an ihrem Leben teilhaben ließen. Ihr Humor, ihre Gastfreundschaft und ihre Verbundenheit mit der Natur, aber auch ihre Probleme und ihre Verzweiflung werden mir unvergeßlich bleiben. Besonderer Dank geht an A. Theriault, den regionalen Leiter von DIAND und seinen Mitarbeitern P. Kusugak, H. Madill und D. Jessiman. Herr Theriault erlaubte mir, bisher unveröffentlichten Wasser- und Abwasserdaten von DIAND zu benutzen, stellte mir das Labor des Forschungsinstituts von Iqaluit zur Verfügung und half meiner Arbeit auf vielfältigste Weise. Weitere Unterstützung kam vom Leiter des Forschungsinstituts Ikaluit, B. Longworth, dem Leiter des "Environmental Technology Programs" am arktischen College in Iqaluit, B. Rigby, dem Direktor der Abteilung Hoch- und Tiefbau der Stadt Iqaluit, J. Cucheran, und vielen anderen mehr. Fruchtbare Diskussionen zu Gesundheitsaspekten des Themas erfolgten mit den Gesundheitsinspektorinnen A. Brett und L. Wilson. In die Denkart der Inuit wurde ich durch M. Strachan und P. Kusugak eingeführt.

Ein herzliches Dankeschön gilt auch meiner Schwester (U. Belstra) und meinem Vater (W. Härtling) für das Korrekturlesen meiner Arbeit. Ich danke meinen Eltern auch sehr für das Interesse und die Unterstützung, die sie mir angedeihen ließen. Ihnen ist diese Arbeit gewidmet. Last-but-not-least möchte ich meiner Lebensgefährtin und fachlichen Kollegin, Dipl. Agr.-Ing. Nicole Hess, danken. Ihre Beiträge und Kommentare haben die Arbeit vorangebracht, und das Zusammenleben mit ihr hat mir dabei geholfen, diese Arbeit mit Freude und Enthusiasmus zu ihrem Ende zu bringen.

Dezember 1993

INHALTSVERZEICHNIS

VERZEICHNIS DER ABBILDUNGEN

VERZEICHNIS DER TABELLEN

VERZEICHNIS DER APPENDIZES

VERZEICHNIS DER ABKÜRZUNGEN

a   = Jahr
d   = Tag
n.b.   = nicht bestimmt
n.n.   = nicht nachgewiesen

AO   = Ästhetische Richtwerte
BG   = Bestimmungsgrenze
BW   = Blindwert
CARC   = Canadian Arctic Resources Committee
DFO   = Bundesfischereiministerium
DIAND   = Bundesministerium für Indianer- und
(DINA)   Nordlandangelegenheiten
DND   = Verteidigungsministerium
DOE   = Bundesumweltministerium
DOH   = Gesundheitsministerium der N.W.T.
DPW   = Ministerium für Hoch- und Tiefbau der N.W.T.
DRR   = Ministerium für nachwachsende Rohstoffe der N.W.T.
E   = Einwohner
EAMES   = Eastern Arctic Management Environmental Study
ERC   = Environmental Review Committee
FAO   = Bundesministerium für Fischerei
GNWT   = Regierung der N.W.T.
IMAC   = Vorläufiger Grenzwert
ITC   = Inuit Tapirisat of Canada
MAC   = Grenzwert
MACA   = Ministerium für städtische und kommunale
              Angelegenheiten der N.W.T.
MVA   = Müllverbrennungsanlage
MW   = Mittelwert
N   = Anzahl
NG   = Nachweisgrenze
NHW   = Bundesgesundheitsministerium
NIWA   = Northern Inland Waters Act
STD   = Standardabweichung
TFN   = Tungavik Federation of Nunavut
TVO   = Trinkwasserverordnung
VAR   = Varianz

1 EINLEITUNG

1.1 EINFÜHRUNG IN DEN THEMENBEREICH

Die vorliegende Arbeit beschäftigt sich mit gesundheits- und umweltrelevanten Aspekten von Wasserversorgung, Abwasserentsorgung und Abfallwirtschaft in der Baffin-Region, Nordwest-Territorien, Kanada (Abb. 1.1). In der kanadischen Arktis hat, ähnlich wie in anderen Randräumen der Erde, das Umweltbewußtsein in den letzten zwei Jahrzehnten erheblich zugenommen (BRIDGEO & EISEN-HAUER, 1986; CANADA, 1991; 1983a; EATON, 1982). Auch die Umweltwissenschaften haben sich in den letzten Jahren intensiv mit landschaftsökologischen und umwelttechnischen Fragen in der kanadischen Arktis auseinandergesetzt (BARRIE et al., 1992). Dennoch bestehen erschreckende Defizite in Bezug auf den Kenntnisstand zur mikrobiologischen und chemischen Verseuchung der arktischen Umwelt durch Abwässer und Sickerwässer (CANADA, 1991; BARRIE et al., 1992).

Dafür sind mehrere Faktoren verantwortlich. Zum einen ist die Besorgnis um die Beeinträchtigung der Natur und der Menschen im kanadischen Norden ein noch sehr junges Phänomen. Mit Ausnahme einiger weniger älterer Studien begann der Großteil der Forschungsarbeit in der Mitte der siebziger Jahre als eine verzögerte Konsequenz des gestiegenen globalen Umweltbewußtseins. Dies ist in einer Unterschätzung der realen Probleme begründet, die oft auf zwei Annahmen beruht: (a) Die geringe Industrie- und Bevölkerungsdichte in der kanadischen Arktis würde zu einer geringen Umweltbelastung führen; und (b) die niedrigen Temperaturen würden den Transport und Zerfall chemischer Kontaminanten verlangsamen und das Wachstum der mikrobiologischen Krankheitserreger reduzieren.

Beide Annahmen sind irreführend oder zumindest unvollständig. Zwar ist die Bevölkerungsdichte in den beiden Territorien der kanadischen Arktis, Nordwest-Territorien (N.W.T.) mit 52 200 Einwohnern und einer Fläche von 3 426 320 km (0.02 E/km²) und Yukon-Territorium mit 23 500 Einwohnern auf 583 450 km² (0.04 E/km²) tatsächlich äußerst gering (CANADA, 1989). Diese Zahlen schließen aber riesige unbesiedelte Räume ein und sind für die Beurteilung der lokalen Umweltbelastung im Bereich der Siedlungen bedeutungslos. Tatsächlich ist zum Beispiel die anfallende Abwasser- und Abfallmenge pro Einwohner durchaus mit dem von ländlichen Gemeinden in anderen Gebieten Nordamerikas vergleichbar. Die zweite Annahme ist ebenfalls irreführend. Zwar ist die Intensität der biologischen und chemischen Prozesse während eines Großteils des Jahres (8-10 Monate) reduziert, im Sommer kann die Nettoeinstrahlung aufgrund der langen Strahlungsdauer (20-24 Stunden pro Tag) aber Werte erreichen, wie sie in den Mittleren Breiten oder sogar in den Tropen üblich sind. Die Temperaturen können im Juli (bei einer Monatsmitteltemperatur von 5.8°C) auch in der Hohen Arktis in Gunstlagen über 25°C erreichen (OHMURA, 1981). Der Zerfall und Transport chemischer Kontaminanten kann dann mit erhöhter Geschwindigkeit ablaufen. Viele Viren und Bakterien können auch sehr niedrige Temperaturen überstehen und vermehren sich während der Sommermonate explosionsartig (GORDON, 1972; PUTZ et al., 1984; ROLLINS & COLWELL, 1986). Darüber hinaus überleben pathogene Bakterien wesentlich länger in Sedimenten (z.B. in Klärteichen oder im Vorfluter) als in Wasser oder Abwasser (BOYD & BOYD, 1962; BURTON et al., 1987).

Ein weiteres Problem beruht darin, daß moderner, schwer abbaubarer Zivilisationsabfall ein relativ junges Phänomen in der kanadischen Arktis ist. Die ursprüngliche Bevölkerung (Inuit, Inuvialuit und Dene Indianer) ernährte sich durch Sammeln, Jagen und Fischen. Fast alle Teile der Tiere und Pflanzen wurden für Ernährung und Kleidung, zum Heizen, usw. genutzt. Die wenigen anfallenden Abfälle waren inert oder schnell biologisch abbaubar. Dies änderte sich auch während der ersten Kontakte mit europäischen Forschern, Walfängern, Missionaren und Geschäftsleuten nur wenig. Das Aufeinander-

1

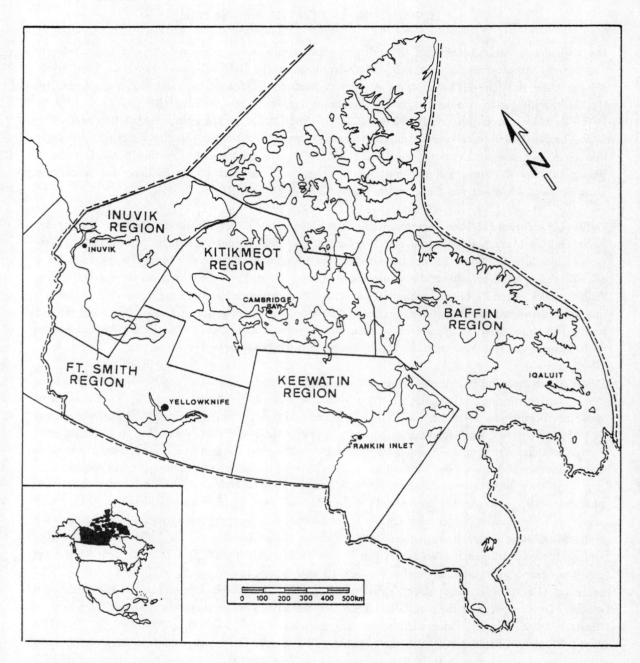

treffen der beiden Kulturen brachte zwar beträchtliche psycho-soziale und sozio-ökonomische Veränderungen für die einheimische Bevölkerung mit sich, die Einfuhr an schwer abbaubaren und potentiell toxischen Abfällen war aber noch minimal.

Der erste größere Import von Zivilisationsabfall erfolgte während des zweiten Weltkrieges, als die Alliierten Straßen, Wetterstationen, Flugfelder, etc. anlegten, um die Kriegsanstrengungen in Europa zu unterstützen. Einen weiteren Einschnitt brachte die Errichtung des nordischen Frühwarnsystems "Distant Early Warning (DEW) Line" Anfang bis Mitte der 50er Jahre. Zur Überwachung des arktischen Luftraumes wurden Radarstationen eingerichtet und eine die Stationen unterstützende Infrastruktur aufgebaut. In diesem Zeitraum wurden unter anderem erhebliche Mengen an polychlorierten Biphenylen (PCBs) in die Arktis importiert. Als Folge der riesigen Erdöl- und Erdgasfunde in Prudhoe Bay, Alaska, wurde in den späten sechziger Jahren die Erdöl- und Erdgasexploration auch in den kanadischen Territorien verstärkt vorangetrieben. In den 70er und frühen 80er Jahren wurden zudem weitere Minen erschlossen, so z.B. die Blei- und Zinkminen auf Baffin Island (Nanisivik) und Little Cornwallis Island (Polaris). Zur selben Zeit wuchsen aber auch die Bedenken wegen der zunehmenden Verschmutzung der arktischen Umwelt.

Erst in den 80er Jahren wurden die mikrobiologischen und chemischen Belastungen der Umwelt und der Bevölkerung durch Abwässer und Sickerwässer zur Kenntnis genommen. Seit dem zweiten Weltkrieg besteht ein kontinuierliches Bevölkerungswachstum, das bis heute anhält (mit Zuwachsraten von ca. 3 % pro Jahr liegen die Nord-Territorien erheblich über dem Landesdurchschnitt). Diese Zuwachsraten und die gleichzeitig steigenden Ansprüche nach Produkten aus dem industriellen Süden führten zu einer explosionsartigen Zunahme der Abfallmengen und der Anzahl der potentiell toxischen Bestandteile im kommunalen Flüssig- und Feststoffabfall (SCHINDLER, 1983; YATES & STANLEY, 1963). Unglücklicherweise konnten die wissenschaftlichen, technologischen und sozialen Entwicklungen, die zur sachgemäßen Planung, Verwaltung und Beseitigung der Abwässer und Abfälle erforderlich wären, in keiner Weise mit dieser rasanten Entwicklung mithalten. Anfänglich stellte das unangebrachte Übertragen von Technologien, die im Süden entwickelt und unter arktischen Bedingungen angewandt wurden, eines der größten Probleme dar (BRIDGEO & EISENHAUER, 1986). Gerade im letzten Jahrzehnt aber haben sich Wissenschaft und Industrie stärker auf die besonderen Anforderungen der arktischen Verhältnisse eingestellt, obgleich im Verlauf dieser Arbeit auch mehrere lokale Beispiele für unangemessenen Technologietransfer vorgestellt werden.

1.2 ALLGEMEINE PROBLEME VON WASSERVERSORGUNG, ABWASSERENTSORGUNG UND ABFALLWIRTSCHAFT IN ARKTISCHEN KLIMATEN

Spezielle natürliche und anthropogene Stressoren machen in arktischen Räumen neue Konzepte und Technologien im Bereich der Wasserversorgung und der Behandlung von Abwässern, Sickerwässern und Feststoffabfall erforderlich.

Das rauhe arktische Klima mit extrem niedrigen Temperaturen, großen Tagestemperaturschwankungen, und starken Winden, die korrodierende Sandkörner und Eiskristalle mit sich führen, stellt erhöhte Anforderungen an Mensch und Materialien. Die Kombination von Wind und niedrigen Temperaturen reduziert die Effizienz von Arbeiten im Freien bei -28.9°C auf 25 % der Quote bei + 20°C. Bei Temperaturen unter -40°C wird generell nicht mehr im Freien gearbeitet (MAXWELL, 1980). Die tiefen Temperaturen und die großen Temperaturschwankungen verringern natürlich auch die Lebenserwartung von Gerät und Materialien erheblich. Schlechte Sichtverhältnisse durch Nebel oder Treibschnee beschränken die Arbeitszeit ebenfalls. Die Bauperiode wird darüber hinaus durch die winterliche Dunkelheit und die Gefrier- und Aufbruchszeiten im Herbst und Frühjahr erheblich verkürzt. Während des Winters kann nur unter drastisch erhöhtem Energie- und Kostenaufwand weitergearbeitet werden. Größere Industrieunternehmen können sich einen solchen Aufwand erlauben, für die Kommunen ist dies jedoch zu kostspielig. Im Frühjahr und Herbst sind die meisten Gemeinden völlig isoliert und können nur durch den Flugverkehr erreicht werden. Daher reduziert sich die Bauperiode für die Gemeinden normalerweise auf die 2 bis 3 Sommermonate.

Die Wasserversorgung wird durch die Tatsache erschwert, daß Flüsse und Seen für 8 bis 10 Monate im Jahr zugefroren sind. Dies erschwert nicht nur die infrastrukturellen Maßnahmen, sondern verringert z.B. auch den nutzbaren Anteil der Wasserkapazität von Trinkwasserreservoirs und Seen (bei einer Eisdicke von bis > 2 m oft auf weniger als 50 %!). Die Winde tragen Feststoffabfälle, die nicht abgedeckt sind, mit sich. In vielen Regionen der kanadischen Arktis fehlt es jedoch meist an geeignetem Deckmaterial für eine Mülldeponie.

Permafrost erschwert und verteuert das Anlegen von Deponien, Wasser- und Abwasserleitungen etc. beträchtlich. So müssen Wasserleitungen einerseits gewärmt werden, um das Wasser vor dem Gefrieren zu schützen und andererseits vom Untergrund isoliert werden, um den Permafrost nicht anzuwärmen. Dies würde beim Schmelzen und Wiedergefrieren der Auftauschicht zu unterschiedlicher Setzung und Thermokarsterscheinungen führen. Beim Bauen auf Permafrost darf also der Wärmehaushalt des Untergrundes nicht gestört werden. Erreicht wird dies durch das Anheben von Rohren, Tanks und Gebäuden auf Stelzen oder dicke Kiespackungen bzw. durch künstliches Frieren des Untergrundes durch Kühlelemente. Alle Depressionen, auch Reservoirs, müssen unter hohem Kostenaufwand aus dem Permafrost herausgesprengt werden. Damit nicht genug, durch die hohe Wärmekapazität des Wassers werden unter Reservoirs, Seen und Flüssen offene hydrothermale Taliks (d.h. Bereiche im Permafrost, die wegen des thermalen Einflusses des über ihnen liegenden Oberflächenwassers nicht gefroren sind) gebildet, die wiederum zu unterschiedlicher Setzung und damit zum Reißen der Abdichtung führen können. Insgesamt erhöhen sich die Kosten für den Bau von Wasserversorgungs- bzw. Abwasser- und Abfallentsorgungssystemen in den abgeschiedenen Gemeinden der N.W.T. um das 5- bis 10-fache gegenüber Gemeinden in temperierten Klimaten (BARR, 1990).

Anthropogene Faktoren behindern die Planung ebenfalls erheblich. Die geringe Größe der Siedlungen (meist unter 1000 Einwohner) macht kostspielige Anlagen (Müllverbrennungsanlagen, Kanalisation) unerschwinglich. Die großen Entfernungen zwischen den einzelnen Gemeinden untereinander und zum industrialisierten Süden Kanadas verteuern alle Materialien und Dienstleistungen. Das bedeutet nicht nur, daß viele zur Konstruktion nötigen Materialien (die nicht mit dem Schiff transportiert werden können) und die Mannschaften teuer eingeflogen werden müssen, sondern auch, daß defekte Ausrüstung, die zumeist im Norden nicht repariert werden kann, abgeschrieben werden muß. Viele Siedlungen entstanden zu einer Zeit, als Wasserversorgung, Abwasserentsorgung und Abfallwirtschaft noch nicht in die Gemeindeplanung einbezogen wurden, was das nachträgliche Einfügen der sanitären Infrastruktur wesentlich erschwert und verteuert. Viele Häuser sind noch nicht mit interner Installation versehen und müssen nachträglich umgerüstet werden. Oft fehlt es an verläßlichem und qualifiziertem Personal. Neben dem Ausbildungsdefizit stellen die Einstellung der eingeborenen Bevölkerung (siehe Kap. 3.5) und die politische Struktur der Nord-Territorien (die immer noch keinen Provinzstatus erhalten haben) erhebliche Hindernisse für eine adäquate Planung von Wasserversorgung, Abwasserentsorgung und Abfallwirtschaft dar. Schwankend zwischen dem alten Gefühl der Ohnmacht eines kolonial verwalteten Volkes und einem neu erwachenden Selbstbewußtsein (seit Ende der 70er Jahre - BERGER, 1977; GNWT, 1990), stellt sich die einheimische Bevölkerung den Gesundheits- und Umweltproblemen von heute.

1.3 STAND DER FORSCHUNG

Während der letzten zwei Jahrzehnte hat sich die internationale Forschungsgemeinde intensiv mit globalen Umweltproblemen, die auch die kanadische Arktis betreffen, beschäftigt (Klimaveränderungen, Treibhauseffekt, Ozonloch, radioaktiver Fall-out, Saurer Regen etc.). Umso überraschender ist, daß Probleme der Umweltverschmutzung durch sanitäre Einrichtungen arktischer Gemeinden weitgehend außer acht gelassen wurden. Die meisten in internationalen Fachzeitschriften veröffentlichten Artikel beschäftigen sich mit technischen Aspekten von Wasserversorgung, Abwasserentsorgung und Abfallentsorgung. Dazu kommen Konferenzberichte ("International Conferences on Permafrost", "Cold Regions Environmental Engineering Conferences", "Symposium on Utilities Delivery in Northern Regions") und Monographien der auf kalte Klimate spezialisierten Forschungsstellen, wie die "Cold Regions Research and Engineering Laboratories (CRREL)" der US-Armee oder das "Institute for Water Resources" der Universität von Alaska. Ergänzt werden diese technischen Informationen durch Berichte der verschiedenen Ministerien der Bundes- und der Territorialregierung (GNWT) und Handbücher, welche technische Details zu Planung, Bau und Unterhalt der Systeme diskutieren (siehe z.B. SMITH, 1986; HEENEY & HEINKE, 1991; HEINKE & WONG, 1991; HEINKE et al., 1988).

Die wichtigsten Informationsquellen zu Umwelt- und Gesundheitsaspekten von Wasserversorgung, Abwasserentsorgung und Abfallwirtschaft in der kanadischen Arktis sind staatliche Stellen, vor allem DIAND, DOH und die Umweltministerien. Seit 1967 sind die Angestellten des Gesundheitsministeriums und die örtlichen Wasserinspektoren des Büros für Indianer- und Nordlandangelegenheiten (DIAND) angewiesen, in allen Bereichen der Wasserversorgung (Quelle, Transport, Zielorte) und Abwasserentsorgung (Häuser, Transport, Entsorgungsstelle) chemische und mikrobiologische Wasseruntersuchungen durchzuführen. Die resultierenden Daten sind allerdings mit Problemen behaftet. Bis 1990 wurden diese Untersuchungen nur sehr sporadisch durchgeführt. Sickerwässer wurden überhaupt nicht analysiert. Vor allem ältere Untersuchungen sind aufgrund fehlender oder fehlerhafter Qualitätssicherung nur mit großer Vorsicht zu gebrauchen. Seit Ende der 70er Jahre führten Planungs- und Ingenieurbüros Auftragsarbeiten der oben genannten Ministerien durch (AES, 1978; 1980; UMA, 1982; WAL, 1979). Diese Untersuchungen sind meist so allgemein und oberflächlich gehalten, daß sich ihr praktischer Wert auf Hinweise beschränkt, wo eventuell eine Beeinträchtigung der Umwelt geschehen könnte. Einige wenige intensivere Untersuchungen beschränken sich auf den Einfluß industrieller Verschmutzung von Ökosystemen (BOHN & FALLIS, 1978; FALLIS, 1982).

Bis heute existieren sehr wenig Veröffentlichungen, die sich mit den Umwelt- und Gesundheitsaspekten von Wasserversorgung, Abwasserentsorgung und Abfallentsorgung in der kanadischen Arktis beschäftigen. Bei der chemischen und bakteriologischen Beschaffenheit des Rohwassers ist diese Zurückhaltung verständlich, da die Trinkwasserquellen relativ häufig von DIAND, DOH und den Gemeinden selbst untersucht werden. Aber auch beim Abwasser sieht es trübe aus. So ist die Arbeit von HEROUX (1984) die bisher einzige Veröffentlichung zum Einfluß von Abwasser in der Baffin-Region. Dem Sickerwasser von Mülldeponien der Kommunen wurde bis Ende der 80er Jahre noch überhaupt keine Aufmerksamkeit geschenkt. Erste Untersuchungen in Pangnirtung (BOURGOIN & RISK, 1987; HÄRTLING, 1989a; 1988a) zeigten die potentielle Gefährdung von Fischereigründen und Muschelbänken durch Sickerwässer der kommunalen Mülldeponie auf. Daraufhin wurde 1990 von GNWT zumindest eine allgemeine Untersuchung zu dieser Frage in Auftrag gegeben; Ergebnisse liegen allerdings noch keine vor.

Für andere arktische Räume liegen bezüglich des Einflusses von kommunalen Abwässern auf aquatische Ökosysteme zwar einige zusammenfassende Berichte der Ministerien vor, so z.B. für die Hauptstadt des Yukon-Territoriums, Whitehorse (BETHEL & BURNS, 1981). Die vorliegende Arbeit und die damit assoziierten Berichte und Veröffentlichungen (HÄRTLING 1991; 1989a; 1989b; 1988a; 1988b; 1988c; 1987) stellen aber den ersten Versuch dar, in einem Teilraum der kanadischen Arktis den Einfluß von kommunalem Abwasser, Sickerwasser und Feststoffabfall auf die umgebenden Ökosysteme (d.h. aquatisch und terrestrisch) zu erfassen.

1.4 FRAGESTELLUNG UND FORSCHUNGSZIELE

Aus dem dargelegten Forschungsdefizit resultiert die Fragestellung dieser Arbeit. Am Beispiel eines Teilraumes der kanadischen Arktis, der Baffin-Region in den N.W.T., wurde untersucht, ob und inwieweit eine Kontamination der umgebenden Ökosysteme durch kommunale Abwässer und Sickerwässer erfolgt. Basierend auf den erhobenen Daten sollten Vorschläge zur umweltangepaßten Wasserversorgung, Abwasserentsorgung und Abfallwirtschaft erstellt werden, wobei die Umweltbelange (d.h. der Einfluß von Wasser, Abwasser und Sickerwasser auf die Umwelt und den Menschen) im Vordergrund stehen. Im einzelnen sind die spezifischen Forschungsziele dieser Arbeit:

a)   Zusammenfassung der in unveröffentlichten Mitteilungen und Berichten vorliegenden Basisdaten zur chemischen und mikrobiologischen Qualität von Trinkwasserquellen (Flüsse, Seen, Reservoirs), von Abwässern und von Sickerwässern aus Mülldeponien in der Baffin-Region und eine kritische Beurteilung derselben.

b)   Chemische und mikrobiologische Untersuchung und Beurteilung der Abwässer und der Oberflächengewässer, Sickerwässer, Böden und Sedimente im Einflußbereich spezifischer Mülldeponien der drei größten Gemeinden der Baffin-Region (Iqaluit, Pangnirtung, Pond Inlet).

c)   Intensive physikalische, chemische und mikrobiologische Analyse der Umweltbeeinträchtigung einer aufgelassenen Mülldeponie der US-Streitkräfte in Iqaluit.

d)   Beurteilung von kostengünstigen, präzisen und schnellen Verfahren zur Erfassung und Interpretation der Umweltbeeinträchtigung der genannten Verschmutzungsquellen. Hierbei werden existierende Verfahren aus anderen Klimabereichen oder anderen Wissenschaftsdisziplinen in den arktischen Raum übertragen und nach ihrer Anwendbarkeit beurteilt.

e)   Erstellung von Konzepten zur umweltangepaßten Wasserversorgung, Abwasserentsorgung und Abfallwirtschaft in den genannten Gemeinden.

f)   Entwicklung eines integrierten Konzepts zur besseren Planung, Verwaltung und Überwachung von Abwasser und Sickerwasser aus Mülldeponien in arktischen Klimaten, welches bezüglich Größe und Art der Siedlungen und Art der sie umgebenden Ökosysteme adaptiert werden kann.

g)   Abschätzung der gesundheitlichen Beeinträchtigung der einheimischen Bevölkerung durch Wasserversorgung, Abwasserentsorgung und Abfallentsorgung.

1.5 AUFBAU DER ARBEIT

Im ersten Teil der Arbeit (Kap. 2 & 3) werden die natürlichen und anthropogenen Rahmenbedingungen der Baffin-Region vorgestellt. Besonderer Wert wird hierbei auf Informationen gelegt, die im direkten Zusammenhang mit Wasserversorgung, Abwasserentsorgung und Abfallwirtschaft stehen. Es werden aber auch Inhalte dargestellt, die zum allgemeinen Verständnis der Situation in der Baffin-Region notwendig sind. So werden z.B. die politischen Strukturen der N.W.T. erläutert, weil diese einen erheblichen Einfluß auf die Handhabung von Wasserversorgung, Abwasserentsorgung und Abfallwirtschaft haben.

In Kap. 4 werden grundlegende methodologische Fragen der Arbeit behandelt und die einzelnen geistes- und naturwissenschaftlichen Methoden erläutert. Außerdem werden die Vor- und Nachteile der Methoden, die zur vorliegenden Fragestellung zum ersten Mal in einem arktischen Gebiet angewandt wurden (elektromagnetische Induktionsmessung, Diatomeenbestimmung und Phasendifferenzierungsanalyse) etwas ausführlicher diskutiert.

Darauf folgt die Vorstellung der einzelnen Gemeinden Iqaluit, Pangnirtung und Pond Inlet (Kap. 5-7). Nach einer kurzen Einführung behandelt jedes dieser Kapitel die aktuelle Situation von Wasserversorgung, Abwasserentsorgung und Abfallwirtschaft. Dabei wird besonderer Wert auf die chemische und mikrobiologische Beschaffenheit von Rohwasser, Abwasser und Sickerwasser gelegt, da diese hauptsächlich für potentielle Auswirkungen auf Umwelt und Gesundheit verantwortlich sind. In Kap. 5.7 wird am Beispiel der aufgelassenen Militärdeponie eine detaillierte Untersuchung einer Altlast im kanadischen Norden durchgeführt. Dabei werden auch einige methodische Fragen behandelt.

In Kap. 8 erfolgt die Diskussion der Ergebnisse, wobei die physikalischen, chemischen und biologischen Daten mit den jeweiligen Grenz- und Richtwerten verglichen werden. Auf dieser Grundlage wird die derzeitige Situation kritisch betrachtet. Es folgen Vorschläge für die zukünftige Planung. Schließlich werden auch die möglichen Folgen für die Gesundheit und das Wohlbefinden der einheimischen Bevölkerung kurz erörtert.

Im abschließenden Kap. 9 wird auf der Grundlage der aktuellen politischen und administrativen Veränderungen die zukünftige Entwicklung bei Umwelt- und Gesundheitsproblemen in den Bereichen Wasserversorgung, Abwasserentsorgung und Abfallwirtschaft in der kanadischen Arktis beurteilt.

2 ÖKOLOGISCHE RAHMENBEDINGUNGEN DER BAFFIN-REGION

2.1 EINFÜHRUNG, LAGE UND TOPOGRAPHIE

Die Verwaltungseinheit Baffin-Region ist die größte der fünf politischen Einheiten der N.W.T. (Abb. 1.1). Sie reicht von der Nordspitze von Ellesmere Island (83° N) bis zu den Belcher Inseln in der südlichen Hudson Bay (56° N), und von der Prince Patrick Insel im Westen (123° W) bis zur Südostspitze der Baffin Insel (61° W). Dieser riesige Raum (1 017 890 km²) schließt einen großen Teil der kanadischen arktischen Inselwelt ein, dazu die Melville Halbinsel und die subarktischen Belcher Inseln (Abb. 2.1).

Aufgrund der ungeheuren Größe und ökologischen Vielfalt des Raumes ist die folgende Zusammenfassung der ökologischen Rahmenbedingungen kurz gehalten. Dabei sollen dem Leser die für Wasserversorgung, Abwasserentsorgung und Abfallwirtschaft wesentlichen naturräumlichen Grundlagen der Baffin-Region erläutert werden. Eine intensivere ökologische Betrachtung erfolgt bei der spezifischen Analyse der Situationen in Iqaluit, Pangnirtung und Pond Inlet.

Die politische Einheit der Baffin-Region besteht (von Nordwest nach Südost) aus den physiogeographischen Einheiten (Abb. 2.1) der Arktischen Küstenebene (die westlichsten Ränder der Elizabeth Inselgruppe), der Innuitian Region (der Hauptteil der Elizabeth Inselgruppe), des Arktischen Tieflandes (Foxe Ebene, Umgebung des Lancaster Sound) und der Davis Region (südöstliche Ellesmere Insel, östliche Devon Insel, sowie der größte Teil der Melville Halbinsel und der Baffin Insel) - (DOUGLAS, 1981). Die große physiogeographische Differenzierung des Raumes wird schon bei der Betrachtung der Topographie deutlich. Von den wild zerklüfteten Fjordlandschaften und den Eiskappen der mittleren und östlichen Baffin Insel bis zu den flachen und niedrigen Tundren der westlichen Parry Inseln (Elizabeth Inselgruppe) findet sich innerhalb der Baffin-Region fast jede im arktischen Bereich mögliche topographische Einheit.

Die topographischen Verhältnisse um die Siedlungen sind aber in vieler Hinsicht sehr ähnlich. Alle Kommunen der Baffin-Region liegen am Meer, entweder direkt an den heutigen Stränden oder auf nahegelegenen Küstenebenen, und in möglichst ebener Lage (Abb. 3.1). Dies führt unter anderem dazu, daß das Meer als Vorfluter für die kommunalen Abwässer und Sickerwässer benutzt werden kann. Außerdem werden die chemischen Hintergrundkonzentrationen des Trinkwassers häufig vom Meer beeinflußt (HÄRTLING, 1993a; WETMORE-STAVINGA, 1986). Sehr unterschiedlich ist dagegen das jeweilige Hinterland. So liegen einige Gemeinden wie Pangnirtung in engen Fjorden, was wenig Alternativen für die Placierung von Reservoirs, Mülldeponien etc. bietet. Die hohe Reliefenergie dieser Standorte führt außerdem oft zu Problemen mit Massentransporten und beim Abflußverhalten. Andere Kommunen genießen ein größeres, ebenes oder welliges Hinterland und haben somit weniger Probleme bei der Auswahl der Baustandorte (z.B. Pond Inlet).

2.2 GEOLOGIE

Entsprechend der physiogeographischen Aufteilung wird die Baffin-Region durch vier geologische Großeinheiten oder Provinzen gebildet (Abb. 2.2). Im Osten dominiert die präkambrische Churchill Provinz (Kanadischer Schild), die der Davis Provinz entspricht. Kristallines Gestein, vor allem präkambrische Gneise, Granite und Metamorphite formen tief zerschnittene Hochflächen und bis über 2000 m hohe, schroffe Gebirgszüge, die in den Hochlagen von Eiskappen bedeckt sind.

Abb. 2.1: Physiogeographische Einheiten der Baffin-Region nach DOUGLAS (1981)

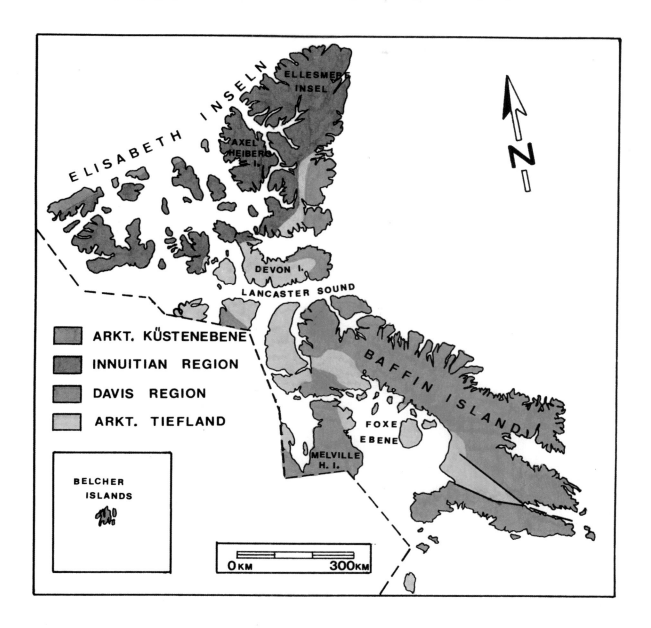

Im zentralen Teil prägen die flachliegenden paläozoischen Sedimentgesteine (vor allem Karbonate, aber auch Schieferton, Sandstein und Evaporite) der Arktischen Plattform (Arktisches Tiefland), die dem kanadischen Schild aufliegen, ebene bis wellige Tiefebenen und Plateaus (DOUGLAS, 1981). Im Hohen Norden (Innuitian Orogenese) besteht ein Gemisch aus mesozoischen, paläozoischen und prä-kambrischen Gesteinen, die in die Innuitian Orogenese einbezogen waren. Der Formenschatz reicht von den flachliegenden bis welligen südlichen Bereichen bis zu den mit Eiskappen bedeckten Gebirgen der Ellesmere und der Axel Heiberg Inseln. Dazu kommen noch ganz im Westen Anteile an der arktischen Küstenebene, deren känozoischen Sedimente (vor allem Sande und Schotter) flache, tiefliegende Ebenen formen (DOUGLAS, 1981).

Die meisten Gemeinden der Baffin-Region liegen in der Churchill Provinz (Abb. 3.2). Die in diesem Teil des kanadischen Schildes auftretenden Gneise, Granite und Metamorphite sind zumeist neutral bis sauer und führen zu saurem Deckmaterial mit einer geringen Pufferkapazität. Die von diesen Gesteinen beeinflußten Oberflächengewässer sind extrem arm an gelösten Stoffen (niedrige Leitfähigkeit) und in der Regel von guter Qualität. An einigen Orten (Iqaluit, Nanisivik) können allerdings auch karbonatische Metamorphite auftreten und den Chemismus des Deckmaterials und der Oberflächengewässer beeinflussen. Resolute Bay (Cornwallis Fold Belt), Hall Beach und Igloolik (Foxe Ebene) liegen dagegen auf den paläozoischen Sedimentgesteinen der Arktischen Plattform. Die hier im Wechsel mit Sandsteinen und Tongesteinen auftretenden Karbonate besitzen eine erhebliche Kapazität zur Pufferung saurer Niederschläge oder Bodenwässer. Die daraus resultierenden Deckmaterialien sind alkalisch bis neutral. Dies kann in den Oberflächengewässern erhöhte Härte, Alkalinität, Leitfähigkeit und Gehalte an Ca, Mg und SO_4 hervorrufen. Im Bereich der Innuitian Orogenese und der arktischen Küstenebene befindet sich keine Gemeinde. Die lokale Geologie und ihr möglicher Einfluß auf die chemischen Hintergrundkonzentrationen in nicht kontaminierten Gewässern, Böden und Sedimenten wird im Zusammenhang mit den spezifischen Lokalitäten erläutert.

2.3 QUARTÄRGEOLOGIE UND FORMENSCHATZ

In den meisten Gegenden der Baffin-Region werden Bodengenese und der Chemismus der Böden und der Oberflächengewässer nicht vom anstehenden Gestein, sondern von den quartären Auflagen bestimmt. Der weitaus größte Teil der Baffin-Region war zu einem Zeitpunkt während des Pleistozäns von Eismassen bedeckt oder direkt von den Eismassen beeinflußt. Dies ist für eine Betrachtung der chemischen Hintergrundkonzentrationen wichtig, da oftmals die Böden oder subärischen Sedimente nicht die Lithologie des unterliegenden Gesteins reflektieren, sondern allein die der quartären Auflage, die überformt und über beträchtliche Entfernungen zum heutigen Platz transportiert worden sein kann.

Aufgrund von Erosionsraten in Karen und dem Ansteigen des detritischen Mineralanteils in marinen Sedimenten der Baffin Bay (JACOBS et al., 1985a) wird der Beginn der Kaltzeiten in der Baffin-Region auf das späte Pliozän (vor 3 Mio. Jahren) geschätzt. Seit diesem Zeitpunkt waren weite Teile der Baffin-Region unter dem direkten Einfluß von Gletschern. BLAKE (1970) schätzt, daß während der älteren Vereisungen der größte Teil der nördlichen Baffin-Region von den zusammenhängenden Eismassen des "Innuitian Ice Sheet" bedeckt war, während die zentrale und östliche Baffin-Region unter dem Einfluß des "Laurentide Ice Sheet" lag (FULTON, 1989; ANDREWS, 1988). Von den früheren Vereisungen und Warmzeiten liegen nur wenige eindeutig einzuordnende Ablagerungen vor (MILLER et al., 1977).

Die meisten quartären Ablagerungen in der Baffin-Region stammen aus der letzten Vereisung oder wurden zumindest während dieser Zeit überformt und transportiert. Während der Frühen, Mittleren und Späten Foxe-Vereisung (welche mit der Wisconsin-Vereisung korreliert) erfolgten mehrere Eisvorstöße und -rückzüge, die je nach geographischer Lage, Relief, Klimabedingungen, und anderen Faktoren mehr oder weniger intensiv und teilweise zeitlich versetzt erfolgten. So waren die nördlichsten Gebiete (Ellesmere Island, Axel Heiberg Island) während der Späten Foxe-Vereisung wegen Niederschlagsmangels großenteils eisfrei, während z.B. die Gletscher auf Baffin Island ihre größte Ausdehnung erreichten; vergleiche z.B. die Chronologie von Ellesmere Island (BLAKE, 1970; ENGLAND, 1978; KING, 1981a) mit derjenigen der südlichen Baffin Island (ANDREWS & MILLER, 1984; IVES, 1978; JACOBS et al., 1985a; Miller, 1980). Im Holozän wurden die quartären Erosions- und Akkumulations-formen weiter transportiert und überformt, um schließlich den heutigen Formenschatz zu bilden.

Abb. 2.2: Geologische Einheiten der Baffin-Region nach DOUGLAS (1981)

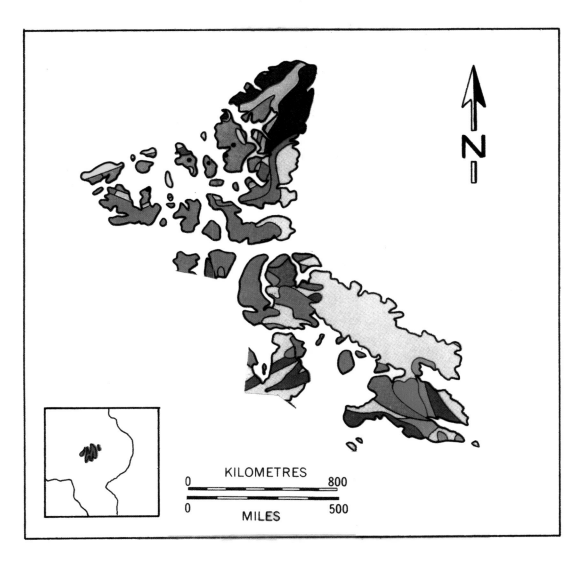

METAMORPHITE UND PLUTONITE	VULKANITE UND SEDIMENTGESTEINE	
SAURES GESTEIN	KÄNOZOIKUM	PROTERO-ZOIKUM
BASISCHES GESTEIN	MESOZOIKUM	PROT. I
ANORTHOSIT	PALÄOZOIKUM	PROT. II
GRANITISCHER GNEIS	SPATES PALÄOZOIKUM	PROT. III
GRANULIT	DEVON	ARCHAIKUM
	FRÜHES PALÄOZOIKUM	

Große Teile der Baffin-Region, z.B. auf der Baffin Insel, werden von Erosionsformen dominiert. Über weite Strecken bestimmen die abgeschliffenen Rundhöckerlandschaften oder welligen Ebenen des anstehenden Gesteins mit zahllosen Seen in den Ausschleifungswannen das Landschaftsbild. Auch in den Steillagen, z.B. der Nunataker der Gebirge oder der Seitenwände der Fjorde und Trogtäler, findet man nur eine angewitterte Gesteinsoberfläche, aber keine Auflage von Sedimenten oder Böden (DYKE et al., 1982). In diesen Regionen kann das Fehlen von sedimentärem Deckmaterial ein ernstes Problem für die Gemeinden bedeuten, da das Lockermaterial z.B. für die Abdeckung von Mülldeponien und die Fundamente von Gebäuden benötigt wird.

Das weitaus größte Areal aber wird von Foxe-zeitlichen Decken oder Schleiern von Geschieben bedeckt, die als Grund- oder Endmoränen weiten Teilen der Täler, Plateaus, Hügel- und Tiefländer aufliegen (DYKE et al., 1982). In den Tälern und Tiefländern gesellen sich hierzu weitere glaziale (Oser, Kames, Drumlins), glazial-lakustrische (Kamedeltas, rythmische laminierte Seesedimente), fluvioglaziale (Schotterebenen, Sandure) und äolische (Sande, Löss) Ablagerungen (DYKE et al., 1982). In den küstennahen Bereichen unter 200 m sind auch die isostatisch angehobenen marinen Ablagerungen und Delta- und Strandschüttungen weit verbreitet (ANDREWS, 1985a). Die postglaziale Hebung ehemaliger mariner oder littoraler Bereiche kann auch heute noch zu hohen Salzgehalten in Böden und Oberflächengewässern führen. Mit der Hebung geraten die obersten Schichten in den sommerlichen Auftaubereich. Beim Auftauen werden die im Bodenwasser enthaltenen Salze frei und beeinflussen den Chemismus der Oberflächengewässer (hohe Hintergrundkonzentrationen). Vor allem entlang von Wasserläufen oder in Depressionen und Tiefebenen können sich auch organische Decken (meist als Torf) bilden.

Diese genetisch unterschiedlichen Materialien sind auch von ihren physikalischen Charakteristiken sehr verschieden. Abgesehen von einigen lakustrischen und marinen Schlämmen und Tonen überwiegt die Grobschluff- und Sandfraktion beträchtlich. Dieser Verteilung kommt neben der Betrachtung der Genese und der Charakteristik der Böden vor allem beim Stofftransport von Kontaminanten eine große Bedeutung zu. Hier gilt in noch stärkerem Maße als beim Anstehenden, daß die Bodentextur aufgrund der dominierenden Verwitterungsprozesse in den Polarregionen weitgehend vom Ausgangsmaterial bestimmt wird (HOPKINS & SIGAFOOS, 1951; TEDROW, 1977).

Der aus den genannten Akkumulationen hervorgegangene Formenschatz ist gewaltig. An den oberen Hanglagen der Gebirge und Hügellandschaften befindet sich ein Hangschuttbereich, der von einem Gemisch aus älteren prä-Foxe Geschieben, Felsenmeeren, Erratikern und Grus gebildet wird. Darauf folgt eine von Boden- oder Sedimentverlagerung (durch Gelifluktion) geprägte Zone, die durch hangorientierte Korngrößensortierung geprägt ist (Steinstreifen, Fließerde- und Rasenterrassen, Vegetationsgirlanden), und schließlich im Flachen der Bereich der eigentlichen Frostmusterbildung (Polygone, Steinnetze). Die Materialien der letzten beiden Zonen können sehr verschiedener Herkunft sein (meist kolluvial und glazial). In Gebieten mit ausreichender Wasserversorgung und Vegetationsbedeckung kommt es zur Ausbildung von Torf- und Erdhügeln (KING, 1981b; ZOLTAI & TARNOCAI, 1978).

2.4 VERWITTERUNG UND BÖDEN

Mit dem Beginn des Holozäns um 6000 - 8000 v.Chr. näherten sich die klimatischen Bedingungen denen von heute. Verwitterung und Bodenbildung konnten in den vom Eis oder vom Meer befreiten Regionen beginnen. Die in kalten Klimaten am stärksten vertretene Verwitterungsart ist die mechanische Zerkleinerung der Gesteine bis zur Schluffgröße. Dominiert wird die physikalische Verwitterung durch Kryoklastik und Insolation, aber Druckentlastung nach dem Rückzug der Gletschermassen und

Salzsprengung können lokal auch eine dominierende Rolle einnehmen. Obwohl die chemische Verwitterung gegenüber den wärmeren Breiten reduziert ist, darf ihr Einfluß auf die Pedogenese nicht unterschätzt werden (TEDROW, 1977). Dazu kommt in den vegetationsreicheren südlicheren Bereichen die biogene Verwitterung. Die Pedogenese arktischer Böden wird durch zwei Prozeßgruppen bestimmt:

a)   Spezifische Prozesse in kalten Böden (kryogenetisch), die sowohl destruktiv als auch konstruktiv für die Bodenbildung sein können. Die konstruktiven Prozesse schließen Korngrößenreduzierung und Bildung von Bodentextur und -struktur ein. Destruktive Prozesse sind vor allem durch Frosteinwirkung und Eiskeilbildung verursacht (RIEGER, 1983; TEDROW, 1968; 1962; UGOLINI, 1986; UGOLINI et al., 1982).

b)   Allgemeine pedogene Prozesse wie Verwitterung und Mineralbildung, Bildung von Humusformen, Tonverlagerung, Verbraunung, Chelatisierung. Diese Prozesse finden auch in der arktischen Region statt, wenngleich oft mit verschiedenen Ablaufgeschwindigkeiten und mit anderen Resultaten in der Profilentwicklung als in den gemäßigten Breiten. So ist z.B. die Profildifferenzierung meist weniger ausgeprägt als in gemäßigten Klimaten. Die Abweichungen der allgemeinen pedogenen Prozesse von denen der wärmeren Regionen werden primär auf die kombinierten Auswirkungen von Frostwirkung und Klima zurückgeführt (ISHERWOOD, 1975; UGOLINI, 1986; UGOLINI et al., 1982).

Die wesentlichen Unterschiede zwischen den arktischen Böden und den Böden gemäßigter oder warmer Klimate liegen in den eben genannten Faktoren begründet. Der Anteil der kleineren Korngrößen (< 6.3 μm) in den arktischen Ausgangsmaterialien ist sehr gering, wobei die dominante Korngröße nach kryogener Verwitterung bei 6-60 μm liegt (KONIHCHEV, 1982). Dies fördert die Perkolation und, bei ausreichend hohen Niederschlägen, die starke Auswaschung der Böden und den vertikalen und horizontalen Transport von Kontaminanten.

Organische Materialien zersetzen sich in der Baffin-Region langsam. Die verzögerte Remineralisierung der organischen Anteile erklärt sich durch das Fehlen von größeren Zersetzern, die langsame Dekompositionstätigkeit der isokilothermen Zersetzer und dem langsameren Ablauf bakterieller und chemischer Prozesse. Homoisotherme Tiere, wie Lemming und Schneehuhn, unterstützen zwar durch mechanische Tätigkeit und Exkrementation die Dekomposition. Andere Zersetzer wie Isopoden, Diplopoden, Erdwürmer und Schnecken können aber wegen des Permafrosts nicht in der Baffin-Region existieren. Viele Zersetzer können als Isokilotherme nur in einem kurzen Zeitraum während des Sommers, und dann nur mit verringerter Effizienz, arbeiten (REMMERT, 1980). An vielen Standorten wären zwar genügend Bakterien und Pilze vorhanden, um eine effiziente Remineralisierung zu gewährleisten (BLISS, 1977), da aber die bakterielle Aktivität und die chemischen Prozesse durch die niedrigen Temperaturen während eines Großteils des Jahres herabgesetzt sind, wird die anfallende organische Masse nur sehr langsam zersetzt. Dies führt zu Rohumusbildung mit einem hohen Anteil an Huminsäuren und (außer das Ausgangssubstrat ist alkalisch) zu sauren Böden. Der geringe Anteil an organischem Material (in den tieferen Horizonten beträgt der organische Anteil normalerweise weniger als 1%) und an Feinmaterial (Ton- und Feinschluff) in den A- und B-Horizonten reduzieren die Ionenaustauschkapazität der Böden beträchtlich. Auch andere chemische Bodenprozesse sind durch die klimatischen Verhältnisse für einen Großteil des Jahres reduziert, obwohl ANDERSON & MORGENSTERN (1973), ISKANDAR (1986) und andere Forscher darauf verweisen, daß selbst im gefrorenen Boden meßbare Migration in Lösung befindlicher Ionen erfolgt.

Abb. 2.3: Bodenzonierung der Baffin-Region nach TEDROW (1977)

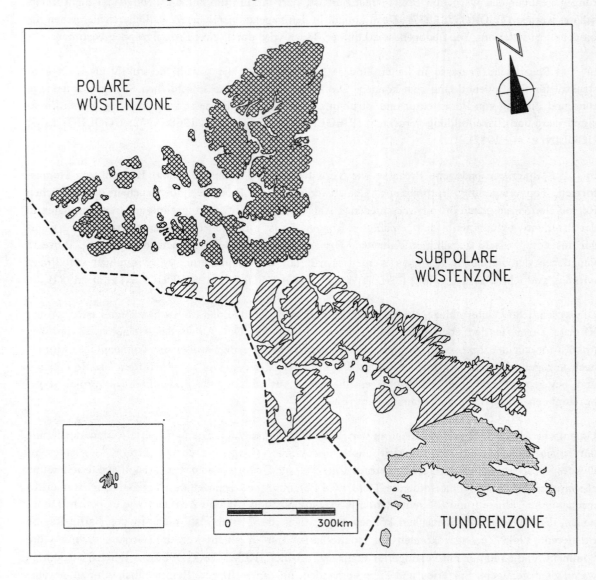

Ein wesentlicher Unterschied zwischen temperierten und arktischen Böden ist das Vorhandensein von Permafrost. Der gefrorene Untergrund formt eine fast undurchdringliche Schicht, welche die vertikale Perkolation verhindert. Das Wasser sickert bis zur Permafrostfläche ein und fließt dann, dieser Oberfläche folgend, als Suprapermafrostwasser ab. Außerdem ist der Permafrost meist eine stete Quelle von Feuchtigkeit. Dies fördert kryogene Prozesse (Gelosolentwicklung) mit destruktiven Folgen für die Ausdifferenzierung von Bodenprofilen und versorgt die Vegetation gleichmäßig mit Feuchtigkeit.

Zusammenfassend sind die xeromorphen Böden der Baffin-Region dünnmächtig und mittel- bis grobkörnig, was zu hohen Perkolationsraten führt. Sie besitzen eine geringe Ionenaustauschkapazität, einen geringen organischen Anteil im A-Horizont und fast keinen in den tieferen Horizonten (außer bei den organischen Böden). Sie sind außerdem bis auf ca. 3 Monate im Jahr gefroren, wobei die Tiefe der sommerlichen Auftauzone normalerweise weniger als 1 m bis maximal 2 m beträgt. Oftmals sind sie durch Kryoturbation gestört. Da Bodenfeuchte in weiten Teilen der Baffin-Region für die Vegetation einen Minimumfaktor darstellt, korrelieren hydromorphe Standorte normalerweise mit organischen

Böden, bei denen der nur wenig zersetzte organische Anteil überwiegt (DOUGLAS & TEDROW, 1959). Alle Böden der Baffin-Region befinden sich in der arktischen Bodentemperaturzone, d.h. die durchschnittliche jährliche Bodentemperatur liegt unter - 6.7°C, die mittlere Sommertemperatur bleibt unter 5°C. Die Wachstumsperiode beträgt weniger als 15 Tage im Jahr (MAXWELL, 1980; CANADA, 1987a).

Für die Betrachtung der Bodenarten der Baffin-Region folgt der Verfasser der Klassifikation von TEDROW (1977), da sie anderen Klassifikationen gegenüber einfacher ist, speziell für den arktischen Raum konzipiert ist und außerdem zu einem flexibleren Arbeitsrahmen bei der Betrachtung pedogener Prozesse führt (UGOLINI, 1986; UGOLINI et al., 1982). Bei der Ansprache spezifischer Bodenprofile wird die deutsche Klassifikation benutzt. TEDROW (1977) teilt die Arktis in die drei pedoklimatischen Zonen Tundra, subpolare Wüste und Polarwüste ein und ordnet den Zonen bestimmte Bodenassoziationen zu. Abb. 2.3 zeigt die regionale Bodenzonierung in der kanadischen Arktis nach TEDROW (1977). Eine spezifischere Darstellung der Böden in der Baffin-Region wäre nicht zweckdienlich, da die Bodenarten durch die jeweils vorherrschenden klimatischen Bedingungen (Temperatur, Niederschlag, Wind, Schneebedeckung), sowie Wasser- und Nährstoffverfügbarkeit, Exposition, Ausgangsmaterial etc. innerhalb weniger Meter wechseln können. Bis auf die Podsole können alle genannten Bodenarten in der gesamten Baffin-Region vorkommen. Nur am südlichen Rand der Tundrenzone (z.B. Belcher Inseln und südliches Baffin Island) kann es bei hoher Porosität und saurem Milieu noch zur Ausbildung von Podsolierungserscheinungen kommen.

Für die Tundrenzone sind hydromorphe Böden (Tundrenböden, Gleyböden, organische Böden) typisch, als Leitboden fungiert die arktische Braunerde. Der Abnahme der Temperaturen und der Niederschläge folgend, schließen sich nach Norden subpolare Wüstenböden und polare Wüstenböden an. Der Anteil der hydromorphen (Hochland- und Tiefland Tundrenböden) und organischen Böden (Moorboden, Torf) nimmt in der Regel nach Norden ebenso ab, wie die Mächtigkeit aller Böden. Der größte Anteil der Landoberfläche der Baffin-Region wird von anstehendem Gestein, Rohböden und Regosolen bedeckt.

2.5 KLIMA, HYDROLOGIE UND PERMAFROST

Die klimatischen Verhältnisse und Permafrost beeinflussen nicht nur alle Prozesse bei Wasserversorgung sowie Abwasser- und Abfallentsorgung, sondern sie bestimmen auch zu einem großen Teil, ob und in welchem Umfang Arbeiten ausgeführt werden können oder extremer Materialstreß entsteht (siehe Kap. 1). Tiefe Temperaturen verändern nicht nur chemische Prozeßabläufe und -geschwindigkeiten (SMITH, 1986; VIRARAGHAVAN & MATHAVAN, 1988), was für Wasseraufbereitung und Abwasserbehandlung sehr wichtig ist, sondern auch den Einfluß, den Abwässer und Sickerwässer auf die sie umgebenden Ökosysteme ausüben.

Das Klima der Baffin-Region wird durch sehr kalte, lange und dunkle Winter (6-8 Monate), sehr kurze Übergangsjahreszeiten (jeweils ca. 1 Monat), kurze und kühle Sommer (2-3 Monate), und geringe bis sehr geringe Niederschläge (die größtenteils als Schnee erfolgen) gekennzeichnet. Durch die langen Strahlungstage im Sommer reduziert sich der Temperaturgradient zwischen Niederer Arktis und Hocharktis, der während des langen Polarwinters erheblich stärker ist. Diese Fluktuation verstärkt die Bewegung der zonalen Luftmassen in der Arktis, was in Verlagerungen des Jetstroms und der Polarfront resultiert. Während die südlichsten Teile der Baffin Insel noch von zyklonalen Stürmen erfaßt werden, ist im übrigen Bereich (selbst bei den schwächeren zonalen Bewegungen im Sommer) das Auftreten dieser Stürme selten. Die geringe Häufigkeit zyklonaler Stürme, die geringen Druckgefälle im

Tab. 2.1: Klimadaten von Alert (1950-70), Resolute Bay (1953-70), Pond Inlet (7 Jahre zwischen
1941-70) und Iqaluit (1946-70) nach MAXWELL (1980)*

Faktoren	Alert	Resolute	Pond Inlet	Iqaluit
Geographische Lage	82°30'N; 62°20'W	74°43'N; 94°59'W	72°41'N; 77°59'W	63°45'N; 68°33'W
Mittlere Jahresdurch- schnittstemperatur.	-18.0°C	-16.4°C	-14.5°C	-9.0°C
Monatliche Mitteltemp. (Januar)	-32.1°C	-32.6°C	-30.9°C	-26.2°C
Mittlere Maximumtemp. (Januar)	-28.1°C	-28.9°C	-26.5°C	-22.2°C
Mittlere Minimumtemp. (Januar)	-36.1°C	-36.2°C	-35.3°C	-30.1°C
Monatliche Mitteltemp. (Juli)	3.9°C	4.3°C	5.1°C	7.9°C
Mittlere Maximumtemp. (Juli)	6.9°C	6.9°C	8.6°C	11.9°C
Mittlere Minimumtemp. (Juli)	0.9°C	1.6°C	1.5°C	3.9°C
Winterbeginn (<0°C)	20.8.	25.8.	8.9.	26.9.
Sommerbeginn (>0°C)	20.6.	18.6.	15.6.	10.6.
Anzahl der Frosttage/Jahr	336	321	299	272
Niederschlag (Regen)	18.9 mm	58.7 mm	57.0 mm	179.9 mm
Niederschlag (Schnee)	144.7 mm	78.6 mm	88.4 mm	247.1 mm
Gesamtjahresniederschlag	156.0 mm	136.2 mm	146.3 mm	415.1 mm
Mittlere Windge- schwindigkeit	10.8 km/h	21.0 km/h	**	16.4 km/h
Maximale Windge- schwindigkeit	137 km/h	142 km/h	**	129 km/h
Mittlere Global- strahlung (Januar)	0 ly/d	0 ly/d	0 ly/d	<20 ly/d
Mittlere Global- strahlung (Juni)	> 600 ly/d	575-600 ly/d	575-600 ly/d	475-500 ly/d
Mittlere jährliche Globalstrahlung	65-70 ly/d	75-80 ly/d	75-80 ly/d	80-85 ly/d

*   Für einzelne Parameter kann der Meßzeitraum abweichen

**   Keine Daten

im Sommer) das Auftreten dieser Stürme selten. Die geringe Häufigkeit zyklonaler Stürme, die
geringen Druckgefälle im Sommer und die niedrigen Jahresniederschläge führen im größten Teil der
Baffin-Region zu einem kalten Wüstenklima (MAXWELL, 1980). Um die erheblichen Unterschiede
des lokalen Klimas innerhalb der Baffin-Region aufzuzeigen, werden in Tab. 2.1 die Klimadaten von
Iqaluit, Pond Inlet, Resolute und Alert verglichen. Deutlich zu erkennen sind die hohe Einstrahlung im
Sommer, die extrem niedrige Einstrahlung im Winter, die geringen Niederschläge und die Nieder-
schlags- und Temperaturgradienten. So nehmen nicht nur die Temperaturen, sondern auch die Niederschläge nach Norden hin erheblich ab (MAXWELL, 1980).

Je nach Lage und Relief können die Windgeschwindigkeiten schnell Orkanstärke erreichen (z.B. im Bereich von Fallwinden von Gletschern oder bei exponierten Lagen am Meer). Von Mitte September bis ca. Ende Mai fallen die Niederschläge als Schnee.

Die Flüsse, die Seen und das Meer sind während dieser Zeit bis zu einer Dicke von 3 m zugefroren. Im Juni beginnt in den meisten Gebieten die Schneeschmelze, und im Juli und August sind weite Gegenden in der Niederen und Mittleren Arktis schnee- und eisfrei. In der Hohen Arktis werden Flüsse und Seen oft nur sporadisch eisfrei, und auch das Meereis kann sich zu extrem dickem, mehrjährigem Eis entwickeln. Mit der Schneeschmelze und dem Aufbrechen des Eises bilden die Abflüsse innerhalb von wenigen Tagen reißende Bäche und Ströme, die eine gewaltige Fracht mit sich führen. Die steile Kurve im Hydrographen verflacht relativ schnell im Verlaufe des kurzen Sommers. Anfang September sind die meisten Oberflächengewässer schon wieder von einer Eisschicht überzogen.

2.6 VEGETATION

Im Zusammenhang mit Wasserversorgung, Abwasserentsorgung und Abfallwirtschaft ist die Flora vor allem wegen des Einflusses der Vegetationsbedeckung auf das Permafrostverhalten von Bedeutung, aber auch als Spender der organischen Masse, die im Boden die Austauschkapazität (und damit die Transport- und Festhaltekapazität der Kontaminanten) beeinflußt, und als mögliche Zwischenglieder der Anreicherung von Kontaminanten in der Nahrungskette.

Das Pflanzenreich ist bis in hohe Breiten hinein durch eine große Anzahl von Gefäß- und Sporenpflanzen vertreten. Die Gefäßpflanzen sind in Wuchsform, Fortpflanzung etc. an die teilweise extremen Witterungsbedingungen hervorragend angepaßt (BLISS, 1962). Der kurze arktische Sommer und die oftmals mangelhafte Wasser- und Nährstoffversorgung erlauben nur langsame Wuchsraten, was zu Klein- oder Zwergformen führt. Die niedrigen und kompakten Wuchsformen schützen die Pflanzen (vor allem Hemikryptophyten und Chamaephyten) vor Austrocknung und mechanischer Abrasion durch Sand-, Schnee- und Eispartikel, die vom Wind mitgeführt werden. Viele Pflanzen sind durch physiologische Adaption weitgehend vor dem Gefrieren geschützt.

Außerdem ermöglicht ihre Farbgebung eine hohe Wärmespeicherung (BLISS, 1962). In Adaption an den kurzen arktischen Sommer dominieren die perennierenden Pflanzen, wobei viele Arten ihren Erhalt durch vegetative Fortpflanzung (alleinig oder zusätzlich zur geschlechtlichen Fortpflanzung) sichern. Auch die Sporenpflanzen (Algen, Pilze, Flechten, Moose) sind in der Baffin-Region reichlich vertreten. Besonders typisch für den Raum sind die Flechten, wie *Cladonia rangiferina* und *Rhizobium geographicum*, die weite Teile des Anstehenden bedecken und die Moose, die vor allem in der Tundrenvegetation zu finden sind. Viele Formen von terrestrischen, limnischen und marinen Algen kommen ebenfalls in der Baffin-Region vor. Im allgemeinen nimmt die pflanzliche Produktivität mit dem Sommerklima von Süden nach Norden ab (EDLUND & ALT, 1989).

Die Ökosystemzonierung der kanadischen Arktis stimmt weitgehend mit den Bodenzonen überein. So können die Ökosysteme der Niederen -, Mittleren- und Hohen Arktis mit Tundra, subpolarer Wüste und Polarwüste von TEDROW (1977) korreliert werden (Abb. 2.3). Die Niedere Arktis besitzt mit über 200 Gefäßpflanzen die reichste Flora (PORSILD, 1964; EDLUND & ALT, 1989). Abgesehen von extremen Trockenstandorten und auf sehr grobem Deckmaterial bildet die Vegetation eine geschlossene Decke. Auf gut drainierten Böden dominieren Holzgewächse wie Salicaceae, Betulaceae, Ericaceae, Rosaceae und Krautgewächse wie Fabaceae, Mohngewächse und viele Moos- und Grasarten.

An hydrischen Standorten überwiegen Gräser und Seggen, mit Wollgras (*Eriophorum sp.*) als dem markantesten Vertreter (EDLUND, 1983; EDLUND & ALT, 1989; PORSILD, 1964; 1958; PORSILD & CODY, 1980). Die jährliche Nettoproduktion der Strauchtundra der Niederen Arktis beträgt nach BLISS et al. (1981) 150 - 700 g/m² /a. In der Mittleren Arktis nimmt die Abundanz ab, weniger als 150 Arten sind die Regel. Die Pflanzenbedeckung beträgt normalerweise weniger als 80%. Bis auf hydrische Standorte überwiegen die Zwergsträucher (vor allem *Salix arctica, Salix reticulata* und *Dryas integrifolia*). Auf feuchteren Standorten dominieren Seggen-Moos-Wiesen mit vereinzelten Saliceae (PORSILD, 1964; 1958; PORSILD & CODY, 1980; EDLUND, 1983; EDLUND & ALT, 1989). BLISS et al. (1981) beziffern die Nettoproduktion der subpolaren Halbwüste (Mittlere Arktis) auf circa 10 - 50 g/m²/a. Die Flora der Hohen Arktis ist deutlich reduziert. Weniger als 100 Gefäßpflanzen (normalerweise 50-80) bedecken < 10% der Landoberfläche. Eine kontinuierliche Pflanzendecke gibt es nur an den günstigsten Stellen. *Dryas integrifolia* und Saliceae sind wiederum die Hauptvertreter, gefolgt von Saxifragaceae (EDLUND, 1983; EDLUND & ALT, 1989; PORSILD, 1964; 1958; PORSILD & CODY, 1980). Nach BLISS et al. (1981) beträgt die Nettoproduktion der polaren Wüste (Hohe Arktis) weniger als 10 g/m²/a.

Diese allgemeinen Grobunterteilungen sind allerdings oft irreführend, da sich die Vegetationsgesellschaften (wie die Böden) aufgrund wechselnder Standortfaktoren auf eine Distanz von wenigen Metern ändern können. Verfügbarkeit von Wasser und Nährstoffen, Korngröße des Untergrundmaterials, Lage, Exposition und klimatische Faktoren (Wind, Temperatur, Niederschlag, Dauer der Schneebedeckung) können in der Baffin-Region über kurze Distanz variieren und Wachstum, Abundanz, Diversität und Zusammensetzung der Pflanzengesellschaften erheblich verändern. So ist auch der Einfluß der Vegetation (Bedeckungsgrad, Produktivität, Anfall an organischem Material, Aufnahme und Speicherung von Kontaminanten) auf Wasserversorgung sowie Abwasser- und Abfallentsorgung nur ortsspezifisch wiederzugeben. Der Bedeckungsgrad ist in den meisten Gemeinden minimal. Typisch für die meisten Kommunen der Baffin-Region sind vegetationslose Plätze und Schotterwege. Auch um die Häuser herum wächst kaum Vegetation. Nur an Steillagen und entlang von Oberflächengewässern findet sich eine nennenswerte Flora. Dies erhöht die Gefahr der Erosion durch Regenwasser sowie Grauwasser und ermöglicht den rapiden Transport von Schadstoffen im Suprapermafrostwasser oder Oberflächenwasser.

Da sich fast alle Gemeinden der Baffin-Region (außer Grise Fjord) in der Niederen oder Mittleren Arktis befinden (Abb. 3.1), ist der Bedeckungsgrad im Umfeld der meisten Gemeinden dagegen hoch. Dies bedeutet, daß die Böden unterhalb der etwas von den Gemeinden entfernt liegenden Deponiesickerwasser- und Abwassereinleitungen (trotz geringen Feinanteils) eine relativ hohe Austauschkapazität besitzen. Der Einfluß von Abwasser und Sickerwasser auf die Vegetation ist erheblich. So kann der Nährstoffeintrag deutlich an verstärktem Wachstum unterhalb von Abwasser- und Sickerwassereinleitungen erkannt werden.

2.7 FAUNA

Für die Betrachtung von Wasserversorgung, Abwasserentsorgung und Abfallwirtschaft ist die Fauna vor allem in zwei Bereichen von Interesse: (a) die mögliche Kontamination von Trinkwasserquellen durch Fäkalien und (b) die Kontamination der Fauna durch Abwasser und Sickerwasser, was im Verlauf der Anreicherung der Nahrungskette auch den Menschen negativ beeinflussen kann.

Im allgemeinen ist die Fauna durch geringen Artenreichtum, hohe Anzahl von Einzeltieren pro Spezies und hohe Dominanz geprägt. Marine Spezies dominieren über die terrestrischen Arten. Die Nahrungsketten sind relativ einfach (z.B. Phytoplankton-Zooplankton-Fisch-Seehund-Eisbär-Mensch oder

Flechten-Karibu-Wolf-Mensch). Das rauhe Klima und andere limitierende Faktoren führen auch bei den Tieren zu langsamem Wachstum und später Reife. Wie bei der Flora nimmt die Artenvielfalt nach Süden hin zu (REMMERT, 1980). Aus ersichtlichen physiologischen Gründen sind homoisotherme Spezies poikilothermen gegenüber im Vorteil und dominieren die nordische Fauna. Obwohl die Poikilothermen in einigen Klassen eine erstaunliche Artenvielfalt aufweisen, ist ihr Anteil am Energiefluß arktischer Ökosysteme sehr gering. Die homoisothermen Herbivoren (Säugetiere, Vögel) machen den größten Faunenanteil am Energiefluß arktischer Ökosysteme aus.

Im folgenden sollen die Faunen der terrestrischen, limnischen und marinen Bereiche der Baffin-Region genauer betrachtet werden. Im terrestrischen Bereich treten Moschusochse, Karibu, Schneehase, Lemming und viele pflanzenfressende Vögel wie Schneegans, Kanadagans und Alpenschneehuhn auf. Die Herbivoren konsumieren im Schnitt zwischen 10-20% der Primärproduktion (REMMERT, 1980). Die dominanten terrestrischen Räuber sind Eisbär, arktischer Wolf und Polarfuchs, aber auch viele Vogelarten wie Schneeule, Gerfalke, Raubmöwe, Eismöwe und Kolkrabe treten als Fleisch- oder Allesfresser auf. Die Artenvielfalt der Vögel ist generell wesentlich größer als die der Säugetiere. Viele Vögel ernähren sich von Insekten wie Fliegen, Moskitos und Bremsen, die vor allem im feuchten niederen Tundrenbereich im Sommer in riesigen Schwärmen auftreten können und das Arbeiten im Freien erschweren.

Im limnischen Bereich ist die Fauna in der Baffin-Region gegenüber südlicheren Räumen drastisch reduziert. Untersuchungen im Char Lake (Cornwallis Island) und anderen Standorten zeigten auf allen Ebenen der Nahrungskette eine stark reduzierte Artenvielfalt, Produktivität und Biomasse (CAMERON & BILLINGSLEY, 1975). So findet man am Ende der Nahrungskette nur eine Fischart, den Wandersaibling, dessen größere Artgenossen Kannibalismus betreiben müssen, um zu überleben.

Im marinen Bereich findet sich die artenreichste und für die Ernährung der Bevölkerung wichtigste Fauna. Eine reiche Nahrungskette beginnt mit der Infauna und benthischen Gesellschaften (Epifauna). Zooplankton und Zoobenthos dienen einer Vielfalt von Fischen (Wandersaibling, Polardorsch etc.) und den großen Meeressäugetieren wie Robben, Walroß und Walen (vor allem Narwal und Beluga) als Nahrung. Am Ende der Nahrungskette steht dann der Eisbär bzw. der Mensch. Die Avifauna ist auch im Küstenbereich stark vertreten. Unzählige Raubmöwen, Möwen, Seeschwalben, Alke etc. nisten an der Küste und ernähren sich vor allem von marinem Plankton und Fisch.

Wie Ertragsdaten aus Jagd und Fischerei der Gemeinden der Baffin Insel zeigen, sind Karibu, Schneehuhn, Wandersaibling und die verschiedenen marinen Säugetiere für die Menschen in der Baffin-Region die wichtigste Ernährungsgrundlage (PATTIMORE, 1984). Dabei stellen Karibu und Ringelrobbe in der Regel den weitaus größten Anteil, je nach Lage können auch andere Robbenarten, Walroß, Weißwal und Narwal als traditionelle Ernährung dominieren. Die Abhängigkeit vor allem von der marinen Nahrungskette, die z.B. in Broughton Island mehr als 90% der Ernährung ausmacht, macht die nordische Bevölkerung besonders anfällig für erhöhte Gesamtkörperkonzentrationen von halogenen organischen Verbindungen wie PCB, DDT, Toluen und Chlordan, sowie methylierten Metallen wie Quecksilber (BARRIE et al., 1992; HÄRTLING, 1991; 1990b). Diese Kontaminanten sind lipophil und reichern sich daher erheblich auf dem Weg durch die Nahrungskette an. PCB-Konzentrationen erhöhen sich z.B. 2-3 milliardenfach von den Werten in arktischem Meerwasser bis hin zum Endverbraucher Eisbär oder Mensch (TWITCHELL, 1991).

Da das Fett von marinen Säugetieren eine besonders geschätzte Delikatesse für die Inuit der Baffin-Region darstellt, liegt auch der Gehalt an lipophilen Kontaminanten, wie den halogenen organischen Verbindungen, in den Menschen der Baffin-Region wesentlich höher als in südlicheren, im allgemeinen wesentlich verschmutzteren Gebieten. So übertreffen die PCB-Werte bei 13 % der Bevölkerung von Broughton Island die kanadische Richtline des Gesundheitsministeriums von 1 μg PCB pro kg Körpergewicht pro Tag (KINLOCH & KUHNLEIN, 1987; KUHNLEIN, 1989).

Bei der Kontamination der Trinkwasserquellen durch die arktische Fauna treten vor allem die Vertreter der Avifauna in Erscheinung. Vor allem Kolkraben und die diversen Küstenvögel (Raubmöven, Möwen, Seeschwalben) kontaminieren das Rohwasser durch ihre Exkremente. Da das Rohwasser anschließend behandelt wird, sind keine Auswirkungen durch *Escherichia coli*, fäkale Streptokokken oder Staphylokokken zu erwarten.

3 ANTHROPOGENE RAHMENBEDINGUNGEN DER BAFFIN-REGION

3.1 BESIEDLUNGS- UND WIRTSCHAFTSGESCHICHTE

Vor ca. 30 000 Jahren migrierten paläolithische Jäger und Sammler von Sibirien über die damals trocken liegende Beringstraße und stießen über einen eisfreien Korridor im Yukon Territorium und Alberta ins Innere von Nordamerika vor (MAXWELL, 1985; MCGHEE, 1978). Diese Paläo-Indianer folgten mit dem Beginn des Holozäns (ab 10 - 12 000 v.Chr.) dem zurückweichenden Eis nach Norden. Sie stießen aber nie weit in die Arktis vor, sondern lebten im borealen Nadelwald oder zumindest nahe an der Baumgrenze (MAXWELL, 1985; MCGHEE, 1978).

Die Baffin-Region wurde von drei zeitlich aufeinander folgenden Einwanderungswellen erreicht. Die ersten zwei Wellen erfolgten durch Paläo-Eskimos, die vor 8000 bis 9000 Jahren nach Alaska migrierten (MCGHEE, 1989). Um 2000 v.Chr. zogen Teile der Arctic-Small-Tool-Tradition-Bevölkerung nach Osten und besiedelten als Independence I- und Prä-Dorset-Kulturen die kanadische Arktis (MAXWELL, 1985; MCGHEE, 1978; 1989). Die Independence I-Menschen führten in der Hohen Arktis (Ellesmere Island, Devon Island) ein extrem hartes Leben und starben vermutlich um 1700 v.Chr. aus. Die südlicher angesiedelten Prä-Dorset (Hudson Bay, Foxe Basin) adaptierten erfolgreicher. Sie lebten in Zelten und Schneehäusern und ernährten sich vor allem von Fischen, Robben und Karibus (MCGHEE 1978; 1989). 1000 bis 800 v.Chr. führte erneute Migration der Paläo-Eskimos zur Entwicklung der Tunit-Kulturen. Die Independence II-Menschen in der Hohen Arktis lebten vor allem vom Robbenfang, Karibus und Kleinwild (MCGHEE, 1978). Um 800 bis 500 v.Chr. vermischte sich die Independence II-Bevölkerung mehr und mehr mit den südlicher lebenden Dorset-Menschen. Die Dorset-Kultur (800 v.Chr. - 1000 n.Chr.) war hervorragend auf das Leben und Jagen im Winter eingestellt. Verbesserte Waffen und Jagdausrüstung (Schlitten und Schneeschuhe), semi-subterrane Behausungen mit Steinfundamenten, Iglus etc. ermöglichten das Überleben dieser Kultur während einer klimatisch kalten Zeit (MCGHEE, 1989).

Mit der Klimaverbesserung um 1000 bis 1300 n.Chr. migrierte die Neo-Eskimo-Kultur der Thule-Leute in die N.W.T. und verdrängte die Dorset-Menschen, die nur in Randgebieten bis 1500 n.Chr. überleben konnten (MCGHEE, 1989). Die Thule-Kultur war den früheren Kulturen in ihrer Anpassung an die ökologischen Bedingungen der Arktis überlegen. In Kajaks oder Umiaks jagten die Thule Wale, Walrosse und Seehunde, mit dreizackigen Fischspeeren und Netzen wurden Fische gefangen und mit Bogen oder Bolas Vögel erlegt. Sie führten den Gebrauch von Hundeschlitten ein und bauten Stein- und Torfhäuser, deren Dächer durch Walknochen gehalten wurden und mit Grassoden bedeckt waren (JACOBS & STENTON, 1985; MCGHEE, 1978). Die Thule benutzten auch schon eine Sprache, die dem heutigen Inuktitut sehr ähnlich ist. Sie sind als direkte Vorfahren der heutigen Inuit (Eskimos) zu betrachten (JACOBS, 1985; MCGHEE, 1978; 1989). Mit der Klimaverschlechterung während der "kleinen Eiszeit" (1650 - 1850 n.Chr.) und dem Kontakt mit den euro-amerikanischen Walfängern, welche die Jagdgründe erheblich dezimierten, begann der Niedergang der Thule-Kultur. Die Thule-Leute zogen sich in weitgehend isolierten Gruppen auf wenige Gunsträume zurück. Aus diesen Gruppen entwickelte sich die heutige Inuit-Kultur, z.B. aus der Baffin-Island-Gruppe die "Zentralen Eskimo" nach BOAS (1888).

1576 war Martin Frobisher im Auftrag Londoner Kaufleute in die nach ihm benannte Bay gesegelt. Dreimal besuchte er erfolglos Baffin Island, um die Nordwestpassage nach China zu entdecken und um Gold zu finden. Auch den nach ihm kommenden Forschern und Entdeckern, wie Hudson, Parry, Ross und Franklin, blieb das Durchfahren der Passage verwehrt, aber sie erschlossen die kanadische Arktis den europäischen Karten. Nach den Forschern folgten die Walfänger, die jeden Sommer zu Hunderten in die Baffin- und Davissee segelten, Wale harpunierten und an Land verarbeiteten (z.B. auf Kekerten Island und Black Lead Island im Cumberland Sound). Mit ihrer Ankunft veränderte sich der Lebensstil der Inuit. Eisen, Stoff, Holzboote und Gewehre wurden eingeführt, aber auch Krankheiten, Alkohol, und toxische oder schwer abbaubare Abfälle. Mit den Walfängern kamen die Missionare, die Kaufleute der mächtigen Hudson's Bay Company (HBC) und die kanadische Polizei (RCMP). Sie veränderten die soziale und wirtschaftliche Struktur der nordischen Bevölkerung und führten die Inuit in eine Abhängigkeit von Produkten und Dienstleistungen aus dem Süden. Die ersten permanenten Siedlungen der Baffin-Region wurden zu Beginn des 20. Jahrhunderts meist als Missionen und Niederlassungen der HBC gegründet (Cape Dorset, Clyde River, Igloolik, Lake Harbour, Pangnirtung).

Die größten Veränderungen kamen zu Beginn des 2. Weltkrieges. Um Kurzstreckenbomber und Kampfflugzeuge auf der nordatlantischen "Crimson Route" nach Europa zu überführen und um den Norden vor japanischen und deutschen Angriffen zu schützen, wurden auf Druck der amerikanischen Regierung Wetterstationen und Flugfelder in der kanadischen Arktis gebaut. Allein 1943 befanden sich über 50 000 Mann Militärpersonal und riesige Mengen an Material in den N.W.T. In der Baffin-Region wurden mehrere Wetterstationen und Flugplätze gebaut, welche oft die Kerne für weitere permanente Siedlungen (Arctic Bay, Iqaluit, Resolute Bay) bildeten (DZIUBAN, 1959).

Ein nächster Entwicklungsschub kam zu Beginn der 50er Jahre mit der Konstruktion der "Distant-Early-Warning (DEW) Line" als Frühwarnsystem gegen Angriffe der UdSSR. Wetter- und Radarstationen wurden entlang des 60. Breitenkreises gebaut, allein zwei Haupt- und zwölf Nebenstationen innerhalb der Baffin-Region. Iqaluit wurde zum Versorgungszentrum ausgebaut. Um einige der Stationen entwickelten sich auch neue Siedlungen, wie z.B. Broughton Island und Hall Beach.

Zur selben Zeit zeigte die kanadische Regierung ein verstärktes Interesse für den Norden. Krankenstationen, Schulen, Wohnungen etc. wurden gebaut und viele Errungenschaften eines modernen Sozialstaates eingeführt (LENZ, 1988). Diese durchaus gutgemeinten Maßnahmen führten zur weiteren Auflösung der traditionellen sozialen Strukturen. Teilweise lockten die Produkte und Dienstleistungen die Inuit in die Zentren, teilweise wurden die Familien aber auch durch die Schulpflicht der Kinder in die Siedlungen gezwungen. Problematisch ist hierbei, daß die meisten Siedlungsstandorte nicht unter Beachtung des Jagd- und Fischfangpotentials der Umgebung, sondern nach ihrer Erreichbarkeit und der militärischen Bedeutung ausgewählt worden waren. In der Folgezeit mußten die meisten Inuit wegen der hohen Kosten für die Ausrüstung, der weiten Entfernungen zu den Jagd- und Fischgründen und der Abnahme der Tierbestände ihre traditionelle Lebensweise aufgeben und wurden großenteils zu Sozialhilfeempfängern. So erhalten auch heute noch mehr als 25 % der Bevölkerung der Baffin-Region Sozialhilfe (GNWT, 1989a).

Die nächste wirtschaftliche Entwicklungsphase begann mit der verstärkten Suche nach Bodenschätzen in den 70er Jahren. In der Baffin-Region veränderte sich jedoch für die einheimische Bevölkerung nicht viel. 1974 wurde im nördlichen Baffin Island die Blei- und Zinkmine Nanisivik errichtet, und 1982 begann man auch auf Little Cornwallis Island Blei- und Zinkerze zu schürfen (Polaris). Auf die Arbeitsmarktlage hatten diese Entwicklungen jedoch kaum einen Einfluß. Die Inuit wurden meist nur zur Versorgung und für infrastrukturelle Maßnahmen kurzzeitig eingestellt, die meisten qualifizierten Arbeitsstellen wurden aber an Personal aus dem Süden vergeben. Mittlerweile sind die Lager in Nanisivik unrentabel geworden, und das Bergwerk wird in naher Zukunft schließen.

Den vorläufig letzten Rückschlag erlitt die traditionelle Wirtschaftsform durch den 1983 von europäischen Umweltbewegungen und die starre Haltung der kanadischen Regierung ausgelösten Boykott der Seehundfelle, der die Seehundjagd als Erwerbszweig unrentabel machte. Dabei fiel der Preis für ein

Seehundfell innerhalb eines Jahres von Can. $35.- bis auf Can. $5.-. Es wird zwar auch heute noch gejagt und gefischt, oft muß allerdings die Jagd durch Arbeit anderer Familienmitglieder in der Gemeinde finanziert oder zumindest unterstützt werden, d.h. Jagen ist auch in der Arktis zum Luxus geworden (PELLY, 1991).

Die sich auch heute noch fortsetzende Auflösung der traditionellen Subsistenzwirtschaft als Jäger, Sammler und Fischer führte nicht nur zu den genannten soziologischen und ökonomischen Problemen, sondern auch zu dem bereits angesprochenen Anstieg des "Wohlstandsmülls". Da die traditionellen Nahrungsmittel oft nicht mehr zur Verfügung stehen, müssen Dosen oder Packungen im Laden gekauft werden. Dazu sind Cola-Getränke (Alu-Dosen), in Folien eingeschweißte Hamburger oder Pizza besonders bei der jugendlichen Bevölkerung sehr begehrt.

3.2 AKTUELLE BEVÖLKERUNGS- UND WIRTSCHAFTSSTRUKTUR

1986 zählte die Bevölkerung der Baffin-Region 9975 Einwohner, die auf 2125 Haushalte verteilt waren (4.5 Personen pro Haushalt) - (GNWT, 1989). 1981 lag die Einwohnerzahl noch bei 8297, was einer Zuwachsrate von 20.2% entspricht. Dieser gewaltige Anstieg ist nur teilweise auf Migration aus dem Süden zurückzuführen. Der überwiegende Teil der Bevölkerungszunahme erfolgt durch den Überhang von Jugendlichen und Kindern in der Bevölkerungsstruktur. So waren 1986 über 50% der Bevölkerung der Baffin-Region 19 Jahre alt oder jünger und 76.9% der Einwohner waren unter 36 Jahre alt (GNWT, 1989). Diese Zahlen belegen hohe Geburtenraten, verursacht durch ein verbessertes Gesundheitssystem und eine stabilere Versorgungslage. Dies verweist bereits auf wesentliche Probleme der nordischen Bevölkerung wie Jugendarbeitslosigkeit und Wohnungsmangel.

83% der Bevölkerung sind Inuit, 16% Euro-Kanadier und weniger als 1% Metis, d.h. Mischlinge franko-kanadischer und indianischer Abstammung (GNWT, 1989). 78.6% der Bevölkerung sprechen Inuktitut, 16.1% Englisch, und 3% geben Französisch als die alleinige Sprache an (CANADA, 1986). 1986 gaben weniger als 1.2% der Einwohner an, 50% davon im Verwaltungs- und Regierungszentrum Iqaluit, zweisprachig zu sein (Englisch und Inuktitut) - (CANADA, 1986). Die fehlenden Englischkenntnisse der einheimischen Bevölkerung und die damit verbundene mangelnde berufliche Qualifikation stellen ein großes Problem für die Inuit dar.

1986 waren 6120 von 9975 Einwohnern im arbeitsfähigen Alter. Davon waren nur 3865 Einwohner (61%) als Erwerbstätige erfaßt, von denen wiederum 845 arbeitslos gemeldet waren (CANADA, 1986). Dies entspricht einer Arbeitslosenquote von über 22%, die sich saisonal mehr als verdoppeln kann! Außerdem sind die qualifizierteren und besser bezahlten Stellen meist noch in der Hand des euro-kanadischen Bevölkerungsanteils. Die fehlenden Inuktitutkenntnisse der Euro-Kanadier andererseits führen oft zu Kommunikationsschwierigkeiten zwischen den Bevölkerungsteilen, die eine Integration der neuen Bewohner des Landes behindern (siehe Kap. 3.5).

Im letzten Jahrzehnt wurden erhebliche Anstrengungen unternommen, um den Bildungsstand und den Anteil der zweisprachigen Bevölkerung zu heben. So hatten 1984 von 4706 Erwerbstätigen in der Baffin-Region fast 50% einen höheren Abschluß (Abitur, College, Universität) als die als Pflicht vorgegebene 8. Klasse (GNWT, 1989). Allerdings ist in dieser Kategorie der euro-kanadische Teil der Bevölkerung überproportional vertreten. In den Schulen werden seit Beginn der 80er Jahre Englisch und Inuktitut gleichberechtigt als Unterrichtssprachen angewandt. Es ist daher zu erwarten, daß die junge Generation sowohl Englisch als auch Inuktitut sprechen wird.

Nur ca. 1% der Bevölkerung lebt heute von kommerzieller Jagd oder Fischfang (PELLY, 1991), obwohl ein Großteil der eigenen Ernährung noch immer durch Fische, Meeressäugetiere und Karibus gedeckt wird (auf Broughton Island z.B. fast 90% der einheimischen Ernährung). Der einzige größere kommerzielle Erwerbszweig, der auf der traditionellen Wirtschaftsform beruht, ist der Garnelenfang, der mittlerweile mit modernen Fischkuttern durchgeführt wird und 1988/89 ein Umsatzvolumen von 7.3 Mio. kanadischen Dollar erreichte (GNWT, 1989). Der übrige Fischfang und die Jagd sind nur für die Eigenversorgung von Bedeutung. Die Haupterwerbszweige sind heute der tertiäre Sektor (74%), wobei staatliche Einrichtungen (24%), Erziehungswesen (11%), Transport- und Kommunikationswesen (10%) und andere Dienstleistungen (10%), die direkt oder indirekt vom Staat finanziert werden, den weitaus größten Anteil der Stellen ausmachen (GNWT, 1989). 10% der erwerbstätigen Bevölkerung arbeitet im primären Sektor, und nur 15% waren in der Industrie (Nanisivik und Polaris) oder der Manufaktur beschäftigt (GNWT, 1989).

Tourismus und Kunstgewerbe nehmen in der kanadischen Arktis an Bedeutung immer mehr zu (LENZ, 1988). So gaben 1987 knapp 5000 Besucher über 4 Mio. Dollar in der Baffin-Region aus. 1990 wurden weit über 5 Mio. Dollar an Einnahmen erwartet (GNWT, 1989). Im Zusammenhang damit steht die ansteigende Bedeutung des Kunstgewerbes, da ein großer Teil der Kunstartikel direkt an Touristen verkauft wird. Vom gesamten Umsatz des Kunstgewerbes in den N.W.T. wurde 1987 52% in der Baffin-Region getätigt (dies entspricht ca. 13 Mio Dollar) - (GNWT, 1989). Die ansteigende Bedeutung von Tourismus und Kunstgewerbe für die Baffin-Region hat auch für das Thema dieser Arbeit eine erhebliche Bedeutung, da ästhetische Probleme, die durch unsachgemäße Behandlung von Abwasser und Abfall hervorgerufen werden, diese Erwerbszweige negativ beeinflussen.

Die Bevölkerung der Baffin-Region lebt in 14 Kommunen, die bis auf die Stadt Iqaluit (3039 E), die Bergwerkssiedlung Nanisivik (317 E) und die Siedlungen Grise Fjord (76 E) und Resolute (166 E) Dorfstatus besitzen (Arctic Bay: 535 E; Broughton Island: 451 E; Cape Dorset: 970 E; Clyde River: 474 E; Hall Beach: 476 E; Igloolik: 922 E; Lake Harbour: 341 E; Pangnirtung: 1070 E; Pond Inlet 885 E; Sanikiluaq: 457 E) - (GNWT, 1991a). Weitere 300 Personen haben keinen festen Wohnsitz. In den meisten Gemeinden besteht die Bevölkerung zu mehr als 90% aus Inuit, die Ausnahme bilden wiederum die Stadt Iqaluit und die Bergwerkssiedlung Nanisivik, wo der Anteil der Euro-Kanadier mehr als 50% beträgt. Ausgeschlossen von der Betrachtung wurde die nördlichste Siedlung Alert, da sie als militärische Einrichtung eine stark fluktuierende Bevölkerung aufweist und alle Daten der Geheimhaltung unterliegen.

3.3 POLITISCHE UND ADMINISTRATIVE STRUKTUR

Im folgenden sollen die politischen Entscheidungsträger und die ausführenden Organe in der Baffin-Region kurz dargestellt werden. Gemäß dem Thema der Arbeit wurden die spezifischen Beispiele aus den Bereichen Umwelt und Gesundheit gewählt. Entscheidungen in der Baffin-Region werden auf vier Ebenen getroffen, wobei sich die Aufgaben der Bundesregierung, der Territorialregierung, der Region und der Gemeinden oft überschneiden oder gar in Konflikt zueinander stehen. Dazu kommen von den Regierungen eingesetzte Komitees und Arbeitsgruppen sowie die Interessensvertretungen der einheimischen Bevölkerung, die mittlerweile ein beträchtliches Machtpotential besitzen.

Vor 1967 regierten eine Reihe von Bundesministerien die N.W.T. als "quasi-koloniale" Einheiten. Mit der Verlegung des Regierungssitzes von Regina nach Yellowknife (1967) verlagerte sich auch die Machtstruktur; viele Aufgaben, die vorher von der Bundesregierung wahrgenommen wurden, wurden

Abb. 3.1: Die Siedlungen der Baffin-Region

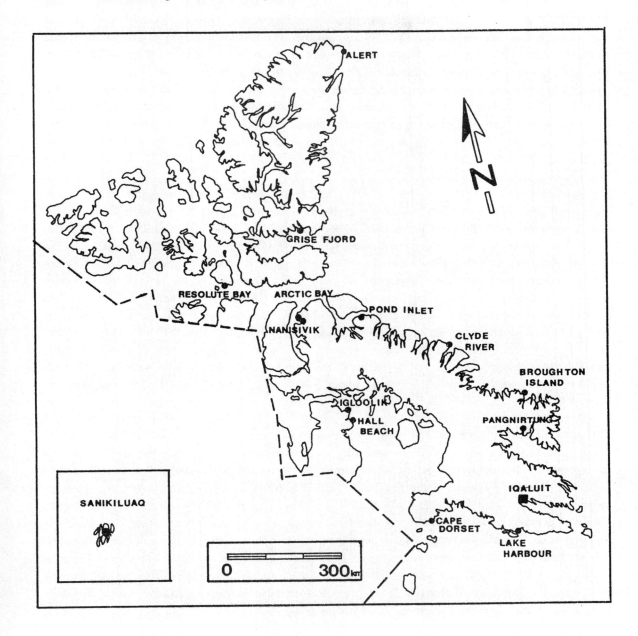

an die territoriale Regierung übergeben. So ist z.B. 1988 auch das Gesundheitswesen gänzlich in territoriale Hände übergegangen. Dieser Prozess der "Devolution" (d.h. besser "Entkolonisierung"; siehe
dazu WELLER, 1990) beinhaltet nicht nur den Transfer von Bundesaufgaben an die territoriale
Regierung, sondern auch die weitere Dezentralisierung innerhalb der N.W.T., d.h. mehr und mehr
Aufgabenbereiche werden an die Regionen und vor allem an die Gemeinden übergeben (GNWT, 1990).

Das Ministerium für Indianer- und Nordlandangelegenheiten (DIAND oder DINA) ist auch heute noch
eine maßgebliche politische Kraft in den N.W.T. Jede Region besitzt einen regionalen Kommissar,
welcher wiederum dem Bundesministerium in Ottawa untersteht. Die Entwicklung von Rohstoffen und
der Schutz der Umwelt liegen noch weitestgehend in den Händen der Bundesregierung. Dies ist vor

allem in der Rolle der Bundesregierung als Landbesitzer im Norden begründet; so waren 1989 noch 97% des Landes in Staatsbesitz (OSBERG & HAZELL, 1989). Als Hauptvertreter der Bundesregierung ist DIAND unter anderem für jedwegliche Nutzung von Staatsland ("Territorial Lands Act"), Wasser ("Northern Inland Waters Act - NIWA"), sowie Gas- und Erdölvorkommen ("Canada Petroleum Resources Act"; "Oil and Gas Production and Conservation Act") verantwortlich (OSBERG & HAZELL, 1989). Dem Fischereiministerium (FAO) obliegen die Regulierung der Küsten- und Frischwasserfischerei und der Schutz von Fischgründen ("Fisheries Act"). Das Umweltministerium (DOE) kontrolliert Import, Herstellung und Gebrauch von toxischen Substanzen ("Canadian Environmental Protection Act"). Andere Ministerien spielen eine untergeordnete Rolle. Außerdem besitzt die Bundesregierung auch die Verantwortung für nationale und internationale Angelegenheiten (OSBERG & HAZELL, 1989).

Die Regierung der N.W.T. wird durch die gesetzgebende Versammlung, dem Kabinett, mit einem Ministerpräsidenten an der Spitze, und den obersten Gerichtshöfen gebildet. Zur gesetzgebenden Versammlung werden 24 Mitglieder aus den jeweiligen Wahlbezirken direkt gewählt (GNWT, 1990). Das Kabinett besteht aus acht gewählten Mitgliedern, wobei der Ministerpräsident den Vorsitz innehat. Zur Exekutive gehören auch mehrere Sekretariate, Direktorate und Abteilungen, die direkt dem Kabinett unterstellt sind, z.B. das "Devolution Office" oder das "Women's Directorate" (GNWT, 1990). Ausführende Organe der Regierung sind die 16 Ministerien (Abb. 3.2), wobei in der Regel jedem Kabinettsmitglied zwei Ministerien unterstehen. Von besonderem Interesse für Wasserversorgung sowie Abwasser- und Abfallentsorgung sind die Ministerien für Hoch- und Tiefbau (DPW) und für kommunale Angelegenheiten (MACA). Außerdem befassen sich Unterabteilungen des Gesundheitsministeriums (DOH) und des Ministeriums für nachwachsende Rohstoffe (DRR) mit Umwelt- und Gesundheitsproblemen, die mit Wasserversorgung, Abwasserentsorgung und Abfallwirtschaft assoziiert sind (Abb. 3.2).

Eine Besonderheit in den N.W.T. bilden die zahlreichen (knapp 100) Komitees und Arbeitsgruppen, die von der Regierung der N.W.T. für spezielle Aufgaben eingerichtet wurden. Beispiele hierfür sind im Umweltbereich das "Eastern Arctic Management Environmental Study (EAMES) Committee" oder das "Environmental Review Committee (ERC)" - (SIMMONS et al., 1984). Diese Arbeitsgruppen ermöglichen auf der einen Seite eine flexible und gleichzeitig spezifische Betrachtung einzelner Themen, auf der anderen Seite wird der politische Entscheidungsprozeß für die Bürger und die Entscheidungsträger selbst noch undurchsichtiger, als er ohnehin schon ist. Sehr wichtig für den politischen Entscheidungsprozeß sind auch die verschiedenen Lobbygruppen. Ein besonderes Gewicht haben die Interessensvertretungen der einheimischen Bevölkerung, wie z.B. die "Inuit Tapirisat of Canada (ITC)" und die "Tungavik Federation of Nunavut (TFN)", die Umweltorganisationen ("Canadian Arctic Resources Committee - CARC") und die Vertreter der Industrie.

In den meisten Abteilungen sind die regionalen Vertretungen nur ausführende Organe der jeweiligen Bundes- und Territorialbehörden. So ist z.B. die regionale und kommunale Vertretung von DPW direkt dem territorialen Ministerium verantwortlich. Bei einigen Abteilungen hat allerdings der Prozeß der Devolution zu einer erheblichen Handlungsfreiheit für die regionalen und lokalen Vertretungen geführt. So besitzen z.B. die regionalen Gesundheitsämter weitgehende Handlungsfreiheit. Im Umweltbereich ist der Prozeß der Devolution noch nicht so weit voran geschritten. Durch den Prozeß der Devolution oder Entkolonisierung erhalten auch die Kommunen immer mehr Autonomie. So werden momentan alle Anlagen zu Wasserversorgung sowie Abwasser- und Abfallentsorgung an die Kommunen übergeben (GNWT, 1990). Da sich das Aufgabenprofil der Kommunen je nach Status (Stadt, Dorf, Siedlung) und Größe erheblich unterscheidet, soll auf die Aufgaben der Kommunen nur im Zusammenhang mit Wasserversorgung und Entsorgung von Abwasser und Abfall eingegegangen werden (Kap. 3.4).

Abb. 3.2: Die territoriale Regierung, die Ministerien und die Unterabteilungen, sich schwerpunkt-
mäßig mit Wasserversorgung, Abwasserentsorgung und Abfallwirtschaft beschäftigen (nach
GNWT, 1990)

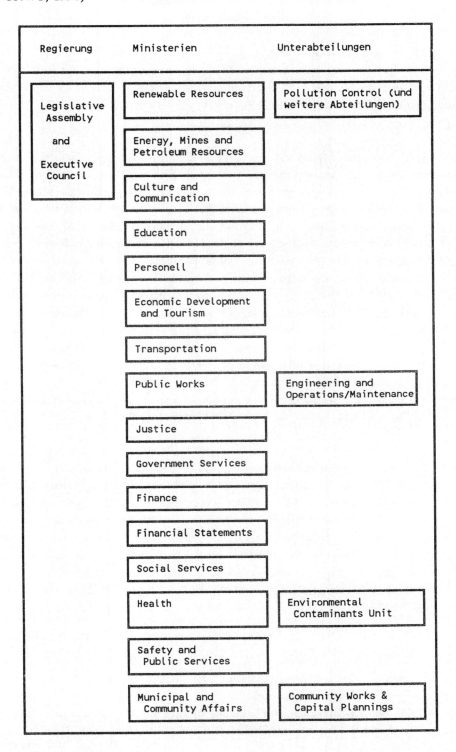

3.4 WASSERVERSORGUNG, ABWASSER- UND ABFALLENTSORGUNG IN DER BAFFIN-REGION

3.4.1. Gesetzgebung

Wie in Deutschland obliegen Wasserversorgung und Entsorgung von Abwasser und Abfall den Gemeinden. Davon ausgenommen sind die zwei Mineralgewinnungsbetriebe Nanisivik und Polaris sowie die militärischen Einrichtungen (z.B. Alert) in der Baffin-Region. Hier übernehmen die Betriebe und das Verteidigungsministerium (DND) als Betreiber Trinkwasserversorgung und Abwasser- und Abfallentsorgung.

Im "Northern Inland Waters Act (NIWA)" von 1972 wurden die obersten Wasserbehörden ("Water Boards") der zwei Territorien geschaffen. Die Wasserbehörde der N.W.T. ist dem Minister von DIAND verantwortlich, der die Befugnis hat, Entscheidungen der obersten Wasserbehörde zu verwerfen, was allerdings noch nie geschah. Unter NIWA vergibt die Wasserbehörde Lizenzen an die Gemeinden, die Wassernutzung und Abfallbehandlung definieren und regulieren (WILSON & WARNER, 1986). Bahnbrechend ist hierbei, daß die Lizenz einer Gemeinde alle Bereiche von Wasserversorgung und Entsorgung von Abwasser und Abfällen regelt, d.h. es werden keine getrennte Lizenzen für Wasserversorgung, Abwasserentsorgung und Abfallentsorgung vergeben. Der Prozeß der Genehmigung einer Lizenz verläuft folgendermaßen: Die Gemeinden reichen eine Bewerbung mit spezifischen Angaben zu Wasserentnahmequelle, Art und Volumen der Entnahme des Rohwassers, Entsorgung des Abwassers und Abfalls etc. bei der zuständigen Wasserbehörde ein. Die Wasserbehörde prüft die Vollständigkeit des Antrages und verweist ihn an ein Beratungskomitee, das die technischen Details untersucht. Dann folgen eine oder mehrere öffentliche Anhörungen, in denen den einzelnen Mitgliedern und Interessensvertretern der Gemeinde Gelegenheit gegeben wird, Stellung zu nehmen. Danach wird die veränderte Bewerbung wieder dem Komitee vorgelegt und die vorläufige Lizenz verfaßt. Die endgültige Lizenz bedarf der Unterschrift des Ministers von DIAND (WILSON & WARNER, 1986).

Die Lizenz regelt Bau, Betrieb und Genehmigung der Wasserversorgungs- sowie Abwasser- und Abfallentsorgungsanlagen, die Wassernutzungs- und Abfallentsorgungskriterien, Überwachungsprogramme und das Auflassen und Restaurieren oder Renaturieren von Altanlagen. Außerdem kann die Wasserbehörde Gutachten zu Umwelt- und Ingenieurfragen in Auftrag geben (WILSON & WARNER, 1986). Die Verantwortung für Überwachung und Durchsetzung der Maßgaben liegt bei den lokalen Vertretern von DIAND, in Konsultation mit Vertretern der Gemeinde. Bis vor wenigen Jahren lagen Bau und Betrieb der Wasserversorgungs- und der Abwasser- und Abfallentsorgungsanlagen in der Hand von DPW. Alle Anlagen gehörten der Regierung der N.W.T. Mit dem Prozeß der Devolution werden immer mehr sanitäre Systeme den Gemeinden übergeben, wobei DPW und die Gemeinde zusammenarbeiten.

Weitere Gesetze, die Einfluß auf Abwasser-, Sickerwasser- und Abfallbehandlung und -beseitigung nehmen, sind (in Klammer die ausführende Behörde) der "Arctic Waters Pollution Prevention Act" (DIAND), der die Verschmutzung von marinen arktischen Gewässern überwacht, und der "Territorial Lands Act" (DIAND), der den Gebrauch, die Lagerung und die Entsorgung von toxischen Substanzen auf territorialem Land regelt. Zur regelmäßigen Entsorgung von toxischen Chemikalien muß die Gemeinde oder der Betreiber eine Lizenz (ähnlich der Lizenz der Wasserbehörde) von DIAND erhalten (SAE, 1986). Der "Clean Air Act" (Environment Canada) reguliert die ambiente Luftgüte und die Abluft von Verbrennungsanlagen wie z.B. Müllverbrennungsanlagen. Es gibt allerdings noch keine Richtlinien in den Territorien. Der "Environmental Contaminants Act" (Environment Canada; DOH) ermächtigt die ausführenden Behörden dazu, Studien zur Regulierung von toxischen Substanzen zu erstellen, welche die Umwelt oder die Gesundheit der Bevölkerung beeinträchtigen könnten (z.B. Gebrauch, Lagerung und Entsorgung von PCBs). Der "Environmental Protection Act" (GNWT) betrifft Lagerung, Transport, Behandlung und Entsorgung von allen Substanzen, die nicht bereits durch Bundesgesetzgebung reguliert werden (SAE, 1986). In der Gesetzgebung herrscht momentan noch ein Durcheinander von sich überlagernden, duplizierenden und teilweise sogar widersprechenden Gesetzen; es gibt z.B. 56 Gesetze, die sich mit toxischem Abfall befassen (SAE, 1986). So kommt es immer wieder zu langen Behördenwegen und zu Kompetenzstreitigkeiten zwischen den Behörden, bis eine Maßnahme getroffen wird.

Es gibt zur Zeit keine eigene Trinkwasserverordnung in den N.W.T. Die Richtlinien der kanadischen Bundesregierung (CANADA, 1987) sind im Gegensatz zur deutschen Situation (App. A) keine rechtlich durchsetzbaren Verordnungen (wie TrinkWVO), sondern nur vorgeschlagene Richtlinien, die erst durch territoriale Verordnung rechtswirksam werden können. Diese Richtlinien gelten für über 100 chemische, fünf radiologische und zwei mikrobiologische Parameter, wobei zwischen Grenzwerten ("Maximum Acceptable Concentration" - MAC), vorläufigen Grenzwerten ("Interim Maximum Acceptable Concentrations" - IMAC) und ästhetischen Richtwerten ("Aesthetic Objectives" - AO) unterschieden wird (App. A). Da bis jetzt noch keine territoriale Umsetzung der Richtlinien des Bundes erfolgt ist, kann die Einhaltung bestimmter Grenzwerte durch die Betreiber nur über die jeweiligen Wasserlizenzen überwacht werden.

Allgemein gültige Einleitungsbestimmungen oder Qualitätsnormen (wie AbwAG; VGS-HE) gibt es für Abwasser und Sickerwasser, außer bei erklärten Fischereigebieten, in den N.W.T. nicht. Eine gesetzliche Regelung zur maximalen Belastung von Vorflutern durch Abwasser oder Sickerwasser von Mülldeponien existiert ebenfalls noch nicht (vgl. hierzu 26 HWG, das eine chemische und saprobielle Maximalbelastung von Güteklasse II beim Vorfluter vorschreibt). Es existieren zwar Richtlinien für kommunale Abwässer (GNWT, 1981), sie sind jedoch wie die Trinkwasserverordnung keine rechtsverbindlichen Normen (App. A). Die Abwasserrichtlinien beschränken sich auf wenige Parameter (pH, BSB, SS, P, Öle und coliforme Bakterien). Bei hohen Einleitungsintensitäten werden für die chemischen Parameter relativ geringere Anforderungen an die Klärung der Abwässer gestellt. Außerdem reduzieren sich die Anforderungen bei einer Erhöhung des Verdünnungsfaktors im Vorfluter (App. A). Im Einzelfall können dem Betreiber wiederum durch die Wasserbehörde Grenzwerte vorgegeben werden, wobei die Abwasserrichtlinien als Grundlage herangezogen werden. Da die Baffin-Region keine ackerbaulich genutzten Flächen aufweist, existieren auch keine Grenzwerte für Böden und Sedimente, die durch Sickerwässer u.ä. verschmutzt werden. Im Zweifelsfall können die Bundesnormen herangezogen werden, wie z.B. bei der Belastung durch spezielle Kontaminanten (z.B. PCBs).

3.4.2 Wasserversorgung in der Baffin-Region

Wasserversorgung ist primär Aufgabe der Kommunen. Zur Benutzung von Oberflächengewässern oder für den Bau, den Betrieb und die Genehmigung von Anlagen zum Speichern, Behandeln sowie Zu- und Ableiten von Trinkwasser (entsprechend WHG 18b; HWG 43,44) muß bei der Wasserbehörde eine Lizenz beantragt werden, die der Gemeinde bestimmte Auflagen machen kann.

Alle Gemeinden der Baffin-Region beziehen ihr Trinkwasser von ungeschützten Oberflächengewässern (Flüsse, Seen). Die Hälfte der Kommunen besitzt zusätzlich einen Tank oder ein Reservoir zur Trinkwasserversorgung im Winter (Tab. 3.1). Mehr und mehr Gemeinden gehen dazu über, ihre Reservoirs

Tab. 3.1: Trinkwasserquellen und -verteilung in der Baffin-Region (nach DUSSEAULT & ELKIN, 1983; GNWT, 1991a; HEINKE & WONG, 1990)

Gemeinde	Einwohner (1988)	Natürliche Trinkwasser-quelle	Zusätzliche Trinkwasser-queller	Desinfektion	Verteilung/ Transport
Arctic Bay	535	See	-	Bleiche	Tankwagen
Broughton Island	451	Fluß	Reservoir	Bleiche	Tankwagen
Cape Dorset	970	See	-	Bleiche	Tankwagen
Clyde River	474	See	-	Bleiche	Tankwagen
Grise Fiord	76	Fluß	Tank	Chlor	Tankwagen
Hall Beach	476	-	Reservoir	Chlor	Tankwagen
Igloolik	922	See	Reservoir	Chlor	Tankwagen
Iqaluit	3039	See	Tanks	Fluor etc.*	Utilidor/ Tankwagen
Lake Harbour	341	See	-	Bleiche	Tankwagen
Nanisivik	317	See	Reservoir	-	Utilidor
Pangnirtung	1070	Fluß	Reservoir	Chlor	Tankwagen
Pond Inlet	885	Fluß	Reservoir	Bleiche	Tankwagen
Resolute Bay	166	See	-	Chlor	Utilidor
Sanikiluaq	457	See	-	Chlor	Tankwagen

* Fluoridation, Chlorierung, Kalkbehandlung, Filtration

zu vergrößern oder neu anzulegen, da die Bevölkerungszahlen in den letzten Jahren stark zugenommen haben und die Ansprüche pro Einwohner ebenfalls erheblich stiegen. Das Wasser wird dann mittels Tankwagen auf die einzelnen Gebäude verteilt. Der Tankwagen kommt normalerweise zweimal in der Woche oder auf Anfrage. Resolute und Nanisivik besitzen einen sogenannten "Utilidor", d.h. ein System, in dem Wasser- und Abwasserrohre, Telefonleitungen etc. in einem isolierten Gehäuse integriert werden, und Iqaluit weist ein gemischtes System von Tankwagen, Utilidor und Kanalisation auf (Tab. 3.1).

Die Wasserqualität wird in unregelmäßigen Abständen von Vertretern der Gesundheitsbehörde, von DIAND und von der Gemeinde geprüft. Die Gesundheitsinspektoren sind vor allem an der Keimfreiheit des Trinkwassers interessiert. Obwohl drei Gemeinden dem Rohwasser kein Desinfektionsmittel hinzufügen und die Hälfte der Kommunen nur etwas Bleichmittel zur Chlorierung in die Tankwagen schüttet, sind die Werte der enumerierten Gesamtcoliformen (TC) und Fäkalcoliformen (FC) im Trinkwasser der 14 Gemeinden sehr niedrig (BRETT, pers. Mitt.). Die chemische Wasserqualität wird sowohl von den Betreibern als auch von Beamten von DIAND in unregelmäßigen Abständen gemessen.

Tab. 3.2: Chemische Trinkwasserqualität in der Baffin-Region. Alle Angaben sind in mg/l, außer Farbe (TCU), Turbidität (NTU) und Leitf. (μS/cm) (Daten für Iqaluit aus DIAND, 1990, sonst aus WORRALL, 1984)

Gemeinde	Farbe	Turb.	pH	Leitf.	TSS	TDS	Alk.	Härte
Arctic Bay	20.0	15.0	7.6	66	n.b.	n.b.	5	8
Broughton I.	n.b.	n.b.	7.3	44	n.b.	n.b.	8	12
Cape Dorset	n.b.	n.b.	7.0	n.b.	n.b.	n.b.	n.b.	12
Clyde River	n.b	n.b.	7.3	n.b.	n.b.	22	n.b.	n.b.
Grise Fiord	2.5	n.b.	7.1	n.b.	n.b.	n.b.	11	12
Hall Beach	2.0	2.7	8.2	n.b.	1.0	165	93	145
Igloolik	n.b.	1.6	7.1	n.b.	n.b.	142	92	30
Iqaluit	n.b.	n.b.	6.5	26	<2.0	26	6	12
Lake Harbour	n.b.	n.b.	7.9	n.b.	n.b.	67	70	90
Nanisivik	n.b.	n.b.	7.4	28	<1.0	n.b.	16	13
Pangnirtung	5.0	<1.0	6.1	n.b.	n.b.	n.b.	6	8
Pond Inlet	25.0	12.0	7.1	27	n.b.	118	15	85
Resolute Bay	5.0	1.0	8.1	250	n.b.	n.b.	113	112
Sanikiluak	n.b.	n.b.	7.3	175	n.b.	n.b.	n.b.	69
MAC, AO	<15.0	<1.0	6.5-8.5	-	-	<500	-	200-500

Gemeinde	CA	MG	K	NA	CL	SO_4	NO_3-N	PO_4-P
Arctic Bay	1.5	n.b.	0.4	n.b.	1.7	4.0	0.07	n.b.
Broughton I.	n.b.	n.b.	0.4	n.b.	n.b.	10.0	<0.10	0.02
Cape Dorset	3.0	1.0	n.b.	4.0	7.0	n.b.	n.b.	n.b.
Clyde River	n.b.	n.b.	n.b.	n.b.	n.b.	n.b.	0.10	n.b.
Grise Fiord	3.0	1.0	0.7	9.0	2.0	n.b.	n.b.	0.08
Hall Beach	36.0	n.b.	n.b.	11.0	n.b.	n.b.	n.b.	n.b.
Igloolik	7.5	n.b.	n.b.	1.8	9.0	<1.0	0.13	n.b.
Iqaluit	4.0	0.4	0.2	0.5	2.1	3.0	<0.04	0.007
Lake Harbour	6.0	18.0	<0.4	<1.0	15.0	<1.0	<0.10	<0.10
Nanisivik	n.b.	n.b.	n.b.	n.b.	n.b.	n.b.	<1.00	n.b.
Pangnirtung	n.b.	n.b.	n.b.	n.b.	n.b.	5.0	0.20	n.b.
Pond Inlet	n.b.	n.b.	n.b.	n.b.	<1.0	25.0	n.b.	n.b.
Resolute Bay	n.b.	n.b.	n.b.	n.b.	25.0	21.0	<0.01	n.b.
Sanikiluaq	21.4	n.b.	n.b.	n.b.	n.b.	n.b.	n.b.	n.b.
MAC, AO	-	-	-	-	<250	<150	<10	-

DIAND und die anderen Institutionen zeigten sich im allgemeinen bezüglich Informations- und Datenweitergabe sehr großzügig, die Daten für alle Gemeinden der Baffin-Region wurden dem Autoren aber nicht ausgehändigt (Begründung: Geheimhaltung). Insbesondere war es völlig unmöglich, unveröffentlichte Daten von den Mineralgewinnungsbetrieben Nanisivik und Polaris sowie den militärischen Einrichtungen zu erhalten. Daher mußte bei der Bewertung der chemischen Wasserqualität der Baffin-Region vor 1987 auf alte und unvollständige Daten zurückgegriffen werden (WORRALL, 1984).

Tab. 3.2 veranschaulicht (trotz fehlender Daten), daß die Rohwasserbeschaffenheit der einzelnen Gemeinden geogen bedingt voneinander abweicht. So besitzen Hall Beach, Igloolik, Lake Harbour und Resolute Bay aufgrund der hohen Alkali- und Erdalkaligehalte der paläozoischen und proterozoischen Gesteine oder der jeweiligen Auflagen hohe Härte und Alkalinität, die sich auch in der Konzentration der gelösten Stoffe niederschlägt. Die meisten Daten liegen unter den jeweiligen Grenzwerten der kanadischen Trinkwasserverordnung (CANADA, 1987c). Nur Farbe und Turbidität, die für die Akzeptanz des Wassers durch die Bevölkerung sehr wichtig sind, liegen teilweise erheblich über den MACs oder AOs. Allerdings muß bei diesen früheren Messungen mit Fehlern bei der Probenahme (Aufwühlen der Sedimente, u.ä.) und der Analyse gerechnet werden. Angaben für toxische Elemente wie Spurenmetalle und organische Kontaminanten liegen nicht vor. Es muß auch beachtet werden, daß einige der in Tab. 3.2 dargestellten Daten vermutlich nicht Analysedaten, sondern Bestimmungsgrenzen darstellen. Auch ist bei den Quellen oft nicht angegeben, ob es sich um Probenahmen aus der Trink-wasserquelle (Bach, Fluß, Reservoir) oder aus den Tankwagen handelt (siehe dazu DUSSEAULT & ELKIN, 1983).

3.4.3 Grauwasser und Abwasserentsorgung in der Baffin-Region

Auch die Entsorgung von Grauwasser und Abwasser unterliegt den Gemeinden, die dafür von der Wasserbehörde eine Lizenz erhalten. Grauwasser wird normalerweise entweder einfach auf den Boden oder direkt in einen Graben oder einen Bach, der durch die Siedlung fließt, geschüttet. Die Möglichkeit der Kontaminierung der Umwelt durch Grauwasser wird von den Kommunen (DUSSEAULT & ELKIN, 1983) und vom Verfasser als gering angesehen. In einigen Gemeinden (Broughton Island, Cape Dorset, Clyde River, Lake Harbour, Pangnirtung, Pond Inlet) verstärkt der zusätzliche Grauwasserabfluß jedoch die allgemeinen Abflußprobleme. Bei lehmig-tonigem Untergrund kann das Wasser oft schlecht oberflächlich ablaufen und verursacht Probleme für Infrastruktur, Hygiene und Gesundheit (Erosion, Lebensraum für Moskitos).

Das Abwasser wird entweder durch sogenannte "Honeybags", d.h. starke Plastiksäcke, die den Flüssig-abfall inklusive der Fäkalien enthalten, durch Tankwagen oder durch Abwasserrohre bzw. Utilidor entsorgt (Tab. 3.3). Die Honeybags werden einfach mit Lastwagen zur Mülldeponie gefahren und ent-weder zusammen mit dem Feststoffabfall deponiert oder etwas abseits vom Feststoffmüll abgeladen. Das Abwasser aus den Haustanks wird durch Tankwagen abgepumpt und entweder bei der Mülldeponie ausgesprüht oder in einen Klärteich eingeleitet. Abwasser, das mit einem Utilidor entsorgt wird, erreicht den Vorfluter über einen Klärteich, einen Belebungstank oder es wird direkt ins Meer geleitet (Tab. 3.3). Der Gebrauch von Honeybags wird aus ästethischen und hygienischen Gründen vom Gesundheitsamt abgelehnt und hat vor allem in den größeren Gemeinden stark abgenommen. In einigen Gemeinden, wie z.B. Hall Beach ist der Honeybag allerdings immer noch die gebräuchlichste Form der Abwasserentsorgung (GNWT, 1991a).

3.4.4 Feststoffabfall- und Sickerwasserentsorgung in der Baffin-Region

Auch die Entsorgung des Feststoffabfalls und der Sickerwässer unterliegt der Gemeinde oder dem Betreiber. Der Hausmüll wird normalerweise in 205 l Tonnen geworfen, die vor dem Haus stehen. Die Müllabfuhr geschieht ein- bis dreimal wöchentlich durch Lastwagen der Gemeinde. Die Mülldeponien sind unkontrolliert und nicht durch Zäune vom Publikumsverkehr abgesperrt. Geregelte Deponie-praktiken werden nicht durchgeführt. So wird z.B. größerer Hausmüll in der Regel unkontrolliert mit Pick-up Trucks auf die Deponie gebracht (Tab. 3.4).

Tab. 3.3: Abwasserentsorgung in der Baffin-Region (nach DUSSEAULT & ELKIN, 1983; GNWT, 1991a; HEINKE & WONG, 1990)

Gemeinde	Honey-bags	Transport	Deponierung	Behandlung	Vorfluter
Arctic Bay	Ja	Tankwagen Lastwagen	Klärteich, Mülldeponie	Absetzen	Meer
Broughton Island	Ja	Tankwagen Lastwagen	Mülldeponie	-	Meer
Cape Dorset	Ja	Tankwagen Lastwagen	Klärteich, Mülldeponie	Absetzen	Meer
Clyde River	Ja	Tankwagen Lastwagen	Mülldeponie	-	Meer
Grise Fiord	Ja	Tankwagen Lastwagen	Mülldeponie	-	Meer
Hall Beach	Ja	Tankwagen Lastwagen	Klärteich, Mülldeponie	Absetzen	Meer
Igloolik	Ja	Tankwagen Lastwagen	Mülldeponie	-	Meer
Iqaluit	Ja	Tankwagen Utilidor	Klärteich	Absetzen	Meer
Lake Harbour	Ja	Tankwagen Lastwagen	Mülldeponie	-	Meer
Nanisivik	Nein	Utilidor	Klärtank	Belebungs-tank etc.*	Meer
Pangnirtung	Ja	Tankwagen Lastwagen	Mülldeponie	-	Meer
Pond Inlet	Ja	Tankwagen Lastwagen	Mülldeponie (Klärteich)**	-	Meer
Resolute Bay	Nein	Utilidor Tankwagen	Mülldeponie, See	-	Meer
Sanikiluaq	Ja	Tankwagen Lastwagen	Mülldeponie Klärteich	Absetzen	Meer

* Belebungstank, Absetztank, Chlorierung
** Klärteich bei Begehung im Sommer 1990 nicht funktionsfähig

Der Abfall wird je nach Wetterlage von Zeit zu Zeit verbrannt. Falls Deckmaterial vorhanden ist, wird dieses auf einen Teil des Deponiekörpers aufgetragen. Manchmal werden auch Teile der Deponie mit schwerem Gerät kompaktiert. In den meisten Gemeinden erfolgt weder eine Müllbehandlung oder Sortierung vor Deponierung, noch eine spezifische Mülltrennung auf der Deponie (Tab. 3.4). Der Müll wird lediglich hin und wieder durch Privatpersonen nach brauchbaren Gegenständen abgesucht. Auch eine regelmäßige Behandlung im Sinne einer biologischen, chemischen oder pyrolytischen Reduzierung der Müllmenge findet nicht statt. Eine Ausnahme des Vorangesagten bildet Pangnirtung, wo bei günstigen Witterungsbedingungen eine Müllverbrennungsanlage (MVA) eingesetzt werden kann.

Dem Sickerwasser von kommunalen Mülldeponien wurde bis Ende der 80er Jahre keinerlei Aufmerksamkeit geschenkt. Erst 1990 wurden die ersten chemischen Analysen von Sickerwasser in Iqaluit durchgeführt. Planungen für eine regelmäßige Überwachung oder gar Behandlung der Sickerwässer in der Baffin-Region bestehen derzeit noch nicht.

Tab. 3.4: Feststoffabfall- und Sickerwasserentsorgung in der Baffin-Region (nach DUSSEAULT & ELKIN, 1983; GNWT, 1991a; HEINKE & WONG, 1990)

Siedlung	Transport	Müllbehandlung	Abfall-kontrolle	Sickerwasser-kontrolle	Vorfluter
Arctic Bay	Lastwagen	Verbrennen Bedecken	Nein	Nein	Meer
Broughton Island	Lastwagen	Verbrennen Bedecken	Nein	Nein	Meer
Cape Dorset	Lastwagen	Verbrennen Bedecken	Nein	Nein	Meer
Clyde River	Lastwagen	Verbrennen Bedecken	Nein	Nein	Meer
Grise Fiord	Lastwagen	Verbrennen Bedecken	Nein	Nein	Meer
Hall Beach	Lastwagen	Verbrennen Bedecken	Nein	Nein	Meer
Igloolik	Lastwagen	Verbrennen Bedecken	Nein	Nein	Meer
Iqaluit	Lastwagen	Verbrennen Bedecken	Nein	Nein*	Meer
Lake Harbour	Lastwagen	Verbrennen Bedecken	Nein	Nein	Meer
Nanisivik	Lastwagen	Verbrennen	Nein	Nein	Meer
Pangnirtung	Lastwagen	Verbrennen	**Nein	Nein	Meer
Pond Inlet	Lastwagen	Verbrennen	Nein	Nein	Meer
Resolute Bay	Lastwagen	Verbrennen	Nein	Nein	Meer
Sanikiluaq	Lastwagen	Verbrennen	Nein	Nein	Meer

*   Seit 1990 erste Versuche der Kontrolle
**   Müllverbrennungsanlage

3.5 Die Einstellung der einheimischen Bevölkerung zu Abwasser und Abfall

Im folgenden werden die grundlegenden Paradigmen aufgezeigt, die das Verhältnis zwischen traditionellen Inuit und der Umwelt im allgemeinen sowie Abfall und Abwasser im speziellen prägen. Danach werden die Konsequenzen für die tägliche Praxis an einigen Beispielen erläutert. Da keine empirischen Untersuchungen zu diesem Thema vorliegen, wird in der folgenden Diskussion auf der Grundlage von BASTICKs (1982) Darstellung des intuitiven Denkens aus der Sicht der einheimischen Bevölkerung argumentiert. Aufgrund dieser Sichtweise wird aufgezeigt, daß (a) die allgemeine Weltanschauung und Geschichte der Inuit, (b) die kognitiven Strategien, (c) die Dominanz der euro-kanadischen Kultur und (d) bei toxischen Abfällen das Fehlen sensorischer Erfassung auschlaggebende Faktoren für die Schwierigkeiten in der Kommunikation zwischen Inuit und Euro-Kanadiern sind, die wesentlich für die Probleme in der adäquaten und umweltgerechten Entsorgung von Abwasser und Feststoffabfall verantwortlich sind.

(a) Die Inuit lebten seit Generationen in einem Land, in dem nur äußerst intensives und detailliertes Wissen um ökologische Verhältnisse das persönliche Überleben und das Fortbestehen der Gruppe gewährleisten kann. Das traditionelle Wissen kann aber den Inuit bei der Betrachtung der heutigen Umwelt- und Gesundheitsprobleme nicht helfen; im Gegenteil, es behindert die Entwicklung einer angepaßten Verhaltensweise. So wurden z.B. in der traditionellen Lebensweise fast alle Teile der Tiere und Pflanzen für Ernährung, als Kleidung und Werkzeuge und zum Heizen genutzt. Die wenigen anfallenden Abfälle waren inert oder wurden schnell von Aasfressern (Füchse, Raben) beseitigt. Der moderne "Zivilisationsabfall" hat eine völlig andere Zusammensetzung als der traditionelle. Da es diesen weitgehend nicht oder nur sehr langsam abbaubaren Abfall erst seit ein bis zwei Generationen gibt, gehen viele Inuit mit Abfällen immer noch so um, als würde er auf natürliche Weise übers Jahr verschwinden. So sind die Straßen, Plätze oder Abflüsse vieler Gemeinden in der Baffin-Region mit Abfall übersät und machen für den Besucher aus dem Süden einen sehr verschmutzten und verwahrlosten Eindruck.

Aus der traditionellen Lebensweise stammt auch ein psycho-soziales Phänomen, das entscheidend zur Verschmutzung des Nordens beiträgt, das der Nichteinmischung. Vermutlich um immer neue Lösungsstrategien zum Überleben zu finden, wird einem Inuk der traditionellen Lebensweise zugebilligt, alles zu machen, was er wollte, solange der Fortbestand der Gruppe nicht gefährdet wurde. Dieses Nichteinmischungsprinzip führt nicht nur zu einem freundlichen sozialen Umgang, sondern auch zu einer Akzeptanz von oder einem Desinteresse an Verhaltensweisen, welche die Umwelt beeinträchtigen.

(b) Die traditionelle Bedeutung der Umwelt für die einheimische Bevölkerung wird u.a. auch dadurch dokumentiert, daß die Inuit (wie alle Jäger- und Sammlerkulturen) eine naturalistische Kosmologie haben, d.h. alles in der Natur ist lebendig, zusammenhängend und nicht nur von physischer, sondern auch von metaphysischer Bedeutung (SABO & SABO, 1985). Dies wird in der jüngeren Forschung (STRACHAN, 1988) allerdings nur als ein Ausdruck eines grundsätzlicheren Unterschiedes zwischen der euro-kanadischen und der Inuit-Kultur gesehen, und zwar der unterschiedlichen kognitiven Strategien, die bei Denk- und Entscheidungsprozessen angewandt werden. So kann die euro-kanadische Kognition als analytisch, strukturalistisch, bewußt, verbal und linear bezeichnet werden, während die intuitiv veranlagten Denkprozesse der Inuit als prä-bewußt, prä-verbal und holistisch eingestuft werden. So wird ein Inuk eine bestimmte Information zur Umwelt nicht als isolierte Einzeltatsache, sondern immer in seiner "Gestalt", d.h. als Teil einer zeitlichen, räumlichen und thematischen Einheit betrachten, nach dem Motto: "Das Ganze beherrscht die Interpretation der Teile" (ROCK & PALMER, 1991:73). Dies macht ökologische Information aus der euro-kanadischen Forscher- und Technologiewelt für die Inuit oft unverständlich, da nicht nur die Begriffe fehlen, sondern die Schlagwörter auch mit der fehlenden Einordnung für den Inuk keine Bedeutung mehr haben. Zum anderen führt es dazu, daß die traditionelle Erfahrung, die oftmals den besten Meßmethoden überlegen ist, von den euro-kanadischen Forschern und Regierungsleuten als nicht relevant und unwissenschaftlich verworfen wird.

Die Verschiedenheit der kognitiven Prozesse hat auch immense Auswirkungen auf das Selbstverständnis und Selbstvertrauen vor allem der jungen Inuks. Da sie in der Schule mit einer kognitiven Welt der Euro-Kanadier und in der Familie mit der traditionellen Denkweise aufwachsen, besitzen sie oft weder die sprachlichen, noch die kognitiven Fähigkeiten, um sich in das eine oder das andere System integrieren zu können. Dieses Leben in zwei Welten (PELLY, 1991) macht viele junge Inuks verwirrt und apathisch. "There is a great deal of difference between the way an Inuk thinks and the way a qallunaaq [Weißer] thinks. I am sort of inbetween. I could go either way. Sometimes it is difficult" (Joanna Kiguktak in STELTZER, 1982:28).

Teil der traditionellen Überlebensstrategie der Inuit war auch die Dominanz der sozialen Gruppe, d.h. der Großfamilie oder Sippe, gegenüber dem Individuum. Auch diese Strategie paßt in das holistische Denkprinzip, obgleich es wesentliche darwinistische Züge trägt. So werden Kinder in der traditionellen Familie zu dem Denken erzogen, daß das Individuum unbedeutend ist und nur über die Position und den Beitrag zum Erhalt der Sippe definiert wird (STRACHAN, 1988; VOSPER-BARR, pers. Mitt.). Die Konsequenzen für das heutige Überleben sind teilweise katastrophal. Zusammen mit dem starken Zugehörigkeitsgefühl zur Heimatregion macht die Sippenverbundenheit es den jungen Inuks sehr schwer, eine qualifizierte Ausbildung zu bekommen und im System der euro-kanadischen Gesellschaft erfolgreich zu agieren. Die meisten Institutionen für weiterführende Ausbildung und Erziehung (Colleges, Universitäten) befinden sich entweder in den größeren Gemeinden Yellowknife und Iqaluit oder gar in den südlichen Landesteilen Kanadas. Losgerissen von der Familienstruktur finden es junge Inuks, die versuchen, im Süden eine Ausbildung zu erhalten, sehr schwierig zu überleben. Das individuelle Selbstwertgefühl der Inuit ist, losgerissen von der Familie, sehr niedrig und die Selbstmordraten betragen ein Mehrfaches des kanadischen Durchschnitts (RIGBY, pers. Mitt.; STRACHAN, pers. Mitt.). Die Folgen sind für die jungen Inuks gravierend. Oft wagen sie die zeitlich begrenzte Trennung von der Sippe nicht oder aber sie überleben die Ausbildung im Süden nicht. Eine Konsequenz davon ist, daß es auch heute noch sehr schwierig, qualifiziertes einheimisches Personal z.B. für das Betreiben von sanitären Einrichtungen zu erhalten.

(c) Die heutige Dominanz der euro-kanadischen Kultur hat natürlich nicht nur die traditionellen Strukturen und Denkweisen aufgeweicht und teilweise abgelöst, sie hat den Inuit auch das Gefühl vermittelt, daß ihre Betrachtungs- und Lebensweise die falsche oder zumindest die minderwertige ist. Dies kann sich ebenfalls in einer Apathie gegenüber Umweltproblemen ausdrücken, oder in Abwehr umschlagen. Beide Verhaltensmuster wurden während der vier Sommer auf Baffin Island immer wieder beobachtet. Aussagen wie: "Die Weißen werden es schon machen, wir können ja ohnehin nichts tun" (Pitseolak, pers. Mitt.) oder "Die haben den Mist hochgebracht, also sollen sie auch schauen, wie sie damit fertig werden" (Junger Inuk in Pangnirtung, pers. Mitt.) charakterisieren diese Einstellung.

(d) Wie bei anderen Kulturen fehlt auch eine klare Vorstellung von den Eigenschaften und Wirkungen der Stoffe, die vom Menschen nicht sensorisch erfaßt werden können (z.B. die meisten halogen-organischen Verbindungen). Sensorisch erfaßbare Umweltbeeinträchtigungen wie Geruchsbelästigung durch Abwasserlagunen oder Mülldeponien werden dagegen als Zumutung betrachtet, und es wird aktiv dagegen angegangen (FAIRBANKS, 1989).

Abschließend muß gesagt werden, daß diese Probleme zwischen den Kulturen regional sehr verschieden sind, z.B. gibt es in der modernen Stadt Iqaluit wesentlich mehr Probleme als in den kleineren, traditionelleren Gemeinden. Zum anderen schaffen einige Menschen des Nordens durchaus die Integration beider Kulturen. Außerdem bestehen erste Ansätze, diese Probleme zu lösen, u.a. in einer Orientierung des Erziehungswesen auf mehr traditionelie Inhalte und auf ein dezentralisiertes Angebot. Der Aufbau eines arktischen College in Iqaluit z.B. verschafft den jungen Inuit bessere Startmöglichkeiten im System der Weißen. Dies kann aber nicht darüber hinwegtäuschen, daß viele Inuit große Probleme mit ihrem Selbstwertgefühl und ihrer Identitätsfindung haben.

Zu den genannten grundlegenden Problemen kommen ganz praktische und teilweise gemeindespezifische Problemstellungen. So wurde in vielen Gemeinden das Trinkwasser von der einheimischen Bevölkerung kritisiert oder gar nicht angenommen, weil es entweder von Trinkwasserquellen kommt, deren Geschmack von dem der bisherigen Quelle abweicht, oder der Chlorgeschmack zu stark ist. Da das Chlor direkt den Tankwagen zugefügt wird, ist eine genaue Dosierung problematisch. Vor allem für die ältere Bevölkerung ist die Teezubreitung ein wesentlicher Bestandteil des Lebensstils, und Trinkwasser, das "...schlechten Tee macht" (MARTIN, 1982:214), wird einfach nicht akzeptiert. Als Folge greift die Bevölkerung wieder auf die traditionellen und teilweise kontaminierten Quellen zurück (Oberflächengewässer, Eis).

Zum anderen wurde so oft und so lange über die Inuit hinweg entschieden, daß Vorhaben, die von den territorialen Stellen oder den Bundesministerien iniitiert werden, oft automatisch abgelehnt werden. Dazu zeigen auch heute noch einige Vertreter der Regierungs- und Verwaltungsstellen sowie der Industrie erschreckende Informations- und Kommunikationsdefizite in Bezug auf die traditionelle Bevölkerung. So schlug z.B. noch vor wenigen Jahren eine im Süden lokalisierte Ingenieurfirma in Iqaluit vor, Apex Lake als neue Mülldeponie zu benutzen. Apex Lake ist nicht nur eine der letzten sauberen Gegenden um Iqaluit, sondern auch das Ersatzwasserreservoir für die Gemeinde. Ein solch eklatanter Fehler wäre nicht passiert, wenn die Einwohner am Planungs- und Entscheidungsprozeß stärker beteiligt gewesen wären. Das steigende Umweltbewußtsein und die gewachsene Autonomie der einheimischen Bevölkerung sollte solche Probleme in Zukunft reduzieren.

4 METHODIK

4.1 ANMERKUNGEN ZUR DATENERHEBUNG

Zusätzlich zu den selbst erhobenen landschaftsökologischen Grundlagendaten wurden vor allem Berichte und Mitteilungen der kommunalen, territorialen und Bundeseinrichtungen als Quellen herangezogen. Publizierte Daten beschränken sich im wesentlichen auf Daten zur Bevölkerung und Wirtschaft der Baffin-Region und auf die allgemeine Darstellung der Einrichtungen für Wasserversorgung, Abwasserentsorgung und Abfallwirtschaft. Abgesehen von einigen älteren und unvollständigen Quellen (DUSSEAULT & ELKIN, 1983) und den Veröffentlichungen von HÄRTLING (1990a; 1989a) gibt es keine publizierten Angaben zur Wasser-, Abwasser- und Sickerwasserqualität in der Baffin-Region (unter anderem nachgewiesen durch ON-LINE Suchen in ELIAS, BOREAL, ENVIROLINE und ECOLINE). Die wenigen Daten zu dieser Thematik befinden sich in unveröffentlichten Listen, Briefen und Berichten von DIAND, DOH und DPW, deren Verfügbarkeit gewissen Restriktionen unterliegt. So wird von DIAND momentan in Iqaluit eine EDV-Datenbank eingerichtet, die alle bisher von DIAND getätigten Analysen in den Gemeinden der Baffin-Region beinhaltet. Die Daten für Iqaluit, Pangnirtung und Pond Inlet wurden dem Verfasser von DIAND (1991) zur Verfügung gestellt. Die Daten der anderen Kommunen waren nicht verfügbar, und die Informationen vom Militärstützpunkt Alert und von den zwei Minen unterliegen der Geheimhaltung.

Ein besonderes Problem für die Datenerhebung ist der Prozeß der Devolution. Da die Bundesbehörden viele Aufgabenbereiche und Kompetenzen an die N.W.T. und diese wiederum an die Regionen oder die Kommunen abgegeben haben, mußten neue Institutionen geschaffen werden, die mit den Aufgaben und dem zur Verfügung stehenden Material noch nicht vertraut sind. Dies bedeutet, daß manche Institutionen gar nicht wissen, daß ihnen gewisse Informationen zur Verfügung stehen oder daß diese nicht mehr auffindbar sind. Dazu kommt der generell schnelle Wechsel der Ansprechpartner, da viele Angestellte der Regierung nach ein bis zwei Jahren wieder in den Süden zurückziehen oder neue Aufgaben übernehmen. Beide genannte Probleme machen oft einen persönlichen Kontakt mit den Entscheidungsträgern unumgänglich, was aus logistischen Gründen nur in beschränktem Umfang möglich ist.

Dazu zeigte sich, daß viele Daten aus der Literatur nur schwer miteinander in Einklang gebracht werden können. Dies soll an einem Beispiel erläutert werden. Tab. 4.1 zeigt die durchschnittliche Wassertiefe und das Gesamtvolumen des Trinkwasserreservoirs in Pond Inlet von seinem ursprünglichen Zustand vor 1979 bis zu seiner jetzigen Gestalt. Dabei wurde der Damm des Reservoirs 1979, 1986 und 1989 erhöht und erweitert. Die Quellen geben nicht nur verschiedene Parameter an, sondern die Daten für die einzelnen Bauabschnitte liegen so weit auseinander, daß die Unterschiede nicht durch verschiedene Meßmethoden u.ä. erklärt werden können.

Tab. 4.1: Wassertiefe und Gesamtvolumen des Trinkwasserreservoirs in Pond Inlet von 1978-1989

	DUSSEAULT & ELKIN (1983)	WOLFE (1990)	SMYTH (1987)
Vor 1979	3.4 m 113 000 m^3	3.4 m -	4.0 m 73 200 m^3
1979	- -	5.7 m -	4.9 m 104 200 m^3
1986	- -	- -	6.1 m -
1989	- -	6.7 m -	- -

Im folgenden werden nun die physikalischen, chemischen und biologischen Methoden beschrieben, die bei der Erhebung der landschaftsökologischen Daten benutzt wurden. Bei der Beschreibung wird besonders auf Verfahren eingegangen, die im Zusammenhang mit Wasserversorgung, Abwasser- und Abfallentsorgung zum erstenmal in arktischen Räumen zur Anwendung gelangten, während allgemein gebräuchliche Routineverfahren nur kurz angesprochen werden.

4.2 VORUNTERSUCHUNGEN UND FELDMETHODEN

An allen Untersuchungsstandorten wurden Voruntersuchungen, Ortsbegehungen und Vermessungen durchgeführt. Zur vorläufigen Erfassung der Leitfähigkeit des Untergrundes und damit der Schadstoffahnen wurde die Altlast in Iqaluit (siehe Kap. 5.7) zusätzlich geophysikalisch vermessen. Von den verschiedenen zur Verfügung stehenden Methoden (Radarsondierung, Magnetfeldmessung, seismische und Induktionsverfahren) wurde die elektromagnetische Induktionsmessung mit einem GEONICS EM-31 gewählt. Das EM-31 hat den Vorteil, auch bei geringen Durchdringungstiefen von 1.5 m, 3.0 m, 4.5 m und 6.0 m präzise zu arbeiten. Das Gerät ist außerdem sehr handlich, was für die Arbeit im Norden einen wichtigen Faktor darstellt.

Durch den Sendeteil des EM-31 wird bei einer bestimmten Penetrationstiefe im Untergrund ein primäres oszillierendes magnetisches Feld erzeugt, welches seinerseits ein sekundäres oszillierendes magnetisches Feld induziert. Durch den Vergleich der beiden Felder, die im Empfängerteil des EM-31 registriert werden, kann die scheinbare Leitfähigkeit des Untergrundes (in mS/m) bei einer bestimmten Penetrationstiefe errechnet werden. Leitfähigkeit ist primär das Resultat elektrolytischen Transports in wassergefüllten Gängen und Poren im Boden oder Gestein. Bestimmend sind hierbei in unkontaminierten Standorten Parameter wie Porosität, Wassergehalt, Phasenzustand und Temperatur des Wassers, Konzentration der gelösten Elektrolyten, Vorkommen und Zustand von Colloiden sowie der Druck der Auflage (NCNEILL, 1980). Bei kontaminierten Standorten verweisen Veränderungen der Leitfähigkeit des Untergrundes (bei gleichbleibenden anderen Bedingungen) auf chemische Verschmutzungen. Die Methode wurde bereits von GLACCUM et al. (1982), LADWIG (1983), SLAINE & GREENHOUSE (1982) zur Vorerkundung und Überwachung von Leckagen von Mülldeponien in gemäßigten Klimaten verwandt. Weitere Informationen zur Methode und ihrer Anwendung in Permafrostgebieten findet sich bei GEONICS Ltd. (1986; 1984), JURICK & McHATTIE (1982) und SARTORELLI & FRENCH (1982). Bei der Vorerkundung der Altlast in Iqaluit wurde zum ersten Mal in der kanadischen Arktis die elektromagnetische Induktionsmessung mit einem GEONICS EM-31 angewandt. Der Einsatz des EM-31 ist in arktischen Räumen generell problematischer, da Eislinsen und Eiskeile sowie ein sich verändernder Phasenzustand des Wassers in der Auftauschicht die Leitfähigkeit des Untergrundes zusätzlich beeinflussen. Wie die Arbeiten von JURICK & MCHATTIE (1982) und SARTORELLI & FRENCH (1982) zeigen, können die Permafrosteffekte aber als eine weitere Gleichung in die Berechnung eingefügt werden.

Für den Untersuchungsraum in Iqaluit waren andere Gründe dafür ausschlaggebend, daß eine quantitative Auswertung der Ergebnisse nicht erfolgen konnte. Das erste Problem bestand in den Schatteneffekten, welche durch die Inhomogenität des Untersuchungsraumes verursacht wurden. Dabei traten vor allem die Teiche, aber auch Ausbisse des Gesteins störend in Erscheinung. Das größte Problem verursachten die metallischen Abfälle, die an der Oberfläche und im Untergrund vorhanden waren. Die oberflächlichen Abfälle wurden aus dem Meßbereich entfernt, eventuell im Untergrund vorhandene Metalle könnten jedoch die Meßdaten entscheidend beeinflussen. Da in Pangnirtung und Pond Inlet ähnliche Verhältnisse vorliegen, wurde auf einen weiteren Einsatz des GEONICS EM-31 verzichtet. Die Schwierigkeiten der Berechnung durch Permafrosteinfluß, die Inhomogenität der meisten Standorte, der Einfluß der weit verstreut herumliegenden metallischen Abfälle und die relativ geringen chemischen Belastungen des Untergrundes machen den Einsatz geophysikalischer Methoden an den meisten Standorten in der Baffin-Region unmöglich. Generell kann der Einsatz des EM-31 zur Vorerkundung von leicht belasteten Standorten in der Arktis nicht empfohlen werden.

Die weiteren physikalischen, chemischen und biologischen Feldmethoden wechseln aufgrund von logistischen und finanziellen Bedingungen von Standort zu Standort. Daher werden sie in den einzelnen Kapiteln 5 bis 7 erläutert.

4.3 LABORUNTERSUCHUNG VON BÖDEN UND SEDIMENTEN

4.3.1 Physikalische Analysen

Die physikalischen Analysen wurden an den Abteilungen der Geographie und Geologie der Queen's Universität, Kingston, Kanada, durchgeführt. Die Boden- und Sedimentkerne wurden im Labor in zwei identische Längsprofile getrennt, die Profile aufgenommen und photographiert. Von den Sedimentkernen von Pangnirtung wurden am Geologischen Institut zur genaueren Interpretation der Sedimentstrukturen Röntgenaufnahmen gemacht. Danach wurden die Kerne in Abschnitte unterteilt und auf inerte Plastikbeutel verteilt.

Die luftgetrockneten Boden- und Sedimentproben wurden bei 2 mm trockengesiebt und im Kaltraum bis zur Bearbeitung aufbewahrt. 5 bis 10 g Probe wurden in eine 250 ml Borsilikatflasche überführt und (in dieser Reihenfolge) destilliertes Wasser, 10 ml schwache Acetatsäure und 10 ml 30%iges Wasserstoffperoxid hinzugefügt. Nachdem der organische Anteil entfernt war, wurden die Proben zum Kochen gebracht, um das überschüssige Peroxid zu entfernen. Nach der Zugabe eines Dispersionsmittels (Calgon mit Natriumhexametaphosphat) wurden die groben Korngrößenfraktionen (63-2000 μm) durch Naßsieben und die feineren Fraktionen am 5000 D Sedigraph des Geographischen Institutes der Queen's Universität auf ihre Korngröße untersucht. Die Rohdaten wurden mit Hilfe des Korngrößenprogramms von HYATT (pers. Mitt.) ausgewertet.

4.3.2 Chemische Analysen

Die chemischen Laboranalysen wurden in den Laboratorien der Geographie, Geologie und Chemie der Queen's Universität, Kingston (1986-90), in der Abteilung für Angewandte Biologie und Chemie der Polytechnischen Universität Ryerson, Toronto (1989-90), und am Forschungsreaktor SLOWPOKE-2 des Royal Military College (RMC), Kingston (1987-88), durchgeführt. Die Messung der PCBs und Vergleichstests zur Richtigkeit wurde an kommerzielle Laboratorien (Bondar-Clegg Ltd., Ottawa; MANN Testing Laboratories, Mississauga; Zenon Laboratories Inc., Burlington) vergeben. Außerdem wurde Dr. Cummings (Angewandte Biologie und Chemie, Ryerson) mit Nährstoffuntersuchungen (N,P,S) und Vergleichsanalysen bei den Metallen beauftragt. Wenn nicht anders angegeben, wurden die Analysen vom Verfasser durchgeführt. Die Beschreibung der chemischen Methodik beschränkt sich auf kurze Beschreibungen der PCB-Bestimmung, der Nährstoffanalysen und der Phasendifferenzierungsanalysen der Metalle. Die anderen Bestimmungsmethoden, Instrumente und Literaturhinweise zur Vorgehensweise sind bei HÄRTLING (1989a; 1988c) oder in der Standardliteratur (GESELLSCHAFT DEUTSCHER CHEMIKER, 1991; JACKSON, 1958; KLUTE, 1986; MCKEAGUE, 1978; PAGE, 1982) nachzulesen.

Da die Kühlflüssigkeiten der Kondensatoren und Transformatoren, die in Iqaluit untersucht wurde, zum weitaus größten Anteil höher chlorierte Biphenyle enthält, wurden die Proben auf Aroclor 1254 und 1260 untersucht. Die Proben wurden mit Hexan extrahiert und durch eine Reinigungssäule geschickt, die mit saurem Silikat, neutralem Silikat und Florisil gefüllt war (ALFORD-STEVENS, 1986; ERICKSON, 1986). Die Analyse wurde dann mit einem Tracer 560 Gaschromatographen (GC) und einem Electron Capture Detector (ECD) durchgeführt. Die Wiederfindungsrate für diese Methode lag bei 80%, mit einer unteren Nachweisgrenze von 0.01 ppm. Diese Nachweisgrenze war ausreichend für alle Boden- und Sedimentproben.

Organisch gebundener (TOC), anorganisch gebundener (TIC) und Gesamtkohlenstoff (TC) wurden gravimetrisch bestimmt. Nur die Sedimente von Pangnirtung (1987) wurden außerdem mit Hilfe eines LECO-Kohlenstoffanalysators gemessen. Die gravimetrische Bestimmung wurde dem LECO-Analysator oder der

Naßoxidation vorgezogen, da es die schnellste Methode ist und eine hohe Spannbreite an Kohlenstoff erwartet wurde. Sowohl LECO-Analyse als auch Naßoxidation sind wesentlich zeitraubender. Außerdem ist der LECO bei hohen Konzentrationen ungenau, und die Naßoxidation wird ebenfalls inakkurat, wenn hohe Konzentrationen von Fe^{+2}, Mn^{+2} und S^{-2} vorliegen, was bei den genannten Proben zu erwarten war (KONRAD et al., 1970). Normalerweise wird der organische Anteil (OM) bei niedrigeren Temperaturen (420-550°C) und längerer Dauer (16-24 Std.) ermittelt (BALL, 1971; DAVIES, 1974; MCKEAGUE, 1978; siehe auch DIN 38414 - S3). Die differentielle Thermalanalyse von KONRAD et al. (1970) befand aber, daß thermale Reaktionen unter 600°C dem Verlust von Wasser und organischem Kohlenstoff zugeschrieben werden müssen und endotherme Freisetzung von anorganischem CO_2 erst bei 670-680°C einsetzt. Deswegen wurden kurze Brennzeiten (1 Std.) und hohe Temperaturen (650°C) gewählt. Wegen des geringen Tonanteils konnte der Verlust von Strukturwasser durch Dehydroxilierung vernachlässigt werden. So wurde OM durch die gravimetrische Differenz zwischen 105°C und 650°C, und TIC als der Gewichtsunterschied zwischen 650°C und 950°C definiert (Sybron Thermolyne Furnatrol-1-Ofen). TOC wurde dadurch berechnet, daß OM durch 1.9 (A-Horizonte) oder 2.2 (tiefere Horizonte, Sedimente) geteilt wurde (NELSON & SOMMERS, 1982). Der TC ergibt sich aus der Addition von TIC und TOC. Die organische Stickstoffanalyse geschah durch eine modifizierte Kjeldahl-Bestimmung (Semi-Mikro-Kjeldahl), wie in APHA (1985) beschrieben. Bor, Phosphor und Schwefel wurden durch Atomemmissionsspektroskopie mit induktiv gekoppeltem Plasma (ICP-AES) an einem PERKIN-ELMER Plasma II-Spektrometer bestimmt. Chlor wurde durch unspezifische INAA gemessen. Die anderen Hauptnährstoffe (Ca, K, Mg) und Mikronährstoffe (Cu, Co, Fe, Mn, Mo, Zn) werden unter den Metallen diskutiert, da ihre Bestimmung wie die der anderen Metalle erfolgte.

Um einem angemessenen Eindruck von der metallischen Verunreinigung von Böden und Sedimenten zu erhalten, genügen Angaben zu den Gesamtkonzentrationen nur bei sehr hohem Verschmutzungsgrad. Für Aussagen zur Herkunft und Verfügbarkeit von Kontaminanten ist eine Phasendifferenzierungsanalyse nötig. Dabei sind für diese Arbeit die folgenden Fraktionen von besonderer Bedeutung: Leicht lösliche Phase, authigene Phase und Gesamtkonzentration. Durch den Vergleich der 0.1 M HCl-extrahierten Werte mit den Gesamtkonzentrationen kann die geogene Hintergrundkonzentration berechnet werden. Dies hilft bei der Einschätzung der Intensität der Kontamination, d.h. bei der Frage wie das Verhältnis zwischen anthropogenen Eintrag und den Hintergrundwerten ist. Um die partiellen Konzentrationen der Metalle in ihren verschiedenen Formen in Böden und Sedimenten zu bestimmen, waren mehrere Extraktionsschritte erforderlich. Es gibt momentan noch kein Extraktionssystem für Metalle, das Allgemeingültigkeit besitzt (siehe dazu den Vorschlag von CALMANO & FÖRSTNER, 1985). Sedimentologen ziehen auf Säureextraktion und Ultrafiltration beruhende Verfahren vor (FÖRSTNER & WITTMANN, 1983; MCALISTER & HIRONS, 1984; SALOMONS & FÖRSTNER 1980; TESSIER et al. 1979), während Pedologen dazu tendieren, verschiedene organische und anorganische Extraktionsmittel zu benutzen (HAVLIN & SOLTANPOUR, 1981; HAYNES & SWIFT, 1983; LINDSAY & NORVELL, 1978; MCKEAGUE, 1978; PAGE, 1982). Die Auswirkungen von verschiedenen Extraktionsmethoden und -sequenzen auf die Resultate sind erst in jüngster Zeit betrachtet worden (CALMANO & FÖRSTNER, 1985; KHEBOIAN & BAUER, 1987; MILLER et al., 1986; RAPIN et al., 1986). Die folgende vereinfachte Sequenz beruht auf den Arbeiten von CALMANO & FÖRSTNER (1985), FÖRSTNER & WITTMANN (1983), MCKEAGUE (1978), NELSON et al. (1959), PATCHINEELAM & FÖRSTNER (1977), SALOMONS & FÖRSTNER (1980) und THOMAS (1982).

Leicht lösliche Fraktion: Diese Fraktion repräsentiert die leicht gebundenen Metalle (Kationenaustausch), die unter veränderten pH/Eh-Verhältnissen oder Salzkonzentrationen leicht in Lösung gehen und damit die chemische Zusammensetzung der Oberflächengewässer beeinflussen können (JACKSON, 1958; PATCHINEELAM & FÖRSTNER, 1977). 10 g luftgetrocknete Probe (< 2 mm) wurden in 50 ml Zentrifugenröhrchen überführt (bei Böden mit hohem organischen Anteil wurde das Gewicht auf 5 g reduziert). Nach Zugabe von 25 ml 1 N NH_4OAc wurde die Probe 2 Stunden lang geschüttelt, für 600 s bei 2000 rpm zentrifugiert und anschließend durch Whatman No. 5 Papier gefiltert. Der Vorgang wurde mit weiteren 25 ml Ammoniumacetat wiederholt. Zuletzt wurde das Gesamtvolumen des Filtrats durch Zugabe von 1 N NH_4OAc auf 50 ml gebracht und die Lösung am AAS analysiert.

<u>Authigen-gebundene Phase:</u> Vor allem bei stärkeren pH/Eh- Schwankungen kann auch diese Fraktion wieder in Lösung gehen und transportiert werden. Sie repräsentiert die gesamte an die authigene Mineralphase gebundene Metallfraktion (Adsorption, Karbonatbindung, Fe/Mn-Hydroxidbindung). Um die authigen gebundene Fraktion zu ermitteln, wurde dieselbe Technik gewählt wie bei der leicht löslichen Phase, nur wurde statt 1 N Ammoniumacetat 0.1 molare Salzsäure benutzt (PATCHINEELAM & FÖRSTNER, 1977). Der Extrakt wurde dann ebenfalls aufgefüllt und am AAS gemessen.

<u>Gesamtkonzentration:</u> Die Gesamtkonzentrationen einer großen Anzahl von Metallen (und Nichtmetallen) wurde durch unspezifische instrumentelle Neutronenaktivierungsanalyse (INAA) am SLOWPOKE-2-Forschungsreaktor des Royal Military College (RMC) in Kingston gemessen. Es ist zu beachten, daß einige Elemente mit zwei oder mehr Methoden analysiert wurden. So wurden bei den Proben von Iqaluit Ca, Cu, Fe, K, Mg, Mn und Zn auch durch Atomemmissions-Spektroskopie mit induktiv gekoppeltem Plasma (ICP-AES) bestimmt. Die Sedimentproben von Pangnirtung (1986) wurden mit Königswasser extrahiert und an einem Flammen-AAS auf Cd, Cu, Fe, Pb und Zn untersucht. Außerdem werden einige Metalle über mehrere INAA-Programme bestimmt. In Fällen von Mehrfachanalysen wurden die Werte mit dem geringsten Fehler als Analyseresultate genommen.

Zur Bestimmung von Al, Ca, Cl, Cu, I, Mg, Mn, Na, Ti, und V wurde das INAA-Kurzzeitprogramm benutzt, d.h. die Proben wurden 60 s (t_i) lang einem Neutronenfluß von 5 x 10^{12} n/cm²/s ausgesetzt und dann durch Germaniumzähler und Mehrkanalanalysator gezählt. Verzögerungszeiten (t_d) von 60 s und Zählzeiten (t_c) von 600 s erwiesen sich als optimal für die elementunspezifische Analyse. Die Kurvenflächen und Konzentrationen wurden mit Hilfe des NDAA87-Programms und der QUAS-Kurvenbibliothek des RMC berechnet. As, Ba, Br, Co, Cr, Cs, Fe, Hf, K, La, Na, Sb, Sc, Ta, Th, U und Zn wurden durch das erste Langzeitprogramm bestimmt, mit t_i = 2 Std., t_d = 150-200 Std. und t_c = 4000 s. Ba, Co, Cr, Cs, Fe, Hf, Sc, Ta, Th und Zn wurden auch im zweiten Langzeitprogramm ermittelt, da sie hier eine höhere Akkurität und Reliabilität aufwiesen. Nach 2 Stunden Neutronenbeschuß wurden die Proben hierbei für 2000 Std. belassen und dann für 10 000 - 15 000 s gezählt. Bei beiden Langzeitmethoden wurden die Konzentrationen durch das EPAA87-Programm und die AUTOL-Bibliothek des RMC berechnet. Zur Diskussion der Methode siehe auch ADAMS & DAMS (1969), KAY et al. (1973) und MUECKE (1980).

4.4 LABORUNTERSUCHUNG VON WASSER UND ABWASSER

4.4.1 Physikalische Analysen

Im Forschungslabor von Iqaluit, N.W.T., wurden die im Sommer 1987 gezogenen und nicht angesäuerten Wasser-, Bodenwasser- und Abwasserproben nochmals auf pH (pH-sensitive Elektrode und Fisher Accumet Mini-pH-Meter Model 640) und elektrische Leitfähigkeit (Leitf.) untersucht. Danach wurde je ein Liter Probe bei 0.22 μm filtriert und die Gesamtschwebfracht (TSS) gravimetrisch bestimmt.

4.4.2 Chemische Analysen

Die oben genannten ungesäuerten Wasserproben wurden innerhalb von 24 Stunden im Labor von Iqaluit mit Hilfe eines HACH-Kits titrimetrisch auf Ca- und Gesamthärte (0.02 N EDTA), Alkalinität (0.02 N H_2SO_4), gelösten Sauerstoff (0.0021 M $Na_2S_2O_3$), CO_3 (Alkalinität/0.8202), Cl (0.014 M $HgNO_3$) und photometrisch bzw. turbidimetrisch auf NO_3 (525 nm), Fe (510 nm) und SO_4 (450 nm) untersucht (HÄRTLING, 1988b). Die Proben von Pangnirtung und Pond Inlet wurden ausnahmslos in den Forschungslabors in Kingston und Toronto analysiert. Die auf pH 2.0-2.3 angesäuerten Proben wurden bei 0.45 μm gefiltert und an zwei AAS (Varian SpectrAA-10, Perkin-Elmer), an einem Hochleistungsphotometer (Perkin-Elmer Lambda-2-UV/VIS-Spektrophotometer) und am Forschungsreaktor SLOWPOKE-2 von RMC auf Nährstoffe und Metalle analysiert. Beiden AAS liegt eine konventionelle Deuteronomiumkorrektur zugrunde. Ionisierungsinterferenzen wurden durch adäquate Unterdrückungslösungen minimiert. Die Küvetten der Photometer wurden auf ihre Transmittanz untersucht und gemäß ihrer Werte paarweise zugeordnet. Bei der unspezifischen INAA wurden 1.0 ml Probe 600 s lang dem Neutronenstrahl ausgesetzt (t_i), 90 s liegen gelassen (t_d) und 600 s (t_c) durch einen Germaniumzähler und MCA gemessen. Bei der Auswahl der chemischen Analysemethoden zur Bestimmung der Spurenmetalle im Wasser wurden vom Verfasser zu hohe Erwartungen an die unspezifische INAA gesetzt. Spezifische INAA (jede Messung auf ein Element zugeschnitten) wäre zu zeitaufwendig und kostenintensiv gewesen. So liegen die Nachweisgrenzen für die Bestimmung von Spurenmetalle durch INAA (und natürlich auch durch Flammen-AAS) viel zu hoch für unbelastete (und sogar für leicht belastete) Standorte. In den vorgefundenen Konzentrationen wäre die Analyse durch Graphit-AAS oder ICP-MS die geeignetste und ökonomischste Methode gewesen (SLAVIN, 1992).

PCBs wurden als Aroclor 1254 und 1260 bei MANN-Testing Laboratories analysiert. Nach der Vorbehandlung wurden die Proben mit Hexan extrahiert und in einer aktivierten Florisilsäule gereinigt (ALFORD-STEVENS, 1986; ERICKSON, 1986). Die Konzentrationen wurden dann an einem Tracer 560-Gaschromatographen (GC) mit einem Electron Capture Detector (ECD) gemessen. Die Wiederfindungsrate lag bei 83 %, bei einem Grenzwert von 0.12 ppb. Die einzelnen Bestimmungsmethoden, Instrumente und Literaturhinweise zur Vorgehensweise sind in HÄRTLING (1988a) und in der Standardliteratur (APHA, 1985; CANADA, 1979; GESELLSCHAFT DEUTSCHER CHEMIKER, 1991; GOLTERMANN et al., 1978; HELLMANN, 1986; HÖLL, 1979; MERCK, 1985) nachzulesen.

4.4.3 Mikrobiologische Analysen

Um fäkale Verunreinigungen von Wasser und Abwasser nachweisen zu können, wurden Gesamtcoliforme (TC) und, als Vertreter fäkaler Coliforme (FC), *Escherichia coli* am Labor des Instituts für Umwelt und Gesundheit (Ryerson) mit der Membran-Filtermethode analysiert. Zur Erfassung von Coliformen wurden 10 ml Probe durch eine sterile Filterapparatur gezogen und auf M-Endo-Medium angesetzt. Nach 24 Stunden Inkubationszeit bei 35 °C wurden Coliforme als rote Kolonien mit metallischem (grün-gold) Glanz enumeriert (APHA, 1985). *E. coli* wurde nach der Filtration in M-FC-Medium angesetzt und nach 24 Stunden (bei 44.5 °C) Inkubationszeit als blaue Kolonien gezählt (APHA 1985). Nach TC/100 ml = (Nx100)/ml Filtrat, wobei N die Anzahl der enumerierten Kolonien ist, wurden die Bakterien als Anzahl pro 100 ml Probe berechnet. Eine Blindprobe (destilliertes Wasser) wurde bei allen Bestimmungen mitgeführt.

4.5 BESTIMMUNG DER KIESELALGEN (DIATOMEEN)

Die Diatomeenanalyse wurde durchgeführt, um zusätzlich zu den chemischen und physikalischen Momentaufnahmen Langzeitinformation zum pH-, Leitfähigkeits- und Trophiezustand der möglicherweise von Sickerwässern beeinflußten Gewässer zu erhalten. Ähnlich wie andere biologische Verfahren zur Gewässergütebeurteilung erspart die Bestimmung der Kieselalgen kostspielige chemische Langzeituntersuchungen (HESS, 1991). Zudem bieten diese Verfahren synergistische Informationen zu der Frage, wie das Vorflutersystem auf die Einträge reagiert. Die Aufbereitung und Bestimmung der Diatomeen (Kieselalgen) erfolgte an der Abteilung für Biologie der Queen's Universität. Nach der Entfernung des organischen Materials durch Oxidation mit H_2SO_4 und $K_2Cr_2O_7$ wurden die Proben bei 2500 rpm zentrifugiert. Ein paar Tropfen der Konzentrate wurden auf Mikroskopierplatten geträufelt, getrocknet, auf Heizplatten verdampft und durch Hyrax-Medium fixiert. Die Bestimmung erfolgte durch Dr. John Kingston (Biologie) und Alex Wolfe (Geographie) an Leitz-Lichtmikroskopen (Vergrößerung x900 bis x1000). Die Analyse arktischer Kieselalgen und ihrer Zuordnung zu bestimmten ökologischen Bedingungen befindet sich noch in den Kinderschuhen. Es werden ständig neue Spezies und Varietäten gefunden. Erschwerend kommt hinzu, daß sich die Nomenklatur immer wieder verändert (SMOL, pers. Mitt.). Daher ist die Bestimmung der arktischen Kieselalgen durch durchschnittlich ausgebildete Biologen oder Wasserinspektoren nicht möglich. Außerdem ist der Geräteaufwand für genauere Analysen erheblich. Diese Restriktionen verbieten den generellen Einsatz der Diatomeenanalyse bei der Routineüberwachung von Wasser, Abwasser- und Sickerwassereinflüssen.

4.6 ANALYTISCHE QUALITÄTSSICHERUNG (AQS)

Feld- und Laborblindproben, Duplikate und Triplikate, sowie synthetische und Referenzstandards wurden für alle chemischen Untersuchungen parallel zu den Proben mitgeführt. Richtigkeit und Zuverlässigkeit wurden für alle Analysen bestimmt und die einzelnen Methoden miteinander verglichen. Alle im Labor benutzten Reagenzien waren vom Reinheitsgrad "Zur Analyse" ("ACS Certified"). Die im Feld verwendeten Reagenzien wiesen zumindest technische Güte auf. Das für die Blindproben, zur Reagenzvorbereitung, Analyse etc. verwendete destillierte Wasser wurde regelmäßig getestet. Von Zeit zu Zeit wurden Spuren (nahe am Grenzwert) von Na, Cl und Mg gefunden und bei der Analyse dieser Elemente das Wasser redestilliert. Alle anderen Elemente lagen unter der Nachweisgrenze für AAS und INAA.

Durch Nullproben und Blindwerte wurde sichergestellt, daß die Meßwerte nicht durch Verunreinigungen während Probeentnahme, Transport, Lagerung und Analyse verfälscht wurden. Die Nachweisgrenze (NG) wurde entweder als die zweifache Standardabweichung von 10 Nullproben (AAS), als der Wert, der von der Nullprobe mit einem Fehler von 25% (eine Standardabweichung) getrennt werden kann (INAA) oder als die Mittelwertdifferenz (andere Methoden) berechnet. Je nach Methode liegt die Bestimmungsgrenze (BG) um den Faktor 2 bis 10 höher als die Nachweisgrenze. Es ist zu beachten, daß die gemessenen NGs und BGs von den präsentierten Grenzwerten abweichen können, da Feststoff/Lösungs- und Lösung/Lösungsverhältnisse in Rechnung zu stellen sind. Bei den Wasserproben war die Flammen-AAS für die vorgefundenen Konzentrationen oft nicht sensibel genug, und die Werte lagen unter der Nachweisgrenze.

Reliabilität, d.h. die Reproduzierbarkeit bei wiederholten Messungen, wird als eine oder zwei Standardabweichungen vom Mittelwert wiedergegeben, wobei ein Vertrauensintervall von 95% und n-1 (oder n-2) Freiheitsgrade zugrunde gelegt werden. Die Präzision bei AAS-Bestimmungen wurde durch die im System vorhandene "Precision Optimized Measurement Time" (PROMPT) Einrichtung (Varian SpectrAA-10) normalerweise unter 10% gehalten. Für jede Elementgruppe wurde der Fehler berechnet. Wenn aber der individuelle Fehler größer war, als der Gruppenfehler, so wurde Ersterer gewählt. Daten mit einem Fehler von > 25% (eine Standardabweichung) wurden entweder zurückgewiesen oder (falls sie nahe an der BG sind) besonders gekennzeichnet und nicht in die statistische Interpretation hineingenommen. Im allgemeinen war die interne Reliabilität (gleiche Methodik) bei allen Labormethoden hervorragend.

Akkurität, d.h. die Differenz zwischen dem gemessenen Wert und einem als intersubjektiv gültig vorgegebenen Wert, wurde als der relative Irrtum zwischen den Konzentrationen der synthetischen und Standardreferenzproben (S) und den gemessenen Werten (A) berechnet (S-A/S)x100). Beispiele für die Akkurität von INAA, AAS und ICP zeigen Tab. 4.2 bis 4.6. Als Standardreferenzen standen BCC Soil Pulp Standard 86, NBS 1643, NBS 1643b, NBS 1646, CSSC-2, CSSC-7, CSSC-18, MESS 1-3 und interne Standards zur Verfügung. Es wird deutlich, daß bei den Wasserproben die Akkurität und Sensibilität der unspezifischen INAA zumeist ungenügend ist (Tab. 4.2). Bei den Boden- und Sedimentproben ist die Akkurität wesentlich besser.

Beim direkten Methodenvergleich INAA - ICP wird deutlich, wie abhängig die Ergebnisse von der Methodenwahl sind (Tab. 4.7). Ringuntersuchungen (siehe z.B. ACKERMANN et al. (1976)) haben gezeigt, daß im Methodenvergleich durchaus Abweichungen von ±50% und mehr erfolgen können. Die Bestimmung der Akkurität bei der Messung der Metallfraktionen ist etwas schwierig, da zum Zeitpunkt der Analysen noch keine 1 N NH_4OAc- und 0.1 M HCl- Standardreferenzproben zur Verfügung standen. Daher wurden für diese Analysen nur die Wiederfindungsraten gemessen (Tab. 4.4 und 4.5).

Tab. 4.2: Vergleich synthetischer Standards mit den vorgefundenen Werten in Wasserproben (INAA - Kurzzeitprogramm)

Element	1 ppm	10 ppm	100 ppm
Al	1.76 +/- 0.07	11.64 +/- 0.18	54.65 +/- 0.47
Ca	n.n.	19.13 +/- 4.87	60.42 +/- 7.32
Cu	1.36 +/- 0.20	12.79 +/- 2.52	53.10 +/- 2.61
Mg	1.99 +/- 1.05	n.b.	n.b.
Mn	1.12 +/- 0.02	10.05 +/- 0.05	50.86 +/- 0.12
Na	2.67 +/- 0.36	11.22 +/- 0.71	49.78 +/- 1.43

Tab. 4.3: Vergleich von NBS Standard 1643b und gemessenen Werten in Wasserproben (INAA - Kurzzeitprogramm)

Element	NBS 1643b	Gemessener Wert	Fehler
Ca (mg/l)	35*	44.2 +/- 5.6	20.4%
Mg (mg/l)	15*	10.5 +/- 4.8	30.0%
K (mg/l)	3*	3.9 +/- 0.8	23.1%
Na (mg/l)	8*	10.1 +/- 2.0	20.8%
As (μg/L)	49*	54.1 +/- 0.5	9.4%
Mn (μg/L)	28.0 +/- 2.0	30.0 +/- 5.0	6.7%
V (μg/L)	45.2 +/- 0.4	59.0 +/- 3.1	23.4%

    *   Nicht zertifiziert

Tab. 4.4: Vergleich von NBS Standard 1646 und den vorgefundenen Konzentrationen in Boden und Sedimentproben (ICP)

Element	NBS 1646	Gemessener Wert	Fehler
Ca	0.83%	0.79%	4.9%
Fe	3.35%	2.82%	15.8%
K	1.40%	1.18%	15.8%
Mg	1.09%	0.96%	12.0%
Na	2.00%	n.b.	n.b.
P	0.054%	0.054%	0.7%
S	0.96%	0.93%	3.1%
Cu	18 ppm	17.1 ppm	17.1%
Mn	375 ppm	308 ppm	17.8%
Zn	138 ppm	124 ppm	10.1%

Tab. 4.5: Wiederfindungsraten für synthetische Standards bei Wasserproben (AAS)

Element	Wieder-findungsrate (1987)	(1990)	Element	Wieder-findungsrate (1987)	(1990)
Ca	98.4%	101.7%	K	97.0%	98.3%
Cd	n.b.	109.6%	Mg	99.9%	100.5%
Co	110.5%	113.0%	Mn	102.0%	93.5%
Cr	117.1%	100.3%	Na	98.0%	98.5%
Cu	109.4%	98.1%	Pb	88.0%	101.2%
Fe	106.9%	99.5%	Zn	99.4%	97.4%

Tab. 4.6: Wiederfindungsraten für synthetische Standards bei NH_4OAc-extrahierten Bodenproben (AAS)

Element	Wieder-findungsrate	Element	Wieder-findungsrate
Ca	101.0%	Mg	98.9%
Cd	99.7%	Mn	98.2%
Co	81.6%	Mo	91.4%
Cr	102.3%	Na	122.0%
Cu	102.4%	Ni	99.3%
Fe	92.9%	Pb	98.3%
K	101.3%	Zn	98.3%

Tab.4.7: Vergleich von ICP und INAA (Sedimentproben)

Sediment-probe	Ca		Mg		K		Fe	
	INAA	ICP	INAA	ICP	INAA	ICP	INAA	ICP
S 3/4	2.06	1.40	1.09	0.69	2.52	3.67	4.02	3.41
S 5/6	1.71	1.60	1.37	0.78	1.03	3.26	4.19	3.36
S 7/8	1.89	1.81	1.31	0.77	3.32	3.12	4.45	3.41
S11/12	1.70	1.46	0.74	0.50	2.65	2.77	5.77	3.42
S 13	2.11	1.94	1.44	0.79	2.94	3.40	2.75	2.65
S 14	2.17	1.55	0.90	0.37	3.90	4.78	3.55	2.55
S 15	2.00	2.99	1.10	0.55	2.17	5.12	4.62	3.40
S 16	2.08	1.75	1.43	0.83	2.89	2.86	3.46	2.98
S 17	1.98	1.91	0.97	0.74	2.46	3.83	3.78	2.99
S 18	1.40	1.11	1.00	0.39	2.56	4.22	3.95	2.36
S 22	1.75	1.74	1.04	0.66	2.24	2.35	2.33	1.94
S 24	2.28	1.63	1.55	0.72	2.48	3.74	n.b.	3.20

5 WASSERVERSORGUNG, ABWASSERENTSORGUNG UND ABFALLWIRTSCHAFT IN IQALUIT

5.1 EINFÜHRUNG

Iqaluit (bis 1987 Frobisher Bay genannt) liegt im inneren Teil der Frobisher Bay, südliches Baffin Island, auf 63°45' N Breite und 68°31' W Länge (Abb. 3.1). Iqaluit wurde 1942 als Flugplatz und Versorgungszentrum der "North Atlantic Ferry Route" von der US-Armee gegründet (DZIUBAN, 1959). Zu dieser Zeit betrug die Bevölkerungszahl 183 Personen (CANADA, 1941). Es bestand noch keine permanente Siedlung an der Stelle des späteren Iqaluit (MACBAIN-MELDRUM, 1975), sondern die Bevölkerung war über die gesamte Frobisher Bay verteilt. Probleme mit Abwasser- und Abfallentsorgung waren unbekannt.

Die Situation veränderte sich 1942 mit dem Eintreffen von 550 US-Soldaten und 15 000 Tonnen Materialien (CANADA, 1944). 1943 waren Startbahn und Unterkünfte vollendet. In der Nähe der Startbahn entstand auch sogleich ein erster Abfallhaufen, vor allem leere 205 l Kerosintonnen. 1952 wurde mit dem Bau der "Distant Early Warning (DEW) Line" begonnen, eines Frühwarnradarsystems, das potentielle Angriffe der UdSSR erfassen sollte. Dabei wurde Iqaluit als wichtigste "Strategic Air Command (SAC)"-Basis der östlichen kanadischen Arktis ausgebaut. Rund ein Drittel der 42 entlang des arktischen Wendekreises gebauten Radarstationen wurde von Iqaluit aus versorgt. Zur Entsorgung der riesigen Mengen von Treibstofftonnen, Bauschutt etc. entstanden zwei weitere Mülldeponien. 1955 bis 1963 wurde Iqaluit auch als Auftankbasis für Transpolarflüge mehrerer Fluggesellschaften (GILLIECE, 1957; KING, 1958) und für die strategischen Bomber des "Strategic Air Command" (MACBAIN-MELDRUM, 1975) benutzt, was zur weiteren Akkumulation von Treibstofftonnen führte. Zur selben Zeit (1955-63) wuchs die Bevölkerung von Iqaluit von unter 100 (MARTIN, 1969) auf über 1800 Einwohner an (HONIGMANN & HONIGMANN, 1965).

Nach dem Abzug der US-Armee im Jahre 1963 war Iqaluit bereits das unangefochtene Oberzentrum der östlichen kanadischen Arktis, das mehr und mehr ausgebaut wurde. Iqaluit, das 1959 schon die regionale Verwaltung der Östlichen Arktis innehatte (GNWT, 1991a), wurde 1967 zum Verwaltungssitz der Baffin-Region ernannt, was die weitere Entwicklung der Kommune förderte. 1974 erlangte Iqaluit Dorf- und 1980 Stadtstatus.

1990 betrug die Bevölkerungszahl in Iqaluit über 3200 Einwohner (THERIAULT, pers. Mitt.), bei einer geschätzten Zuwachsrate von 2.5% (OMM, 1983a). Neben Hotels, Restaurants, Geschäften und einem Hallenbad besitzt Iqaluit eine großzügige Erziehungs-, Gesundheits-, Transport- und Versorgungsstruktur. Kindergarten, Grundschule und weiterführende Schule bilden die Grundlage des Erziehungssystems, das vom "Baffin Divisional Board of Education" verwaltet wird. In den 80er Jahren kamen die Sekundarstufe II und das Arktische College hinzu, wo u.a. seit 1987 ein "Environmental Technology Program" Absolventen für Berufe im Umweltbereich vorbereitet. Der weitaus größte Teil der Beschäftigten in Iqaluit arbeitet für den Staat, d.h. die Bundesregierung sowie die territoriale oder die kommunale Verwaltung. Weitere Arbeitgeber sind vor allem die Geschäfte, das Kunstgewerbe und die Tourismusbranche (Ausstatter, Hotels etc.), die in den letzten Jahren stark an Bedeutung zugenommen hat.

5.2 ÖKOLOGISCHE RAHMENBEDINGUNGEN

Iqaluit liegt auf einer kleinen Küstenebene, die immer wieder von Ausbissen des anstehenden Gesteins durchbrochen wird und ist von Hügeln des Grundgebirges umgeben. Das anstehende kristalline Gestein um Iqaluit besteht aus verschiedenen Metamorphiten des Proterozoikum. Nach BLACKADER (1967) sind Quarz-Feldspat-Gneise die dominante Fazies in der Gegend um Iqaluit. Dieser hell grau-braun verwitternde Gneis enthält Pyroxen (meist als Hypersthen) als das dominante mafische Mineral und wird als Charnockit bezeichnet (RILEY, 1960; JACKSON & MORGAN, 1978). Neben den Gneisen findet man auch andere Metasedimente und Granite im Untergrund um Iqaluit. Allgemein folgt die Strukturgeologie einem NO-SW-Verlauf (SANFORD et al., 1979), der mit der oberkretazischen und untertertiären Horizontalverschiebung zwischen Grönland und der östlichen kanadischen Arktis zusammenhängt und in der südlichen Baffin Insel ein Horst- und Grabensytem produzierte. Der Untersuchungsraum liegt an der Grenze zwischen dem Frobisher Bay Graben und dem Horst der Hall Peninsula. Die größeren Oberflächenformen des Untersuchungsraumes entstanden entlang dieser kretazisch/tertiären Schwächezonen und der existierenden Drainagesysteme (MACLEAN, 1985).

Während des Känozoikums wurde die Gegend von mehreren Eisvorstößen und -rückzügen erfaßt (ANDREWS, 1985a; OSTERMANN et al., 1985). Nachdem sich das Frobisher Bay Gletschersystem (Foxe Vereisung) um 5100 v.Chr. nördlich des Untersuchungsraumes zurückgezogen hatte (LIND, 1983; OSTERMANN et al., 1985; SQUIRES, 1984), wurden das Sylvia Grinnel Tal und der Kojesse Inlet von nachstoßendem Meerwasser überflutet. Der unterhalb der 10 m Isohypse liegende Teil des Untersuchungsraumes war noch mindestens um 2000 bis 2500 v.Chr. von marinen Gewässern bedeckt (JACOBS & STENTON, 1985; JACOBS et al., 1985a; 1985b; SHORT & JACOBS, 1982; SQUIRES, 1984). Periodische Meereseinbrüche während Hochwasserständen werden in diesem Bereich (< 10 m) bis ca. 1000 v.Chr. erfolgt sein. Die Gegend oberhalb der 10 m Isohypse wurde bereits um 3000 v.Chr. subärisch (JACOBS et al., 1985b; SQUIRES, 1984). Der längere Zeitraum zur Bodenentwicklung wird in diesem Bereich allerdings durch die reduzierte Verwitterungsintensität ausgeglichen (kaum Salzsprengung, geringere mechanische Beanspruchung). In beiden Teilräumen reichen die genannten Zeiträume nicht zur in situ Bodenbildung aus (ANDREWS, 1985a). Außerdem zeigen die Gesteinsoberflächen unter Vegetation und am Boden von Aufschlüssen kaum Anzeichen von Verwitterung. Dies bedeutet, daß die Böden um Iqaluit aus pleistozänen Sedimenten entstanden sind und der Einfluß des Grundgebirges auf die Bodenchemie nur minimal ist.

Iqaluit befindet sich pedologisch in der Tundrenzone (TEDROW, 1977). Bodenklimatisch liegt Iqaluit im Übergangsbereich zwischen der Subarktis und der Arktis. Daher können sich in Iqaluit (im Gegensatz zu den meisten nördlicher gelegenen Räumen) an Gunststandorten auch gut entwickelte Braunerden und flachgründige Podsole ausbilden. Außerdem sind auch alle anderen xero-, meso- und hydromorphen Böden, die in der Baffin-Region auftreten können, in der Umgebung von Iqaluit zu finden. Die Böden sind nicht sehr tiefgründig und zumeist ausreichend mit Feuchtigkeit versorgt. Die sommerliche Auftauschicht der Böden erreicht fast 2.0 m. Wegen der groben Korngrößen versickert das Bodenwasser sehr schnell und fließt hauptsächlich als Suprapermafrostwasser ab.

Iqaluit liegt in der "Arctic Region IV, Southeastern Baffin Island" Klimaregion, die Cumberland Sound, Hall Peninsula und Frobisher Bay umfaßt (MAXWELL, 1980). Die vorherrschenden starken NW- oder SO-Winde sind primär für das turbulente Vermischen der Oberflächengewässer verantwortlich. Sie importieren feuchte Luft von der Baffin Bay, was zu relativ hohen Niederschlägen und (im Sommer) zu hoher Luftfeuchtigkeit (70-90%) führt. Der maritime Einfluß wird auch in den geringen Temperaturgegensätzen erkennbar. Die Temperaturen in Iqaluit gehören zu den höchsten der Baffin-Region (Tab. 2.1). Die große Anzahl von Tagen (151.2 im Sommer 1987) mit Tagesmitteltemperaturen über 5°C erlaubt einen intensiven Ablauf chemischer und biologischer Prozesse während der Sommermonate (CANADA, 1987b). Wie in den anderen Bereichen der Baffin-Region ist die Hydrologie um Iqaluit von winterlicher Schnee- und Eisphase, einer Frühjahrsschneeschmelze mit hohem Abfluß und einem reduzierten sommerlichen Abfluß geprägt. Allerdings ähneln die Hydrographen von Apex und Sylvia Grinnel Fluß schon sehr denen von subarktischen Flüssen. So ist für den Sylvia Grinnel 1972/73 ein intermittierender ganzjähriger Abfluß angegeben (CANADA, 1989).

Phytogeographisch befindet sich Iqaluit an der Grenze der Niederen Arktis zur Mittleren Arktis (POLUNIN, 1960; PORSILD, 1958). So liegt Iqaluit an der nördlichen Wuchsgrenze von *Betula glandulosa* (JACOBS et al., 1985c) und anderer Spezies, die im südlichen Baffin Island in Gunstlagen noch vorzufinden sind, aber nach Norden hin schnell verschwinden. Subarktische Tundrenvegetation dominiert in den flachen bis welligen Bereichen, während auf dem anstehenden Gestein nur Flechten siedeln. Von Bedeutung für die Wasserversorgung ist die Avifauna, besonders die Raben, deren Exkremente eine gewisse Beeinträchtigung der Rohwasserqualität darstellen können. Die restliche Fauna ist in der direkten Umgebung von Iqaluit durch die Jagd stark reduziert. Die marine Fauna und Flora, die durch Einleitungen der Abwässer und Sickerwässer beeinflußt wird und die für die Ernährung der Einwohner von großer Bedeutung ist, wurde bereits in Kap. 2 besprochen.

5.3 DIE WASSERLIZENZ

Wasserversorgung und Entsorgung des Flüssig- und Feststoffabfalls werden in Iqaluit durch die Wasserlizenz N5L4-0087 geregelt. Die ursprüngliche Wasserlizenz wurde am 1. Juni 1979 unter dem "Northern Inland Waters Act" (GNWT) an die Gemeinde Frobisher Bay vergeben. Bei der ersten Erneuerung der Lizenz im Sommer 1984 verweigerte die Stadtversammlung die Zustimmung, da sich die Systeme nicht im Besitz der Gemeinde befanden und auch nicht von kommunalen Einrichtungen erhalten bzw. betrieben wurden (CUCHERAN, 1990). Nach längeren Rangeleien wurden die Verhandlungen zwischen der Regierung der N.W.T. und der Stadt Frobisher Bay 1989 wieder eröffnet. Bei der Vertragsunterzeichnung am 1. April 1989 ging das gesamte Wasserversorgungs-, Abwasserentsorgungs- und Abfallentsorgungssystem in städtische Hand über. Gleichzeitig verpflichtete sich die Stadt Iqaluit zu einem Abkommen mit der Regierung der N.W.T., welches festlegt, daß DPW das System im Auftrag der Stadt weiterhin betreiben wird (CUCHERAN, 1990). Das Übereinkommen war zunächst auf ein Jahr beschränkt, wobei jedoch zur Implementierung eine sechsmonatige Verlängerung notwendig wurde. Gleichzeitig wurde die Wasserlizenz bis 1. Juni 1990 verlängert. Am 30. Januar 1990 unterbreitete der Direktor von DPW Iqaluit, J. Cucheran, die Bewerbung zur Erneuerung der Wasserlizenz N5L4-0087 bis zum Jahr 2000 an die Wasserbehörde der Nordwest-Territorien.

5.4 WASSERVERSORGUNG

Iqaluit bezieht das Rohwasser von Lake Geraldine (Abb. 5.1), einem Toteissee im kristallinen Gestein mit dünner Moränenschuttauflage und einem Einzugsgebiet von ca. 385 ha. Ein doppelt verstärkter Betondamm und assoziierte Erddämme heben das maximale Volumen des Sees auf ca. 2 Mio. m^3 an (bei einer Fläche von ca. 28.4 ha und einer Tiefe von 5.7 m). Unter Berücksichtigung der Lage der Wasserentnahmeanlage und einer maximalen Eisdicke von 1.9 m im Winter (SMYTH, 1987), wird die tatsächliche nutzbare Speicherkapazität während des Winters von DPW mit ca. 400 000 m^3 angegeben (CUCHERAN, 1990).

Abb. 5.1: Wasserversorgung sowie Abwasser- und Abfallentsorgung in Iqaluit

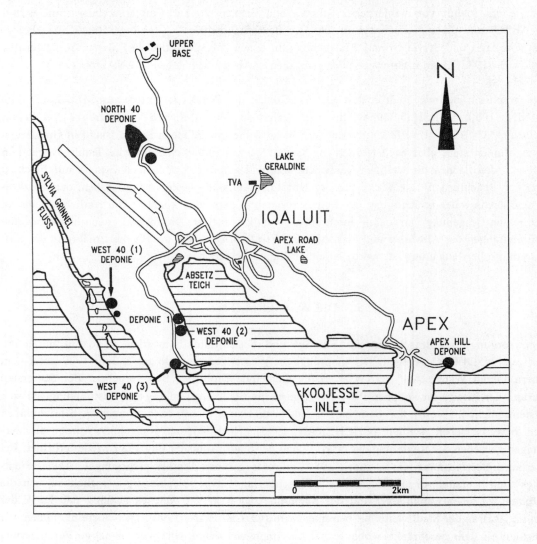

1989 betrug der Wasserverbrauch der Stadt Iqaluit 536 365 m^3 Rohwasser (CUCHERAN, 1990), was 1470 m^3/d oder 490 l/E/d entspricht! Wenn man ca. 270 Tage im Jahr zugrunde legt, in welchen keine oberflächliche Wasserzufuhr erfolgt (Winter), dann entspricht der heutige Verbrauch bereits dem Minimalvolumen von Lake Geraldine. Wenn man für das Jahr 2008 eine Bevölkerung von über 4000 Einwohnern zugrundelegt, wird von DPW eine Entnahme von über 2400 m^3/d geschätzt (CUCHERAN, 1990), was einem jährlichen Entnahmevolumen von 876 000 m^3/a oder einem Winterverbrauch von 648 000 m^3 entspricht. Laut Wasserlizenz darf die Gemeinde nicht mehr als 800 000 m^3 Rohwasser aus dem Lake Geraldine entnehmen (GNWT, 1991b). Die Zahlen zeigen, daß die momentane Entnahme bereits an die Maximalkapazität der Rohwasserversorgung geht und daß der Bruttoverbrauch von Wasser nach den Entnahmedaten sehr hoch ist (490 l/E/d). Selbst wenn man, wie in Pangnirtung, zugrunde legt, daß der tatsächliche Verbrauch um ca. 40 % niedriger liegt, kommt man immer noch auf einen derzeitigen Wasserverbrauch von über 300 l/E/d. Problematisch wird für die Stadt auch der zusätzliche Feuerlöschwasserbedarf von 9000 l/min für zwei Stunden oder 14 000 l/min für drei Stunden, der eine zusätzliche Kapazität von 2890 m^3 erforderlich macht (CUCHERAN, 1990). Dies würde das bestehende System in jedem Fall überfordern.

Tab. 5.1: Wasserqualität von Lake Geraldine (1979-1990). Alle Angaben sind in mg/l, außer pH und Leitf. (μS/cm) - (Alle Daten aus DIAND, 1991; außer 20/07/86 HÄRTLING, 1993a)

Datum	pH	Leitf.	TSS	TDS	BSB5	Alk.	Härte
0x/03/79	7.5	60	n.b.	n.b.	n.b.	21.0	22.0
02/11/81	7.1	52	n.b.	n.b.	n.b.	12.0	24.0
09/11/81	7.0	32	n.b.	n.b.	n.b.	11.0	24.0
21/06/82	6.8	18	n.b.	n.b.	n.b.	4.8	9.5
22/11/82	6.9	31	<5	37	n.b.	8.0	14.4
0x/05/83	6.7	57	n.b.	n.b.	n.b.	24.0	23.8
24/10/83	6.5	26	n.b.	n.b.	n.b.	8.7	10.9
02/04/84	6.6	46	n.b.	n.b.	n.b.	15.0	16.5
22/08/84	6.7	18	<5	<5	n.b.	5.6	9.3
08/01/85	6.4	34	<5	n.b.	n.b.	n.b.	10.0
0x/05/85	7.5	41	n.b.	n.b.	n.b.	15.0	16.0
20/07/86	7.2	50	2	n.b.	n.b.	16.0	18.5
02/07/87	6.3	19	3	12	n.b.	5.0	7.1
20/06/89	6.4	24	<2	23	n.b.	8.3	10.0
20/06/89*	6.6	38	<2	32	n.b.	9.9	16.0
02/08/90	6.5	26	<3	26	n.b.	5.5	12.0
02/08/90*	6.6	18	<3	17	n.b.	5.8	7.0

Datum	CA	MG	K	NA	CL	SO4	NO3-N	PO4-P
0x/03/79	8.0	<1.0	0.2	3.0	2.0	n.b.	<0.10	<0.02
02/11/81	9.3	1.0	0.2	1.1	1.8	3.7	0.05	<0.05
09/11/81	8.3	0.8	0.1	0.8	1.4	2.9	0.26	<0.05
21/06/82	2.8	0.6	0.1	0.7	1.1	1.0	<0.04	0.12
22/11/82	4.5	0.8	0.1	0.9	1.2	2.2	n.b.	n.b.
0x/05/83	7.3	1.4	n.b.	1.6	1.8	3.5	n.b.	n.b.
24/10/83	3.2	0.7	0.2	0.7	1.0	1.2	n.b.	n.b.
02/04/84	4.8	1.1	0.2	1.0	1.2	2.1	0.04	<0.05
22/08/84	2.9	0.5	<0.5	0.6	<0.5	2.3	n.b.	n.b.
08/01/85	3.7	n.b.	0.6	0.6	<1.0	2.8	n.b.	<0.05
0x/05/85	5.0	0.8	0.3	1.5	0.2	3.0	n.b.	n.b.
20/07/86	3.1	1.3	0.9	1.2	1.3	2.8	n.b.	n.b.
02/07/87	2.2	0.4	0.1	0.4	0.8	2.6	n.b.	n.b.
20/06/89	3.0	0.6	0.2	0.7	1.1	2.0	n.b.	n.b.
20/06/89*	5.5	0.6	0.2	0.6	2.6	2.0	n.b.	n.b.
02/08/90	4.0	0.4	0.2	0.5	2.1	3.0	<0.04	0.007
02/08/90*	2.0	0.4	0.1	0.5	0.8	3.0	<0.04	0.007

Datum	AS	CD	CR	CU	FE	HG	NI	PB	ZN
0x/03/79	<1.00	<1.00	n.b.	<10.0	50	n.b.	n.b.	n.b.	n.b.
02/11/81	<1.00	<1.00	n.b.	<10.0	n.b.	0.01	n.b.	<50.0	<10
09/11/81	<1.00	<1.00	<10.0	n.b.	80	0.04	n.b	<50.0	10
21/06/82	1.00	<1.00	<10.0	n.b.	160	0.02	n.b	<50.0	30
22/11/82	1.00	0.07	1.5	7.6	25	0.17	<2.5	<50.0	6
0x/05/83	<1.00	<0.10	n.b.	n.b.	80	n.b.	n.b.	n.b.	n.b.
24/10/83	1.00	<0.10	0.8	5.6	44	0.01	n.b.	<1.0	<10
02/04/84	<1.00	<0.10	15.0	27.1	86	<0.01	n.b.	<1.0	20
22/08/84	<1.00	<0.10	<0.5	4.1	38	n.b.	<1.0	0.3	<10
08/01/85	<1.00	<0.10	<0.5	n.b.	40	0.85	n.b.	0.8	<20
0x/05/85	<1.00	<0.10	n.b.	n.b.	60	n.b.	n.b.	n.b.	n.b.
20/07/86	n.b.	<1.00	n.b.	n.b.	90	n.b.	n.b.	<2.0	9
02/07/87	<1.00	<0.50	<1.0	3.0	102	0.11	1.0	1.0	2
20/06/89	<1.00	<0.50	<1.0	6.0	115	<0.02	1.0	6.0	9
20/06/89*	<1.00	<0.50	<1.0	50.0	78	<0.02	1.0	3.0	7
02/08/90	n.b.	<0.20	1.0	150.0	42	<0.05	<2.0	<1.0	5
02/08/90*	n.b.	<0.20	3.0	6.0	48	<0.05	<2.0	<1.0	2

* Wasserqualität beim Verlassen der Aufbereitungsanlage

Das Rohwasser ist klar, weich und von hervorragender chemischer Qualität (Abb. 5.1). Des weiteren ist es neutral, besitzt eine geringe Leitfähigkeit und kann aufgrund der Hauptanionen und -kationen als Kalzium-/Bikarbonat- bis Kalzium-/Sulphatwasser charakterisiert werden. Im allgemeinen liegen auch die Schwermetallgehalte erheblich unter den MACs der kanadischen Trinkwasserverordnung (CANADA, 1987c). Bei den mikrobiellen Wasseruntersuchungen (DIAND, 1991; HÄRTLING, 1991) wurden keine coliformen Bakterien nachgewiesen. Untersuchungen im Einzugsgebiet des Lake Geraldine erbrachten ähnliche Ergebnisse (DIAND, 1991; WETMORE-STAVINGA, 1986).

Vom See führt eine Stahlröhre mit einem Durchmesser von 250 mm zur Wasseraufbereitungsanlage. Die Entnahmeleitung ist isoliert und wird durch ein Zirkulationssystem und Zufuhr von Abwärme des nahegelegenen Kraftwerks vor dem Gefrieren geschützt. Die 1963 fertiggestellte Wasseraufbereitungs- anlage besitzt Absetztanks (Ausflockung und Sedimentation) und Einrichtungen zur Chlorierung, Fluoridierung, Ozonierung und Kalkbehandlung. Derzeit besteht die Behandlung des Wassers aus Chlor- und Fluorzugabe beim Eintritt des Rohwassers, Kalkbehandlung zur Regulierung des pH-Wertes und Filtration durch Sanddurchlauffilter. Beim Verlassen der Aufbereitungsanlage wird das Wasser- volumen gemessen. Die Kapazität der Anlage beträgt nach einer Korrektur des Filters 1674 m^3/d, was noch etwas über dem 1989er Verbrauch von 1470 m^3 pro Tag liegt. Das Volumen der Wassertanks beträgt 687 m^3 (CUCHERAN, 1990).

Nach dem Verlassen der Aufbereitungsanlage wird das Wasser durch den oberirdisch verlaufenden Utilidor, durch unterirdische Rohrleitungssysteme und durch Tankwagen auf die Haushalte verteilt (Abb. 5.1). 1983 wurden ca. 40 % der Stadt durch Utilidors und Kanalisation versorgt. 1989/90 wurde das System Richtung Apex Road und Lower Base Area erweitert. Nach dem Ausbau erreichte der Prozentsatz der Versorgung durch Kanalisation 1990 ca. 66 % (CUCHERAN, 1990). Die restlichen Haushalte erhalten das Wasser durch Tankwagen (10 m^3 und 17 m^3 Kapazität), die täglich oder auf Anfrage Wasser in die Wassertanks der Haushalte pumpen. Bis zum Jahr 2000 soll die gesamte Gemeinde (abgesehen von der kleineren Siedlung Apex) durch Utilidor oder Kanalisation versorgt werden. Das Wasser wird durch Isolation und Erwärmung (vier Wassererwärmungsanlagen) vor dem Gefrieren geschützt. Wie bei der Wasserentnahme übt auch bei der Wasserverteilung der Feuerlösch- wasserbedarf einen erheblichen Druck auf das bestehende System aus. Um den Ansprüchen der Feuer- wehr gerecht zu werden, müßte die Kapazität der meisten Leitungen zumindest verdoppelt werden.

5.5 ABWASSERENTSORGUNG

Das Abwasser wird ebenfalls entweder durch Utilidor, Kanalisation oder Tankwagen entsorgt. Ursprünglich wurde ein Großteil der Gebäude durch Flüssigabfallbeutel entsorgt, die von der einheimischen Bevölkerung mit freundlichem Spott als "Honeybags" bezeichnet werden. Dabei wird ein starker Plastikbeutel im Toilettengehäuse befestigt, in welchem Urin und Fäkalien deponiert werden. Diese Beutel werden dann zugeknotet, auf Lastwagen geworfen und zur Deponie gefahren. Da dies eine sehr unhygienische Art der Abwasserentsorgung ist, wird vom Gebrauch der Honeybags abgeraten und das Utilidor-, Kanalisations- und Tankwagensystem ausgebaut. In den 60er Jahren wurden die militär- ischen Einrichtungen und der Regierungskomplex als erste vom Utilidor erschlossen. Bis 1976 wurde ein geringer Teil der Stadt an den Utilidor angeschlossen. Das System verlief zu diesem Zeitpunkt noch oberirdisch. Von 1976 bis 1990 wurde in sieben Ausbauphasen 66 % der Stadt an die Kanalisation angeschlossen, wobei jetzt die Leitungen unterirdisch verlaufen (CUCHERAN, 1990). Der Rest der Gemeinde wird von Tankwagen versorgt; die Honeybags dagegen sind nicht mehr erlaubt. 1979 gebrauchten noch 206 Gebäude die Honeybags, 1983 war die Anzahl schon auf 23 gesunken (OMM, 1983a), und 1990 konnten vom Autoren keine Honeybags mehr in Iqaluit beobachtet werden.

Abb. 5.2: Der Klärteich von Iqaluit (mit den Probenahmestationen und dem Shredder- und Abflußgebäude (S.U.A.))

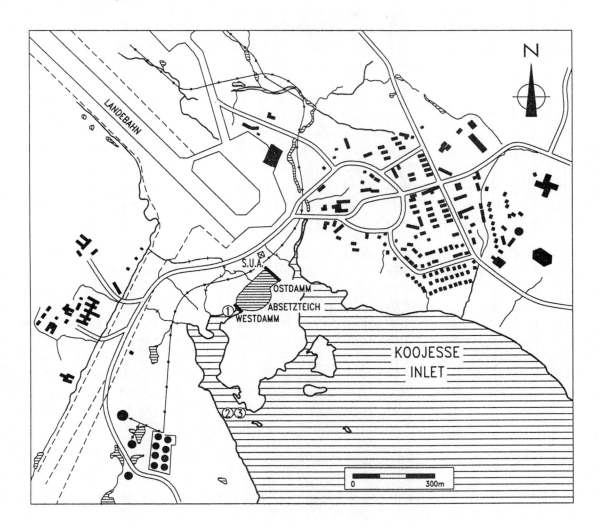

Bis 1978 wurde der Flüssigabfall durch fünf Abflüsse direkt in den Kojesse Inlet geleitet. Diese aus ökologischen und hygienischen Gründen nicht zumutbare Situation wurde 1978 beendet und das heutige System errichtet. Heutzutage pumpen zwei Pumpstationen das Abwasser unter Druck durch die Abwasserleitungen zu einem Abwassergrobstoffzerkleinerer (Shredder), der wenige Meter oberhalb des Klärteichs liegt. Dabei wurden in der Vergangenheit dauernd Probleme mit dem Abwasserauslaß notiert. Die Leitung war an mehreren Stellen undicht, und unbehandeltes Abwasser floß in den parallel zum Flugplatz verlaufenden Bach. Der Shredder, der die Feststoffanteile zerkleinern sollte, wurde in der Vergangenheit mehrere Male durch die Plastikbeutel außer Gefecht gesetzt (BANNON, 1982; 1981). Nach mehreren Versuchen wurde von einer weiteren Benutzung abgesehen. Vom Shredder fließt der Flüssigabfall in ein Absetzbecken (Klärteich), das 1978 am Rande des Kojesse Inlet errichtet wurde. Dabei wurde einfach eine vorgelagerte Insel durch zwei Dämme vom Vorfluter abgetrennt (Abb. 5.2).

Die mit einem ursprünglichen Fassungsvermögen von 32 000 m^3 gebaute Lagune wurde 1983 erweitert und besitzt heute eine Fläche von 17 000 m² und eine maximale Kapazität von 56 000 m^3. Dies entsprach 1989 einem Auffangzeitraum von 38 Tagen, bei einem täglichen Bedarf von 1470 m^3

(JESSIMAN, 1990). Die Annahme von JESSIMAN (1990) und RCPL (1989), daß sich Entnahme von Rohwasser und Abwasservolumen entsprechen, erscheint dem Autoren allerdings als unrealistisch. Erfahrungsgemäß reduziert sich das Abwasservolumen je nach Berechnungsart auf ca. 60-70 % der Rohwasserentnahme (HÄRTLING, 1988a). Dies würde bedeuten, daß mit dem Klärteich in Iqaluit ein Auffangzeitraum von ca. 60 Tagen zur Verfügung steht. Selbst bei einem Bevölkerungsanstieg auf über 4000 Einwohnern stünde im Jahre 2000 noch eine Retentionszeit von fast 40 Tagen zur Verfügung.

1981 wurde der westliche Damm des Klärteichs zum ersten Male bei Hochwasser durchbrochen (BANNON, 1982; 1981). Seither fließt trotz alljährlicher Reparaturen fast jeden Sommer das ungereinigte Abwasser in den Kojesse Inlet. Als Ursache hierfür wurde 1987 ein Oberflächenzufluß gefunden, der im Frühjahr eine hohe Wasserführung hat und in den Klärteich mündet. Die Frühjahrsspitzen führten zum Überlaufen und teilweise Durchbrechen des Dammes, was durch Hochwasser und Eis im Kojesse Inlet noch unterstützt wurde. Mittlerweile wurde der Bach umgeleitet und der Wasserstand des Klärteichs im Frühjahr um 30 cm gesenkt, um ein Überlaufen zu vermeiden. Seit 1988 ist der Damm daraufhin nicht mehr durchbrochen worden.

Tab. 5.2 zeigt die Ergebnisse der chemischen Untersuchungen von 1983 bis 1990 von DIAND (1991). Zusätzlich zu den gezeigten Parametern wurden am 20. Juni 1989 auch Hauptkationen (Ca: 14 mg/l; Mg: 2.1 mg/l; K: 4.0 mg/l; Na: 14 mg/l) und -anionen (Cl: 11.0 mg/l; SO_4: 13.0 mg/l) und einige Schwermetalle (As: <1.0 μg/l; Cd: <0.5 μg/l; Cr: <1.0 μg/l; Cu: 42 μg/l; Fe: 860 μg/l; Hg: <0.02 μg/l; Ni: 2.0 μg/l; Pb: 3.0 μg/l; Zn: 31 μg/l) gemessen (DIAND, 1991). Die Wasserlizenz N5L4-0087 schreibt für den Ausfluß aus der Lagune maximale Konzentrationen von 180 mg/l BSB_5, 120 mg/l Schwebstoffe (TSS), pH > 6 und 2.0 x 10^5 FC/100 ml vor. Für Schwermetalle bestehen noch keine MACs. Wie die Ergebnisse zeigen, liegen die Werte unter den Anforderungen der N.W.T.-Richtlinien (GNWT, 1981) - (App. A). Die chemische Belastung des Vorfluters durch Effluent aus dem Klärteich ist für die weitere Planung von geringem Interesse, da aufgrund der Herkunft der Abwässer generell keine hohen Konzentrationen an toxischen Elementen zu erwarten sind.

Tab. 5.2:   Chemische Wasserqualität des Klärteichs von Iqaluit am Auslauf. Alle Angaben sind in mg/l, außer pH und Leitf. (μS/cm) - (DIAND, 1991)

Datum	pH	Leitf.	TSS	TDS	BSB5	NO3-N	PO4-P
12/10/83	7.3	330	64	110	38	n.b.	n.b.
20/06/89	7.0	245	25	60	n.b.	n.b.	n.b.
07/07/89	6.8	310	70	161	n.b.	n.b.	<3.50
14/07/89	6.8	330	74	162	n.b.	n.b.	<4.50
18/07/89	7.0	320	26	185	n.b.	n.b.	<3.80
02/08/89	6.9	310	69	188	n.b.	0.7	3.10
09/08/89	6.7	345	54	227	n.b.	n.b.	3.80
25/08/89	6.8	500	83	283	n.b.	14.0	1.80
23/04/90	7.0	355	34	n.b.	103	n.b.	n.b.
30/04/90	6.8	360	33	n.b.	8	n.b.	n.b.
07/05/90	6.7	350	17	n.b.	65	n.b.	n.b.
21/05/90	6.3	350	37	n.b.	69	n.b.	n.b.
10/06/90	7.0	210	27	n.b.	33	n.b.	n.b.
25/06/90	6.7	320	66	n.b.	37	n.b.	n.b.
30/07/90	6.9	360	92	n.b.	61	n.b.	n.b.
20/08/90	7.6	380	93	n.b.	61	n.b.	n.b.

Von wesentlich größerem Interesse ist die mikrobielle Belastung, die erheblichen Schwankungen unterworfen ist und in 50% aller Fälle an oder über der vorgegebenen maximalen Konzentration von 2.0×10^5 FC/100 ml liegt (Tab. 5.3 und 5.4). Die Werte am Ausfluß des Klärteichs schwanken zwischen $16 - 1800 \times 10^5$ Gesamtcoliformen und $0.9 - 87 \times 10^5$ fäkalen Coliformen pro 100 ml Probe. Für Gesamtcoliforme und fäkale Streptokokken bestehen noch keine MACs. Die Konzentrationen sind im Frühsommer am höchsten und nehmen den Sommer hindurch ab. Leider liegen für das Winterhalbjahr keine Untersuchungen vor. Es ist zu erwarten, daß sowohl die chemische, als auch die mikrobielle Belastung gegen Ende des Winters am höchsten ist (niedriger Wasserstand, Sauerstoffmangel, Eisausschluß etc.).

Tab. 5.3: Mikrobielle Wasserqualität des Klärteichs in Iqaluit im Jahre 1990. Alle Angaben sind in Kolonien pro 100 ml Probe (DIAND, 1991; JESSIMAN, 1990)

Datum	Gesamt-Coliforme	Fäkale Coliforme	Fäkale Streptokokken
23/04/90	1100×10^5	19.0×10^5	n.b.
30/04/90	1800×10^5	24.0×10^5	n.b
07/05/90	1000×10^5	13.0×10^5	n.b.
21/05/90	1300×10^5	19.0×10^5	n.b.
10/06/90	270×10^5	1.2×10^5	n.b.
25/06/90	90×10^5	1.2×10^5	6.0×10^3
30/07/90	51×10^5	1.1×10^5	n.b.
20/08/90	16×10^5	0.9×10^5	n.b.

Tab. 5.4: Mikrobielle Belastung des Vorfluters (Kojesse Inlet) durch den kommunalen Klärteich im Jahre 1989. Alle Angaben sind in Kolonien pro 100 ml (DIAND, 1991; JESSIMAN, 1990)

Datum	Station	Fäkale Coliforme
06/07/89	1*	3.0×10^5
	2**	7.3×10^2
	3***	7.0×10^2
20/07/89	1	87.0×10^5
	2	45.0×10^2
	3	21.0×10^2
26/07/89	1	n.b.
	2	5.2×10^2
	3	0
02/08/89	1	$>2.0 \times 10^5$
	2	0
	3	8.0×10^2
04/08/89	1	6.3×10^5
	2	8.0×10^2
	3	6.0×10^2

*	Direkt am Ausfluß des Klärteichs
**	Im Kojesse Inlet, ca. 200 m vom Ausfluß des Klärteichs
***	Im Kojesse Inlet, ca. 200 m vom Ausfluß des Klärteichs

Tab. 5.4 verweist auf die weitere Belastung des Vorfluters durch Effluent aus dem Klärteich (zu den Probenahmestellen siehe Abb. 5.2). Auch mehrere 100 m nach der Einleitung ist die Belastung durch fäkale Coliforme noch erheblich. Der Spitzenwert von 87 x 10^5 FC/100 ml am Ausfluß (20. Juli 1989) schlägt sich auch in erhöhten Werten an den anderen Stationen nieder (4500 FC/100 ml bei Station 2). Die hohe Variabilität der Werte im Vorfluter wird wahrscheinlich durch lokale Strömungsverhältnisse bedingt. Um sich eine bessere Vorstellung vom Wirkungsgrad des Klärteichs machen zu können, wurden in Tab. 5.5 Ein- und Ausfluß miteinander verglichen. Die Daten von 1990 zeigen, daß der Klärteich seinen Aufgaben nicht gerecht wird. Bei BSB$_5$ erfolgt eine Reduktion um durchschnittlich 55% (24%-73%), während die Schwebfracht in einem Fall sogar ansteigt. Die mikrobiellen Werte zeigen extreme Schwankungen (von 99% Reduktion bis zu einem Anstieg der bakteriellen Belastung) und lassen somit keine weiteren Schlußfolgerungen bezüglich des Wirkungsgrades zu.

Ein weiteres Problem ist die Geruchsbelästigung, die bei N- bis NO-Winden für die Gemeinde besteht. Die Situation wurde vom zuständigen "Water Resources Officer", Herrn Jessiman, folgendermaßen zusammengefaßt: "It is believed that the treatment performance of the sewage lagoon is limited, retention time is questionable, and the amount of sludge accumulation is unknown" (JESSIMAN, 1990).

Tab. 5.5:   Mikrobieller und chemischer Wirkungsgrad des kommunalen Klärteichs im Jahre 1990. Alle Angaben sind in mg/l, außer pH und FC (FC/100 ml) - (DPW, 1990)

Datum	Station	BSB5	TSS	pH	FC
23/04/90	Einfluß	134	126	6.4	28 x 10^5
	Abfluß	103	34	7.0	19 x 10^5
30/04/90	Einfluß	200	301	7.6	40 x 10^5
	Abfluß	90	33	6.8	24 x 10^5
07/05/90	Einfluß	135	95	7.1	32 x 10^5
	Abfluß	67	n.b.	n.b.	12 x 10^5
22/05/90	Einfluß	n.b.	n.b.	n.b.	n.b.
	Abfluß	66	37	6.3	19 x 10^5
25/06/90	Einfluß	135	125	7.3	0.6 x 10^5
	Abfluß	37	66	6.7	1.2 x 10^5
30/07/90	Einfluß	192	75	6.8	67 x 10^5
	Abfluß	60	90	6.9	1.1 x 10^5
20/08/90	Einfluß	163	123	7.0	112 x 10^5
	Abfluß	61	93	7.6	0.9 x 10^5

5.6 ABFALLENTSORGUNG

5.6.1 Quantität und Zusammensetzung des Abfalls

Der Feststoffabfall wird vor allem in alten 205 l Tonnen oder ähnlichen Behältern vor den Gebäuden gesammelt. Seit 1983 verlangt die Gemeinde von den Benutzern, daß die Tonnen ein Mindestvolumen von einer Woche Abfall aufnehmen können und wegen der aufgetretenen Probleme mit Wind, Hunden und Vögeln von der Außenwelt verschließbar sein müssen (OMM, 1983a). Die Tonnen werden zweimal wöchentlich (bei kommerziellen Unternehmen bis fünfmal wöchentlich) von einem Pressmüll-fahrzeug mit 5.2 m³ Kapazität abgeholt. Bis 1980 wurde dieser Service von privaten Firmen geleistet, dann übernahm die Gemeinde durch DPW den Abtransport. Es findet keine regelmäßige Sperrmüll-abfuhr statt, dieser Service wird aber beim alljährlichen "Frühjahrsputz" der Stadt kostenlos zur Verfü-gung gestellt (SPENCE, 1990a; 1990b).

Da in Iqaluit keine industriellen und wenig gewerbliche Abfälle produziert werden, gelten die folgen-den Zahlen für Hausmüll, inklusive kleinerer Sperrmüll und hausmüllähnliche Gewerbeabfälle. Größe-rer Sperrmüll und Bauschutt werden nicht erfaßt. 1983 wurde der tägliche Feststoffanfall pro Person pro Tag auf 2.4 kg geschätzt, was bei einer Bevölkerung von 2445 Einwohnern ein Tagesvolumen von 5.9 Tonnen und ein Jahresvolumen von 2140 Tonnen ergab (OMM, 1983a). Für das Jahr 2003 wurde ein Aufkommen von 8.8 t/Tag (3230 t/Jahr) vorausgesagt. Es ist unklar, wie OMM (1983a) auf ihren Wert von 2.4 kg/E/d kommen, da keine eigenen Untersuchungen erfolgten. Daher ist zu vermuten, daß Vergleichswerte aus anderen Kommunen herangezogen wurden. Die erste genauere Untersuchung zu Abfallvolumen und -zusammensetzung in Iqaluit wurde 1989 von HEINKE & WONG (1990) durchge-führt. Sie berechneten das Abfallvolumen mit 0.013 m³/E/d (4.75 m³/E/a), was bei 3167 Einwohnern (geschätzt 1991) einem Aufkommen von 41.2 m³/d und über 15000 m³/a entspricht. Da der Zugang zur Deponie nicht kontrolliert wird, können diese Schätzungen um 20% oder mehr zu niedrig angesetzt sein. So wurden im Sommer 1989 an einem Tag über 20 Pick up Trucks mit einer Kapazität von zirka 0.5 m³ gezählt. Auf der anderen Seite ist es äußerst fraglich, ob die Abfalltonnen oder das Pressmüll-fahrzeug jedesmal voll waren (siehe dazu HEINKE & WONG, 1990). Zum Vergleich: 1987 wurden in Deutschland 375 kg/E/a bzw. 2.4 m³/E/a an Hausmüll, Sperrmüll und hausmüllähnlichen Gewerbe-abfällen eingesammelt (KOCH et al., 1991). Auf den einzelnen Einwohner bezogen, produzieren die Bewohner von Iqaluit in etwa die doppelte Menge an Abfall pro Person und Tag.

Tab. 5.6 zeigt die Zusammensetzung des Feststoffabfalls aus der Untersuchung von HEINKE & WONG (1990). Im Vergleich zu Gemeinden im Süden Kanadas oder Deutschlands (KOCH et al., 1991) ist der Papier-, Glas-, und Keramikanteil geringer. Der niedrige Glas- und Keramikanteil erklärt sich aus dem Gewicht der Materialien: die Transportkosten sind zu hoch. Der geringe Papieranteil ist ein Hinweis darauf, daß die nordischen Gemeinden nicht soviel Papier für Büromaterial oder Zeitungs-papier benutzen. Der Holzanteil ist starken Schwankungen unterworfen. Während der kurzen Bau-periode im Sommer (2-3 Monate) ist er relativ hoch, den Rest des Jahres ist die Menge wesentlich geringer. Die Tabelle zeigt auch, daß sich die Zusammensetzung zwischen 1974 (FORGIE, 1974) und 1989 (HEINKE & WONG, 1990) verändert hat. 1989 enthielt der Feststoffabfall in Iqaluit einen niedrigeren Prozentsatz an organischen Abfällen, Dosen, Glas und Keramiken und einen höheren Anteil an Plastik und Holz. Der Rückgang an Glas und die Zunahme an Plastik kann durch die allgemeine Zunahme von Plastikprodukten (Verpackungsmaterialien) erklärt werden. Die Abnahme an Aluminium-dosen ist dagegen als das direkte Resultat des 1989 eingeführten Dosenrecyclingprogramms zu bewerten (BOOTH, 1990). Die anderen Tendenzen lassen sich kaum erklären, vor allem aber dürfen die Ungenauigkeiten solcher Untersuchungen und die methodischen Unterschiede zwischen den Analysen von 1974 und 1989 nicht unterschätzt werden.

Tab. 5.6: Zusammensetzung des Feststoffabfalls in Iqaluit (1974 und 1989) und im übrigen Kanada
(nach HEINKE & WONG, 1990)

Bestandteile	Kanada 1978 (BIRD & HALE)	Iqaluit 1974 (FORGIE)		Iqaluit 1989 (HEINKE & WONG)
Essensreste	20.6%	22.8%	38.7%	21.4%
Pappe	-	17.3%	8.3%	14.4%
Papier	42.3%	24.9%	16.3%	23.5%
Dosen & Metalle	7.0%	11.2%	13.7%	9.4%
Plastik, Gummi, Leder,Textilien	10.1%	8.6%	13.6%	16.8%
Glas, Keramik	8.6%	13.4%	6.1%	3.1%
Holz	4.1%	0.3%	2.8%	4.5%
Dreck, Schutt	1.4%	1.4%	0.5%	3.4%
Windeln	-	-	-	3.5%

5.6.2 Altdeponien

Aufgrund der Anzahl der aufgelassenen und aktiven Mülldeponien wurde Iqaluit vom Autor die "Stadt auf den sieben Abfallhügeln" getauft (Abb. 5.1). Der wohl erste Versuch, eine geregelte Abfallentsorgung zu gewährleisten, besteht in der 1963 angelegten Militärdeponie West 40 #1, der das Hauptaugenmerk der folgenden chemischen Untersuchung geschenkt wird (ältere Müllkippen wurden bis jetzt noch nicht gefunden). Beim Abzug der Amerikaner im Jahre 1963 wurde ein Teil der Materialien einfach über das Kliff des Sylvia Grinnel Tales geschoben und die West 40 #1 Deponie entstand! Wahrscheinlich auch in den 60er Jahren entstand die West 40 #2 Deponie südlich der momentan genutzten Deponie. Hier wurden vor allem Kerosintonnen und andere Metallteile abgeladen. Diese Deponie wurde 1972 offiziell aufgegeben. Die nächste Deponie entstand bei Apex Hill, wohin bis einschließlich 1979 Abfall gebracht wurde. Diese Deponie mußte Ende 1979 geschlossen werden, da die Nutzkapazität erreicht war und die Umweltprobleme zu eklatant wurden. Die Abfälle fielen teilweise über die Stirnseite der am Kojesse Inlet gelegenen Deponie ins Wasser oder wurden bei Hochwasser am Deponiefuß direkt mitgenommen. Nach ihrer Schließung wurde die Deponie am Fuße befestigt, aber nicht in ihrer Gesamtheit bedeckt oder gar renaturiert (OMM, 1983a; RAL, 1979).

Nach dem Schließen der Deponie bei Apex Hill wurde versuchsweise die West 40 #3 Deponie genutzt. Dabei wurden bei Best Point am Rande des Wattenbereichs einfach Löcher in den Untergrund gesprengt, Abfall hineingeworfen und das Ganze zugeschüttet. Diese experimentelle "Deponie" mußte schon ein Jahr später wieder geschlossen werden. Sie wurde bedeckt und ist heute im Landschaftsbild kaum noch zu erkennen. Eine weitere Altlast ist die "Upper Base", das ehemalige Kontrollzentrum der US-Streitkräfte, das 1963 aufgelöst und nicht entsorgt wurde. Sorgen bereiten hier vor allem Transformatoren und anderes elektrisches Gerät (PCBs!) die in keiner Weise geschützt sind. Einige der oben genannten Deponien (z.B. West 40 #1) werden auch heute noch als wilde Deponien benutzt. Keine dieser Altlasten wurde korrekt reklamiert oder auf Umwelteinwirkungen untersucht. Oberflächliche Untersuchungen von OMM (1983a) und UMA (1982) stellen nur fest, daß bei der momentan genutzten Deponie Sickerwässer austreten. Es erfolgen aber keine Angaben zu Abflußmenge oder -zusammensetzung. Beide Untersuchungen, vor allem die von UMA (1982), weisen außerdem schwerwiegende methodische Mängel auf.

5.6.3 Heutige Deponien

Seit 1979/80 wird der Feststoffabfall zur heutigen 3.5 km entfernten Deponie West 40 #4 gefahren (dies entspricht Deponie 1 in Abb. 5.1). Diese Stelle wurde schon vor 1980 zur Ablagerung von Honeybags benutzt. Feststoffabfall und Honeybags werden offen auf die ca. 120 m lange Stirn der Deponie geschüttet und bei günstigen Windbedingungen verbrannt. Die Deponie ist nicht abgedeckt, ihre Oberfläche wird aber von Zeit zu Zeit durch schweres Gerät etwas kompaktiert. Die Deponie ist auch nicht eingezäunt. Immer wieder können Kinder und Jugendliche beobachtet werden, die zwischen den Abfällen spielen oder nach noch brauchbaren Gegenständen suchen. Immer wieder stürzen Abfälle die Deponiefront hinunter und fallen direkt in das Wasser des Kojesse Inlet oder werden bei Hochwasser weggespült. Auch diese Deponie ist seit einiger Zeit (ca. 1987) voll und wird nur weiter betrieben, da die Stadt noch keine Alternative gefunden hat. Die Sickerwässer dieser operierenden Deponie unterliegen keinen regelmäßigen Messungen. Im Sommer 1990 wurden die ersten Stichproben gezogen (Tab. 5.7). Die Belastung des Vorfluters (Kojesse Inlet) durch Sickerwässer der Deponie scheint geringfügig zu sein, die drei Proben lassen aber keine gesicherten Aussagen zu.

Tab. 5.7:   Chemische Wasserqualität der Sickerwässer der West 40 #4 Deponie im Jahre 1990. Alle Angaben sind in mg/l, außer pH und Spurenmetallen (ug/l) - (DIAND, 1991)

Datum	pH	Ca	Mg	K	Na	Cl	SO_4	NO_3-N	PO_4-P
20/06/90	6.4	15.0	3.7	3.6	26.0	30.8	68.0	0.71	0.100
20/06/90	6.5	15.0	3.7	3.5	27.0	31.5	71.0	0.69	0.082
20/06/90	6.8	15.0	3.7	3.6	26.0	31.3	70.0	0.67	0.102

Datum	As	Cd	Cr	Cu	Fe	Hg	Ni	Pb	Zn
20/06/90	n.b.	<0.20	19.0	3.0	640	n.b.	10.0	44	71
20/06/90	n.b.	<0.20	29.0	4.0	700	n.b.	15.0	64	79
20/06/90	n.b.	<0.20	12.0	4.0	550	n.b.	9.0	65	81

Die genaue Entstehungsgeschichte der North 40 Deponie (Abb. 5.1) ist unbekannt, sie wurde aber schon seit einiger Zeit vom Militär für 205 l Tonnen, größere Materialien und Metallteile benutzt. In diesem großen, flachen Areal wird gleichzeitig Kiesabbau betrieben, der in der Vergangenheit oftmals im Konflikt mit den Deponiepraktiken stand (der Müll wurde einfach weggeschoben und der darunter liegende Kies extrahiert). Seit 1988 werden die Tonnen kompaktiert und die Deponie konzentriert. Auch die Sickerwässer der North 40 Deponie wurden erst in jüngster Zeit stichprobenartig beprobt. Tab. 5.8 zeigt die Wasserqualität der Oberflächengewässer oberhalb und unterhalb der Deponie. Die organische Belastung aus dieser Deponie scheint gering zu sein. Bei den Schwermetallen liegen einige Werte allerdings sehr hoch. Der ursprüngliche Report von DIAND (1991) vermutet, daß die Spitzenwerte von 140 μg/l Cr und 68 μg/l Ni (5. August 1990) auf Verunreinigung der Proben zurückzuführen seien. Die potentielle Belastung des Vorfluters ist sicher groß genug, daß ständige Überwachung und Maßnahmen zur Minderung des Sickerwassereinflusses geboten sind.

Tab. 5.8: Chemische Wasserqualität von Oberflächengewässern (#) und Sickerwässern der North 40 Deponie. Alle Angaben sind in mg/l, außer pH, Leitf. (μS/cm) und Spurenmetalle (μg/l) - (DIAND, 1991)

Datum	pH	Leitf.	TSS	TDS	BSB_5	Alk.	Härte
05/08/90#	7.1	45	<3.0	n.b.	n.b.	20.0	21.0
05/08/90	7.5	73	n.b.	n.b.	n.b.	29.4	35.0
20/06/90	7.0	n.b.	313.0	n.b.	n.b.	27.9	n.b.
20/06/90	6.9	n.b.	297.0	n.b.	n.b.	27.8	n.b.
20/06/90	6.9	n.b.	318.0	n.b.	n.b.	29.2	n.b.
05/08/90	7.4	143	9.0	n.b.	n.b.	38.4	46.0

Datum	Ca	Mg	K	Na	Cl	SO_4	NO_3-N	PO_4-P
05/08/90#	7.0	0.8	0.2	0.6	0.7	4.0	<0.04	<0.005
05/08/90	12.0	1.3	0.2	0.6	0.7	4.0	0.10	0.005
20/06/90	12.0	1.2	0.4	0.9	1.5	10.0	0.02	0.460
20/06/90	12.0	1.2	0.4	1.0	1.4	8.0	0.02	0.520
20/06/90	12.0	1.2	0.4	1.0	1.5	9.0	0.02	0.470
05/08/90	14.0	2.7	0.8	10.0	15.9	7.0	0.09	0.008

Datum	As	Cd	Cr	Cu	Fe	Hg	Ni	Pb	Zn
05/08/90#	n.b.	0.40	10.0	1.0	45	n.b.	6.0	9.0	6.0
05/08/90	n.b.	<0.20	140.0	6.0	870	n.b.	68.0	<1.0	8.0
20/06/90	n.b.	<0.20	48.0	33.0	14500	n.b.	27.0	24.0	146.0
20/06/90	n.b.	<0.20	37.0	33.0	17700	n.b.	20.0	29.0	152.0
20/06/90	n.b.	<0.20	17.0	29.0	12700	n.b.	12.0	26.0	132.0
05/08/90	n.b.	<0.20	12.0	5.0	150	n.b.	6.0	9.0	8.0

5.7 DIE WEST 40 #1 MÜLLDEPONIE

5.7.1 Allgemeine Beschreibung der Deponie

Die West 40 #1 Mülldeponie liegt 3 km südwestlich von Iqaluit am Ende einer aufgegebenen Rollbahn der US-Air Force (Abb. 5.1 und 5.3). Die Deponie befindet sich auf den Kliffs des Sylvia Grinnel Tales südlich einer Fernseh- und Radarstation, wobei der Abfall bis in den Hangfußbereich reicht. Es können zwei Abteilungen unterschieden werden: Mit ca. 0.1 ha (30 x 40 m) und einem geschätzten Volumen von 1000 m³ ist Abteilung A sehr klein (Abb. 5.3). Sie besteht vor allem aus größeren Gegenständen wie Teilen des ehemaligen Fahrzeugparks, Gegenständen der Stromversorgung (z.B. Transformatoren) und Bauschutt. Hier wurde kein organischer Abfall gefunden. Abteilung B ist größer, sie bedeckt eine Fläche von ca. 0.8 ha (140 x 60 m) und erreicht ein geschätztes Volumen von 15 000 m³ (Abb. 5.3). Die Müllzusammensetzung ist wesentlich gemischter. Neben Teilen des Fahrzeugparks, Transformatoren und Bauschutt finden sich 205 l Tonnen (die vor allem Kerosin und Perchlorethylen enthielten), Glas, Keramik und etwas organischer Abfall.

Abb. 5.3: Die West 40 #1 Mülldeponie (Ausschnittsvergrößerung aus Flugaufnahme A 24492-69)

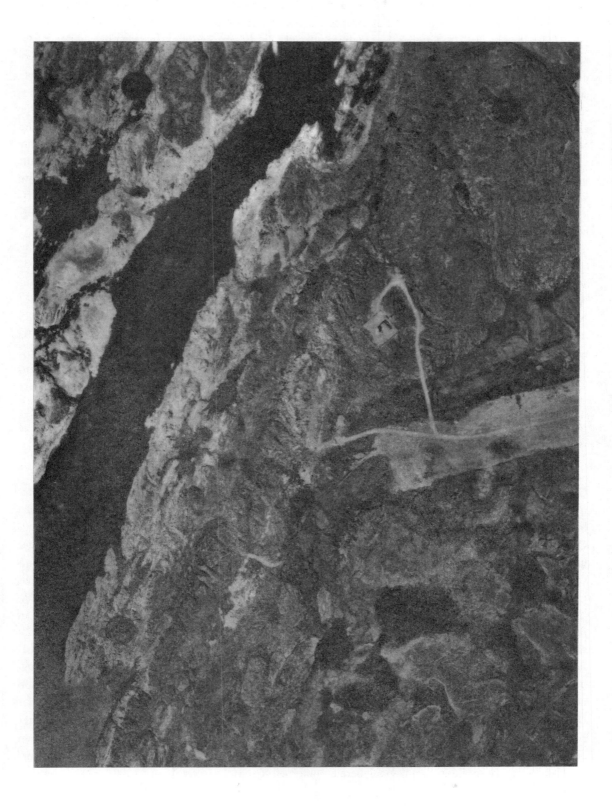

Zur Zusammensetzung und Geschichte der Deponie konnten von der Stadt Iqaluit, DPW und DIAND keine Angaben gemacht werden. Luftaufnahmen unterstützen die mündlichen Informationen, daß die Deponie zwischen 1958 (REA-758-12; A16165-117) und 1969 (A21180-4) angelegt wurde. Nähere Identifikation von Fahrzeugen und elektrischer Ausrüstung bestätigten die Annahme, daß die Deponie 1963 beim Abzug der US-Truppen aus Iqaluit entstand. Zu diesem Zeitpunkt wurden die an der Hilfs- rollbahn gelegenen Mannschaftsbaracken und alle Materialien, die nicht vom kanadischen Militär über- nommen wurden, über die Kliffs des Sylvia Grinnel Tales geschoben. Abb. 5.4 zeigt den Unter- suchungsraum vor 1963. Deutlich sind die Mannschaftsbaracken und die Hilfsrollbahn zu erkennen. Seit dieser Zeit wurde die Deponie in unregelmäßigen Abständen auch von der Gemeinde Iqaluit vor allem für Bauschutt benutzt. Die Luftbilder zeigen zwischen 1969 und 1987 keine wesentliche Vergrößerung der Deponieflächen. Im Untersuchungszeitraum (1987-1990) wurde die Deponie nur selten benutzt. Es konnten allerdings zu jeder Zeit Tierkadaver und kleine Mengen an Bauschutt gefunden werden. Die meisten Materialien sind anorganischer Natur und relativ inert. Das größte Kontaminationspotential stammt von der Präsenz der Kerosin- und Perchlorethylentonnen, der elektri- schen Bauteile (mit PCBs als Kühlflüssigkeit) und der Schwermetalle (As, Cd, Hg, Pb etc.) aus ver- schiedenen Quellen.

Seit Mitte der 80er Jahre wird diese Deponie aufgrund der elektrischen Bestandteile als Altlast erkannt. 1984 wurden die ersten Bodenproben von Angestellten der Umweltbehörde entnommen und auf Aroclor 1254 und 1260 analysiert (Ergebnisse siehe Kap. 5.7.4 und 5.7.5) - (BOYKO, 1985; NESBITT, 1985). Eine erste Inventur der elektrischen Ausrüstung und eine Aufräumaktion fand 1985 unter der Aufsicht von DIAND statt. Transformatoren und andere elektrische Teile (N=41), die PCBs enthielten, wurden von der Deponie entfernt und in einem Warenhaus aufbewahrt (COLEMAN, 1986). 1989 folgte eine weitere Aufräumaktion, in welcher die restlichen elektrischen Teile entfernt wurden. Außerdem wurden die meisten 205 l Kerosin- und Perchlorethylentonnen aus dem Deponiekörper entfernt und bis zur weiteren Entsorgung in der Nähe der Deponie aufgestapelt.

5.7.2 Ökologische Grundlagen bei der West 40 #1 Deponie

Geologie: Das anstehende kristalline Gestein im Deponiebereich besteht aus verschiedenen Meta- morphiten des Proterozoikum. Leukokratische Magnetit-Hornblende-Quarz-Feldspat Gneise, felsische bis intermediäre Orthopyroxen-Hornblende-Biotit Gneise und felsische bis intermediäre Klinopyroxen- Quarz-Plagioklas Gneise mit granodioritischer bis tonalitischer Zusammensetzung dominieren in der unmittelbaren Umgebung der Mülldeponie. Ein Ausbiß, bestehend aus karbonatischen Gneisen (Sphen - $CaTiSiO_5$) verläuft entlang der Klifflinie, die von felsischem bis intermediärem Sphen-Klinopyroxen- Quarz-Feldspat Gneis und intermediärem Sphen-Klinopyroxen-Hornblende-Quarz-Feldspat Gneis tona- litischer Zusammensetzung besteht. Die chemische Zusammensetzung einiger dieser Gesteine ist in RILEY (1960) beschrieben. Bis auf den möglichen Einfluß der sphenreichen Fazies (Ca und Ti!) läßt sich ein Durchpausen der Gesteinschemie auf den Bodenchemismus nicht nachweisen. Das augen- fälligste strukturelle Merkmal ist eine NW-SO Einregelung. So folgen auch die Klifflinie und die Aus- bisse im Sylvia Grinnel Tal dem NW-SO Trend. Dieser strukturelle Trend, der durch quartäre Erosion noch verstärkt wurde, hat einem enormen Einfluß auf dem Transport der Sickerwässer von der Deponie, wie in Kap. 5.7.5 gezeigt werden wird. Von NO nach SW kreuzende pegmatitische Quarz- Feldspat Gangsysteme sind ein häufig auftretendes Phänomen im Untersuchungsraum. Die oben besprochene spät- und postglaziale Entwicklung um Iqaluit (Kap. 5.2) reduziert die Zeit für Ver- witterung und Bodenbildung im Deponiebereich unterhalb der 10 m Isohypse auf 2000 bis 3000 Jahre.

Abb. 5.4: Der Untersuchungsraum vor dem Anlegen der West 40 #1 Deponie im Jahre 1963 (Ausschnittsvergrößerung aus Flugaufnahme REA-758-12)

Dies zeigt, daß die vorhandenen Böden nicht durch in situ Verwitterung des anstehenden Gesteins, sondern auf allochthonen Sedimenten entstanden sind. Dies wird durch Korngrößenanalyse unterstützt (HÄRTLING, 1988c). Dasselbe gilt für die Sedimente oberhalb des Kliffs (> 15 m). Es kann daher angenommen werden, daß auch in diesem Raum der Chemismus des Anstehenden sich kaum auf den Boden durchpaust. Eine Ausnahme könnte der bereits genannte Titanitausbiß darstellen.

Physiographie, Böden und Vegetation: Der Untersuchungsraum kann in vier landschaftsökologische Einheiten eingeteilt werden (Abb. 5.5). Ökosystem A besteht aus dem Einzugsgebiet des kleinen Baches, der in der Ebene oberhalb der Klifflinie entspringt, durch die Deponie A und drei kleine Teiche fließt und schließlich in den Sylvia Grinnel Fluß mündet (Abb. 5.5). Das Einzugsgebiet ist Bestandteil der flachen bis welligen Ebene, die einen großen Teil der Halbinsel zwischen Kojesse Inlet und Sylvia Grinnel Tal bedeckt (SQUIRES, 1984). Ökosystem A liegt auf einer Höhe von 14 bis 18 m AMSL und ist von einer dünnen Bedeckung von glazialen, glaziomarinen, marinen und deltaischen Sedimenten unterlegen (GOLDER ASSOCIATES, 1973; SQUIRES, 1984). Die Böden sind vor allem dünnmächtige und schlecht entwässerte Fibrisole (Anmoorböden und Moorböden). An den Randbereichen können aber auch vergleyte Braunerden und Regosole auftreten (CANADA, 1987a; CLAYTON et al., 1978). Abb. 5.6 zeigt einen typischen Fibrisol auf Gneis, wie er in Ökosystem A als dominante Bodenart auftritt. Die Vegetation ist flächendeckend und wird durch eine feuchte Grastundra dominiert, mit Moosen, Gräsern, Seggen und Wollgras (*Eriophorum sp.*) als typischen Vertretern (PORSILD, 1958).

Ökosystem B umfaßt die Ausbisse des anstehenden Gesteins ober- und unterhalb des Kliffs und das NW-SO orientierte Kliff selbst (Abb. 5.5). Die Böschung des Kliffs ist in der NW-Sektion des Untersuchungsraumes (inklusive unter Deponie B) beinahe vertikal und flacht nach SO (unterhalb der Deponie A) auf einen 30° Winkel ab. Hier finden sich nur auf abgeflachten Gunstlagen dünnmächtige Rohböden und Regosole. Die Vegetationsbedeckung ist sporadisch. Abb. 5.6 zeigt einen Regosol in einer extremen Gunstlage in Ökosystem B. Bei der Vegetation überwiegen Flechten, in den Gunstlagen finden sich auch Flecken von Gräsern, Moosen und Blütenpflanzen wie *Silene acaulis, Papaver radicatum, Epilobium latifolium* und verschiedene Mitglieder der Saxifraga Familie (PORSILD, 1958).

Ökosystem C, zwischen dem Hangfuß des Kliffs und der Hochwasserlinie gelegen, ist das Ökosystem im Untersuchungsraum mit der höchsten Komplexität (Abb. 5.5). Es schließt Ausbisse des anstehenden Gesteins (Ökosystem B) ein, typische Auflagen sind allerdings die glazialen, fluvioglazialen, glaziomarinen und kolluvialen Sedimente, die teilweise diskordant auf dem Gestein aufliegen. Die Böden wechseln (je nach Standort) zwischen lithomorphen, mesomorphen und hydromorphen Böden, wobei in mesomorphen Gunststandorten auch gut entwickelte Braunerden ("Arctic Brown") auftreten (Abb. 5.6). Die Vegetation reflektiert den Standort und die Böden. Sie variiert zwischen Vegetationstypen, die sowohl in Ökosystem A und B gefunden werden. Auf gut dränierten, tieferen Böden treten Polarweide (*Salix polaris*), Zwergbirke (*Betula nana*) und Heidekrautgewächse dominant auf (PORSILD, 1958).

Das letzte Ökosystem D umfaßt die Gegend unterhalb der Hochwasserlinie (Abb. 5.5). Der hohe Tidenhub (bis 13 m) führt zu regelmäßigen Überschwemmungen und erlaubt damit nur die Entwicklung rudimentärer Lockersyroseme (Abb. 5.6). Nur verstreute Halophyten (z.B. Arenaria) wachsen in diesem immer wieder durch marine Inkursionen heimgesuchten Bereich. 1987 und 1988 waren immer wieder Überschwemmungen zu beobachten.

Abb. 5.5: Ökosystemgliederung des Untersuchungsraumes

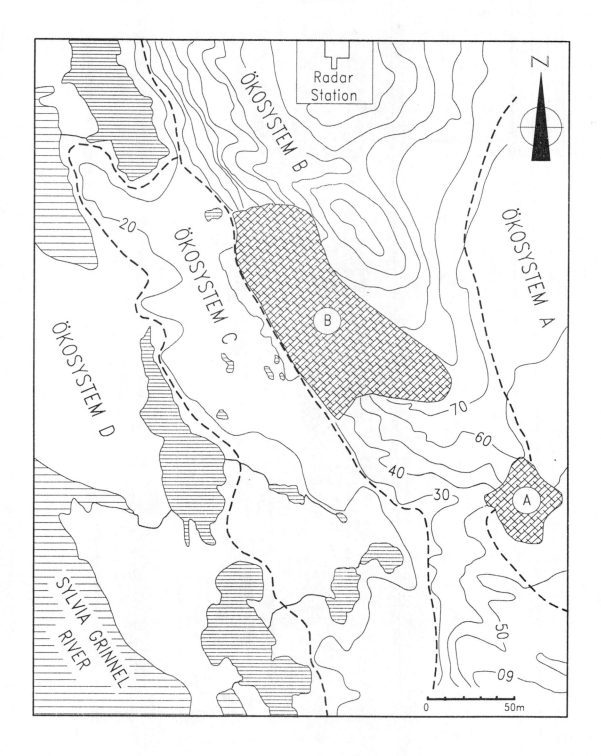

Abb. 5.6: Querschnitt durch den Untersuchungsraum mit typischen Böden für die jeweiligen
Ökosysteme

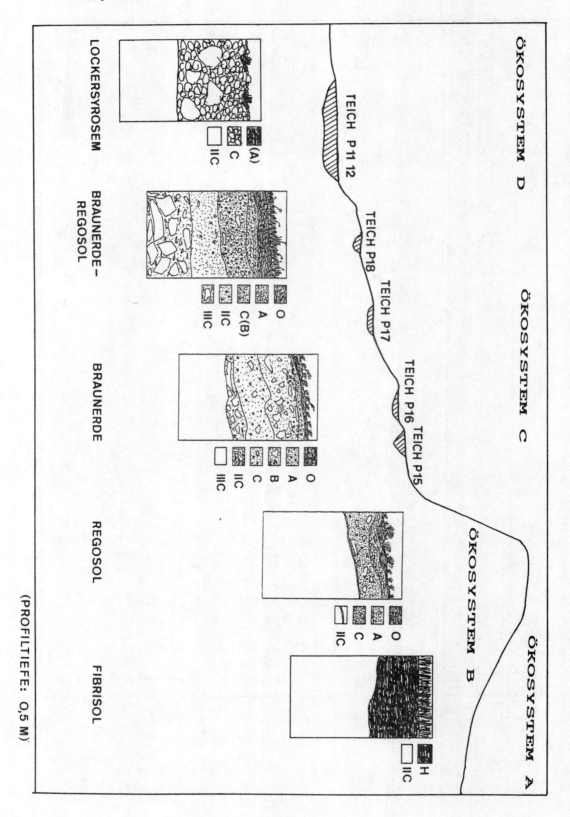

Permafrost und Hydrologie: Die Oberflächengewässer im Untersuchungsraum werden durch zwei kleine Bäche, mehrere Teiche und den Sylvia Grinnel Fluß repräsentiert (Abb. 5.7). Tab. 5.13 zeigt die physikalischen Parameter der Teiche und die Untergrundmaterialien. Alle Teiche sind sehr flach (in der Regel unter 0.5 m) und besitzen ein geringes Volumen. Diese Konfiguration hat einen starken Einfluß auf die Interaktionen zwischen Sedimenten und Wasser und auf den Stofftransport. Die hohe Ratio Sedimentfläche zu Teichvolumen erlaubt einen maximalen Austausch zwischen den zwei Medien. Während des Sommers wird die gesamte Wassersäule durch die vorherrschenden, starken Winde gemischt, was in hohen Resuspensionsraten resultiert. Im Winter sind die Teiche bis zum Grund gefroren. Das Eis nimmt Partikel vom Boden auf, transportiert sie und sedimentiert sie beim Auftauen an anderen Stellen wieder aus. Diese physikalische Durchmischung macht jegliche stratigraphische Bestimmungen unmöglich und fördert den Austausch zwischen Sedimenten und Wasserkolumne. Die Bodenbedeckung besteht primär aus wenig zersetztem organischem Material.

Teich P 22 wird durch ein Rinnsal entwässert, das so bewachsen war und so starke Abfluß-schwankungen aufwies, daß Abflußmessungen nicht zweckdienlich waren. Der Abfluß betrug auf jeden Fall < 0.01 m³/s und war ruhig. Von den unteren Teichen (P 7/8, P 11/12, P 24) führen Abflüsse in den Sylvia Grinnel Fluß, die bei Hochwasser von Brackwasser überflutet werden (Abb. 5.7). Der durch Deponie A führende Bach fließt von Ende Juni bis September mit einem Abfluß von 0.01 bis 0.05 m³/s. Der hydraulische Radius variiert zwischen 0.1 bis 0.13 m². Die Abflußzeit von Deponie A zum Sylvia Grinnel beträgt ein bis mehrere Stunden, je nach Abflußbedingungen und Kontaminant.

Abb. 5.7: Hydrologie des Untersuchungsraumes (mit den Probenahmestellen)

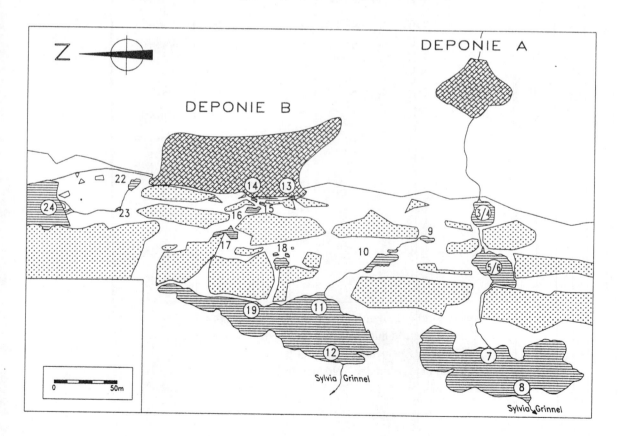

67

Die Strecken zwischen den Teichen wechseln zwischen ruhigem bis schnellem Abfluß bei einem Gefälle von 0.01 bis 0.025 (dH/dL). Das Einzugsgebiet ist groß genug (circa 1 km²), so daß der Bach niemals trocken liegt.

Der Grundwasserfluß im Untersuchungsgebiet ist durch Permafrost und anstehendes Gestein erheblich eingeschränkt. Ende Juni begannen die oberen 10 cm der Böden aufzutauen und gegen Mitte Juli war an den meisten Probenahmestellen die maximale Auftautiefe erreicht. Im Sommer kann die Auftauschicht zwar theoretisch bis 1.8 m erreichen, da die sedimentäre Auflage aber meist weniger als 1.0 m beträgt, findet ein echter Grundwasserabfluß nicht statt. Unterhalb der Deponie wird der Abfluß des Bodenwassers zudem durch die NW-SO verlaufenden Ausbisse des anstehende Gesteins stark eingeschränkt.

Tab. 5.9: Physikalische Parameter der Teiche bei der West 40 #1 Deponie

Teich	Höhe (m AMSL)	Fläche (m2)	Tiefe (m)	Volumen (m3)	Boden-materialien
P 1*	14.4	1	0.3	<1**	Organisch***
P 3/4	5.0	180	0.3	36	Organisch
P 5/6	4.7	420	0.4	110	Organisch
P 7/8	3.8	2400	0.9	1500	Organisch/ Anorganisch
P 9	5.8	12	0.3	3	Organisch
P 10	5.5	100	0.4	26	Organisch
P 11/12	4.3	3000	>1.5	2500	Organisch
P 13	7.4	6	0.1	<1	Organisch
P 14	7.6	6	0.2	1	Anorganisch
P 15	7.6	12	0.3	3	Anorganisch/ Organisch
P 16	7.5	36	0.2	5	Anorganisch/ Organisch
P 17	6.8	70	0.2	10	Anorganisch/ Organisch
P 18	6.4	36	0.3	7	Organisch
P 22	6.0	65	0.2	8	Organisch
P 23	5.9	1	0.2	<1	Organisch
P 24	4.0	2400	1.1	1800	Anorganisch

*   Die Teiche sind nach den Entnahmestellen bezeichnet
**   Das Volumen wurde mit Hilfe des "Lake Volume"-Programms von
      PAPAKYRIAKU berechnet
***   Klassifikation aufgrund der Kohlenstoffanalyse und visueller Inspektion im
      Untersuchungsgebiet

Der Mündungsbereich des Sylvia Grinnel Flusses ist ein makrotidales Ökosystem, das mit einem Tiden-hub von 10 bis 13 m nach der Bay of Fundy die höchsten Tiden Kanadas erlebt. Während der Spring-tiden überflutet das saline Wasser das Sylvia Grinnel Tal inklusive der unteren Teiche P 7/8, P 11/12 und P 24. Brackwasser mit 1000 bis > 10 000 μS/cm fließt dann in diese Teiche und verändert für längere Zeit die Bedingungen.

5.7.3 Methodik

Das Untersuchungsgebiet wurde im Sommer 1987 vermessen und die Oberflächengewässer ausgelotet. Um die Leitfähigkeit des Untergrunds unterhalb der Deponie zu bestimmen, wurde anschließend ein GEONICS EM-31 eingesetzt, und in Abständen von 5 x 5 m für mehrere Tiefen (1.5 m; 3 m; 4.5 m; 6 m) die Leitfähigkeit gemessen. Die Problematik der elektro-magnetischen Induktionsmessung an diesem Standort wurde bereits in Kap. 4.2 besprochen.

Im Sommer 1987 und 1990 wurden die Oberflächengewässer im Sylvia Grinnel Tal beprobt und auf physikalische und chemische Parameter untersucht (Tab. 5.9). Am 18.8.1987 wurde der Mündungs-bereich des Sylvia Grinnel Flusses kurz nach Hochwasser befahren und Temperatur und Leitfähigkeit gemessen. Vom 23.6. bis 30.8.1987 wurden die Teiche und Bäche unterhalb der Deponie West 40 #1 und der Sylvia Grinnel Fluß alle 3 Tage (zur Zeit der Schneeschmelze alle 2 Tage) beprobt. An 25 Standorten wurden ufernah in säuregereinigten (APHA, 1985) 250 ml Polyethylenflaschen Wasser-proben entnommen. Größere Teiche wurde an zwei Stellen beprobt (Abb. 5.7). Temperatur, pH, Sauer-stoff und Leitfähigkeit wurden mit Hilfe eines Hydrolab Model TC-2 Leitfähigkeits- und Temperatur-Meters, eines Fisher Model 54ARC Sauerstoff-Meters und eines Fisher Accumet Mini-pH-Meters (Model 640) in situ gemessen. Bei fünf Probeterminen wurden 500 ml Wasser entnommen und im Labor von DIAND innerhalb von 24 Stunden auf Sauerstoff, Hauptanionen und -kationen untersucht.

Am 27.8.1987 wurden zusätzlich an jedem Standort vier 500 ml Wasserproben entnommen. 1000 ml wurden im Forschungslabor von Iqaluit bei 0.22 μm filtriert und die Filtrate später im Labor der geo-graphischen Abteilung, Queen's Universität, auf TSS untersucht. Die restlichen Teilproben wurden in den Laboratorien der Geographie, Geologie, und Chemie der Queen's Universität und am Forschungs-reaktor SLOWPOKE-2 des Royal Military College (RMC), beides Kingston, Ontario, analysiert. Am 29.6.1987 wurden die für PCB-Analysen vorgesehenen Proben gezogen (Abb. 5.16). Dabei wurden 1000 ml Wasserproben mit Handpumpe und Tygonschlauch in dunkle, mit Hexan gereinigte Borsilikat-flaschen überführt und an MANN Testing Ltd., Burlington, geschickt.

Am 28.8.1987 wurden bei allen Teichen mit Hilfe eines Schlammstechers je zwei oberflächennahe (d.h. 0-10 cm) Sedimentproben gezogen. Wegen der dünnen Untergrundbedeckung war die Entnahme längerer Bohrkerne nicht möglich. Allgemeine Angaben zur Probenahme von Wasser, Abwasser und Sedimenten sind bei CANADA (1983b) und in den DIN-Normen (GESELLSCHAFT DEUTSCHER CHEMIKER, 1991) dargestellt.

Anfang Juli 1987 wurden auf einem Profil vom obersten Teil der Deponie (Teil B) bis zur Hochwasser-grenze (bei WS 18) und im Einzugsgebiet des durch Deponieteil A laufenden Baches (Abb. 5.7) 5 Bodenstationen eingerichtet. Hier wurden 1 bis 2 mal die Woche die Tiefe der Auftauschicht und die oberflächennahe Temperatur (5 cm, 10 cm, 20 cm) gemessen. Es war geplant, mittels Röhrenlysimeter (1 cm Röhren aus rostfreiem Edelstahl, Einlaß mit dünnem Edelstahlgitter versehen) wöchentlich bei

10 cm, 50 cm und maximaler Auftautiefe mittels Handpumpe Bodenwasserproben zu entnehmen. Die Konstruktion erwies sich aber nicht als zweckmäßig. Daher konnten nur vom 25.8. bis 28.8.1987 bei Auftautiefe Kompositärproben entnommen werden.

Vom 31.8. bis 4.9.1987 wurden unterhalb der Deponie insgesamt 21 Bodenaufschlüsse gegraben (Abb. 5.8). Die Profilansprache umfaßte Tiefe, Farbe, Textur, Struktur, Skelettart und -anteil, Wassergehalt, Höhe des Wasserspiegels, Durchwurzelungstiefe, Horizontgliederung und -bestimmung der Böden. Dazu kamen qualitative Beobachtungen zu Position, Relief, Exposition, Bewuchs und profilspezifische Bemerkungen (HÄRTLING, 1992b; 1988c). Danach wurden die Profile photographiert und für jeden Horizont (bis maximal B2 oder Bv) zwei 500 g Proben in Probenahmebeutel verpackt. Dazu wurden an 8 Stellen, wo die Bedeckung für eine Profilansprache zu dünnmächtig war (Ah auf Cv-C) mit einem Uhland-Probenehmer Proben des Ah-Horizonts entnommen. Anfang Juli wurde der Uhland-Probenehmer auch dazu benutzt, die Bodenproben für die PCB-Analyse zu entnehmen. Das oben genannte 5 x 5 m Raster wurde auch zur Analyse der Bodenbeeinflussung durch Sickerwässer aus der Deponie B benutzt. Abb. 5.8 zeigt die Positionen der Probeentnahmestandorte, wobei mit U bezeichnete Entnahmestellen auf Probenahmen durch Uhland-Probenehmer (obere 10 - 20 cm) verweisen. G bedeutet anstehendes Gestein und W Oberflächengewässer an den Gridpunkten.

Abb. 5.8: Probenahmestellen der Bodenproben (S = Probenahmestelle; U = Probenahmestelle Uhland-Probenehmer)

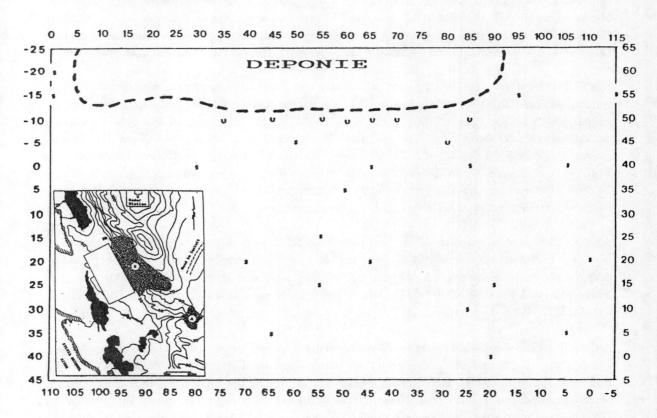

5.7.4 Ergebnisse in Einheit A

Bei der Betrachtung der physikalischen, chemischen und biologischen Ergebnisse wird der Untersuchungsraum in zwei Einheiten unterteilt. Diese Unterteilung ist notwendig, da sich die ökologischen Verhältnisse und die Transportmechanismen in den beiden Einheiten grundlegend voneinander unterscheiden. Die erste Einheit wird durch folgendes System gebildet: Einzugsbereich von Bach A (Ökotop A), der kleinere Teil der Deponie (Deponie A), der von diesem Bach durchflossen wird, und der weitere Verlauf des Baches (inklusive Teiche P 3/4, P 5/6, P 7/8) bis zur Mündung in den Sylvia Grinnel Fluß. In dieser Einheit werden von der Deponie A kommende Substanzen hauptsächlich durch Oberflächengewässer transportiert. Advektiver und dispersiver Transport durch fließendes Wasser stellen die dominanten Transportmechanismen dar, während Sedimentation und Resuspension die wichtigsten Verlust- sowie Gewinnmechanismen sind. Besonders in den Teichen spielt auch der Verlust an die Atmosphäre bei einigen Elementen eine wichtige Rolle.

Tab. 5.10 zeigt die Wasserqualität des Oberflächenabflusses in Einheit A am 27.8.1987. Das Wasser ist neutral, weich, besitzt eine geringe Schwebfracht und wird ausreichend mit Sauerstoff versorgt. Im oberen Verlauf (P 1 bis P 6) sind die Werte in guter Übereinstimmung mit den Messungen unbelasteter Oberflächengewässer um Iqaluit (DIAND, 1991; OBRADIVIC & SKLASH, 1986; WETMORE-STAVINGA, 1986). Die Mittelwerte der Stationen P 1 bis P 6 können daher als Hintergrundkonzentrationen für das Untersuchungsgebiet genommen werden. Die höheren Ca- und HCO_3-Konzentrationen können durch den Einfluß der karbonatischen Gneise, die der Bach durchläuft, erklärt werden. Die angehobenen Na- und Cl-Werte sind dagegen das Ergebnis des marinen Einflusses (Sprühwasser). Aufgrund der dominanten Hauptkationen und -anionen ist das Wasser als Kalzium-Karbonatwasser zu charakterisieren. Ein Anionen/Kationenverhältnis (in meq/l) von 0.89 % verweist auf eine ausreichende Meßgenauigkeit. Es besteht keine organische Belastung, und alle Spurenmetalle liegen unter den jeweiligen Nachweisgrenzen (Cd: 0.02 mg/l; Co: 0.05 mg/l; Cr: 0.02 mg/l; Cu: 0.02 mg/l; Mo: 0.5 mg/l; Ni: 0.1 mg/l; Pb: 0.05 mg/l; Zn: 0.02 mg/l).

Im untersten Teich (P 7/8) und im Sylvia Grinnel Fluß (P 30) erhöhen sich Leitfähigkeit und die Konzentrationen der Hauptkationen und -anionen erheblich. Dies ist auf den direkten Einfluß des Brackwassers zurückzuführen, das bei Hochwasser nicht nur bis zum Wasserfall zurückstaut, sondern auch regelmäßig die unteren Teiche überflutet (die vor der Probenahme letzte Inkursion erfolgte am 11.8.1987). Darauf verweist nicht nur, daß die Werte aller mit Seewasser assoziierten Ionen ansteigen, sondern auch die starken positiven Korrelationen (PEARSON Korrelationsmatrix) zwischen Leitf., Br, Cl, Mg, und Na ($r^2 = 0.95$).

Um eine ungefähre Vorstellung von der Beseitigung der Substanzen aus der Wassersäule und ihrer Anreicherung in den Sedimenten zu erhalten, wurden die obersten 10 cm der Sedimente in den Teichen P 3/4, P 5/6 und P 7/8 analysiert. Dabei wurden anhand der Phasendifferenzierungsmethode sowohl Gesamtkonzentrationen, als auch die durch 0.1 M HCl bzw. durch 1 N NH_4OAc extrahierbaren Konzentrationen gemessen.

Tab. 5.11 zeigt die physikalischen Größen und die Gesamtkonzentrationen der chemischen Elemente. Geogen bedingt sind die meisten Hauptkationenwerte (vor allem Al, Ba, Fe, K und Na) sehr hoch. Die Hauptkationen und die meisten Spurenmetalle besitzen nur eine geringe Konzentrationsspanne, was ebenfalls auf ihren geogenen Ursprung verweist. Die Werte der Schwermetalle sind sehr niedrig. Bis auf wenige Ausreißer liegen sie erheblich unter den Grenzwerten der Klärschlammverordnung (Boden) Deutschlands oder sogar der Referenzkategorie A der Hollandliste (HEIN & SCHWEDT, 1991). Da

Tab. 5.10: Wasserqualität der Oberflächengewässer bei Deponieteil A am 27.8.1987 (alle Angaben in mg/l, außer pH, Temp. (°C) und Leitf. (μS/cm))

Station	Temp.	TSS	pH	Leitf.	O_2	Alkal.	Härte
P 1	9.9	0.6	6.88	66	9.2	26.2	24
P 2	7.5	0.7	7.27	56	9.9	26.4	25
P 3	7.4	0.5	7.41	56	9.9	27.4	23
P 4	7.3	0.7	7.44	61	10.3	27.2	24
P 5	7.4	0.6	7.50	60	10.3	27.8	24
P 6	7.3	0.5	7.45	63	10.3	27.8	22
P 7	7.0	0.6	7.50	1100	10.1	31.6	110
P 8	7.0	0.4	7.50	1320	10.2	30.2	130
P 30	5.5	0.2	8.03	>10000	10.5	43.4	>1000

Station	Al	Ca	Fe	K	Mg	Na
P 1	2.11	11.7	0.38	1.69	2.67	6.67
P 2	1.51	8.3	0.18	2.57	1.83	6.58
P 3	1.63	8.8	0.18	3.25	1.91	5.22
P 4	1.64	8.6	0.19	2.43	1.92	5.86
P 5	1.83	8.1	0.17	1.02	1.89	5.03
P 6	1.48	8.6	0.39	2.14	2.09	6.44
P 7	1.76	10.1	0.38	5.58	6.84	151.00
P 8	1.11	9.2	0.19	13.6	6.26	187.00
P 30	0.95	43.3	0.26	69.0	141.00	2010.00

Station	Br	Cl	HCO_3	NO_3-N	PO_4-P	SO_4
P 1	0.07	10.5	31.9	<2.0	<0.02	<5.0
P 2	0.05	10.0	32.2	<2.0	<0.02	<5.0
P 3	0.04	9.5	33.4	<2.0	<0.02	<5.0
P 4	0.05	10.5	33.2	<2.0	<0.02	<5.0
P 5	0.05	10.0	33.9	<2.0	0.04	<5.0
P 6	0.05	9.5	33.9	<2.0	0.02	<5.0
P 7	0.90	280	38.5	<2.0	0.03	37.0
P 8	1.23	355	36.8	<2.0	0.40	43.0
P 30	12.3	3400	52.9	<2.0	0.20	230

die meisten Untergrundmaterialien relativ sauer sind, ist mit einer hohen Remobilisierung der Ionen in den Sedimenten zu rechnen. Das heißt, daß trotz der niedrigen vorgefundenen Konzentrationen von z.B. Co, Cr, Cu und Zn in den Sedimenten durchaus ein erheblicher Eintrag von der Deponie erfolgt sein kann. Die beiden oberen Teiche besitzen einen großen Anteil an Ton, Feinmaterialien und organischer Masse, die den Sedimenten eine erhebliche Austauschkapazität verleihen. Die Abnahme der potentiellen KAK in Teich P 7/8 und seine Position als letztes Glied in der Abflußkette, sollte sich in den Konzentrationen der Spurenmetalle widerspiegeln. Dies ist aber nicht der Fall, d.h. anhand der Gesamtkonzentrationen ist auch bei den Sedimenten kein direkter Einfluß der Deponie erkennbar. Dies bedeutet, daß von Deponieteil A nur eine sehr geringe Kontamination ausgeht und daß die Gesamtkonzentrationen nicht als Nachweis auf einen möglichen Einfluß der Deponie herangezogen werden können.

Tab. 5.11: Allgemeine Parameter und chemische Gesamtkonzentrationen in den Sedimenten der Teiche P 3/4, P 5/6 und P 7/8 unterhalb des Deponieteils A

Parameter		P 3/4	P 5/6	P 7/8
Tonanteil	(%)	10.9	14.5	2.41
Feinanteil	(%)	19.3	30.6	6.35
pH (in Wasser)		4.4	5.7	3.3
pH (in CaCl$_2$)		4.4	6.0	3.4
KAk (meq/100g)		11.2	18.6	7.88
OM	(%)	10.0	14.9	2.55
TOC	(%)	5.01	7.46	1.27
TIC	(%)	0.79	1.92	0.31
TC	(%)	5.80	9.39	1.58
Org.-N	(%)	0.14	0.22	0.05
P	(%)	0.11	0.11	0.10
S	(%)	0.30	0.08	0.47
B	(%)	0.05	0.02	0.02
Cl	(%)	0.04	0.05	0.07
Al	(%)	4.84	4.39	5.03
Ca	(%)	2.06	1.71	1.89
Fe	(%)	4.02	4.19	4.45
K	(%)	3.35	3.28	3.03
Mg	(%)	1.09	1.37	1.31
Na	(%)	1.96	1.92	2.25
Ti	(%)	0.34	0.33	0.49
As	(ppm)	0.63	2.18	2.70
Ba	(ppm)	1060	868	1190
Co	(ppm)	8.13	9.01	9.10
Cr	(ppm)	33.4	42.5	40.3
Cs	(ppm)	0.46	0.33	0.35
Cu	(ppm)	206	172	142
Hf	(ppm)	10.4	8.8	14.3
La	(ppm)	97.1	51.3	59.3
Mn	(ppm)	595	548	610
Rb	(ppm)	134	149	140
Sb	(ppm)	1.38	0.81	n.n.
Sc	(ppm)	14.6	15.2	16.9
Ta	(ppm)	0.30	0.21	0.38
Th	(ppm)	65.9	10.6	23.7
U	(ppm)	2.31	1.56	1.32
V	(ppm)	49.3	55.3	74.3
Zn	(ppm)	310	348	88.0

Betrachtet man dagegen die mit den beiden Säuren extrahierten Proben (Tab. 5.12), so läßt sich eine deutliche Abnahme der Metallkonzentrationen von Teich P 3/4 bis Teich P 7/8 feststellen. Besonders bei Mangan und den Spurenmetallen Cu, Ni, Pb und Zn ist ein deutliches Zurückgehen der Konzentrationen auf dem Weg zum Vorfluter zu erkennen. Eine Ausnahme stellt Eisen dar; die Hintergrundkonzentrationen sind wohl im Verhältnis zum anthropogenen Eintrag zu hoch.

Um mögliche Abflüsse von PCBs (als Aroclor 1254) in den Sylvia Grinnel Fluß zu untersuchen, wurde ein Transportmodell für das System: Input (Deponie A) - Bach - Teich P 3/4 - Bach - Teich P 5/6 - Bach - Teich P 7/8 - Bach - Output (Sylvia Grinnel Fluß) entwickelt (Abb. 5.14). Dabei wurde für die Teiche das Flüchtigkeitsmodell von MACKAY und Kollegen (MACKAY & PATERSON, 1981; 1983; MACKAY et al., 1983a; 1983b) benutzt. Advektion, Bioakkumulation, Adsorption/Desorption und Verdunstung dominieren das Verhalten des Aroclor 1254 in den Teichen. Da die Halbwertszeiten höher chlorierter Congener mehrere Monate bis Jahre betragen, wurden Degradationsprozesse nicht in die Berechnung einbezogen. Für die Bachsektionen wurden keine Verluste angenommen, was für eine grobe Annäherung an die Realität ausreicht (schnellfließendes Gewässer, das größtenteils auf anstehendem Gestein verläuft).

Die gemessenen Werte in den Sedimenten nahmen 1987 von Teich P 3/4 (0.50 ppm) über Teich P 5/6 (0.40 ppm) bis Teich P 7/8 (0.03 ppm) ab (HÄRTLING, 1988b; 1988c). Für 1985 (NESBITT, 1985) liegt nur ein Wert vor (2.11 ppm in Teich 3/4). Die Massenprozente für die einzelnen Abteilungen betrugen < 1% für die Atmosphäre, < 1% für Schwebstoffe und die in der Wassersäule befindlichen Biota, 9-16% für das Wasser und 83-91% für die Sedimente (HÄRTLING, 1988b; 1988c). Das heißt, daß im Equilibriumszustand der weitaus größte Teil der PCBs in den Untergrundsedimenten der Teiche abgelagert wird. Verstärkt wird dieser Verlust durch die Anwesenheit von OM und Mineralölen (KARICKHOFF, 1984; WEBER et al., 1983). Mit > 10% OM in den Sedimenten wiesen vor allem die Teiche P 3/4 und P 5/6 einen hohen Anteil an organischem Material auf, in welches die PCBs eingelagert werden können. Die rapide Abnahme der PCB-Konzentrationen in Teich P 7/8 kann auf den geringen Anteil an OM (2.5%) und die häufigen Überflutungen während Hochwassers zurückgeführt werden.

Unter Bezugnahme auf Daten in der Literatur (ERICKSON, 1986; MACKAY et al., 1983a; THOMANN & MUELLER, 1983) erbrachte das Modell einen Abfluß von zwischen 10% bis 40% der ursprünglich eingeleiteten Menge an Aroclor 1254 in den Vorfluter. Da diesem Modell nur drei Werte und grobe Schätzungen bei der Erstellung des Modells zugrunde liegen, kann diese Prozentzahl nur als eine vorsichtige Schätzung verstanden werden. Das größte Problem ist jedoch, daß die Gesamtmenge und der Zeitpunkt des Inputs nicht bekannt sind. Es kann aber angenommen werden, daß über die Jahre einige Liter an PCB enthaltenden Flüssigkeiten den Vorfluter erreichten. Diese Mengen stellen für den Vorfluter keine größere Beeinträchtigung dar.

Tab. 5.12: Vergleich der Gesamtkonzentrationen in den Sedimenten der Teiche unterhalb des Deponieteils A mit den Werten der 0.1 M HCl- und 1 N NH4OAc-extrahierten Proben anhand der Mittelwerte (alle Angaben in ppm)

Element	Gesamtkonzentration			0.1 M H Cl			1 N NH$_4$OAc		
	3/4	5/6	7/8	3/4	5/6	7/8	3/4	5/6	7/8
Cd	-	-	-	1.07	0.70	n.n.	0.80	n.n.	n.n.
Co	8.13	9.01	9.1	0.66	0.76	0.88	0.54	0.36	0.25
Cr	33.4	42.5	40.3	1.07	1.19	0.54	n.n.	n.n.	n.n.
Cu	206	172	142	22.8	7.52	1.37	1.87	0.67	0.84
Fe	40200	41900	44500	1510	2770	1570	20.2	25.0	33.7
Mn	595	548	610	37.0	20.3	11.0	16.1	10.3	6.89
Ni	-	-	-	2.30	1.86	0.84	0.71	0.50	0.41
Pb	-	-	-	38.5	18.0	0.65	2.91	n.n.	n.n.
Zn	310	348	88	168	160	18.0	85.0	10.2	5.95

5.7.5 Ergebnisse in Einheit B

Einheit B besteht aus dem Deponieteil B und dem darunter anschließenden Teil von Ökosystem C und D (Abb. 5.3 und 5.5). Dies schließt die oberen Teiche ein (P 13-18), einen Bereich stehenden Wassers nördlich der Deponie (P 22) und den Abfluß daraus (P 23) ein. Alles Wasser, das die Deponie B entwässert, gelangt letztendlich in einen der drei großen Teiche (P 7/8, P 11/12, P 24), die in das Ökosystem D eingebettet sind, und von dort in den Sylvia Grinnel Fluß. Im Gegensatz zur Situation in Einheit A spielt der Transport durch Oberflächengewässer in Einheit B nur eine geringe Rolle. Der Transport der Substanzen erfolgt primär durch Migration durch die Böden und Sedimente unterhalb der Deponie. Gestoppt wird der vertikale Stofftransport innerhalb der oberen 1.5 m durch das anstehende Gestein oder durch den Permafrost. Die dominanten Prozesse sind Advektion, Dispersion und Diffusion durch unkonsolidierte Medien, wobei die individuellen Substanzen nach ihren Eigenschaften (reaktiv oder konservativ) mehr oder weniger durch Adsorption, Chelation etc. retardiert werden.

Tab. 5.13 und 5.14 zeigen die physikalischen und chemischen Parameter der Böden unterhalb des Deponieteils B. Alle chemischen Werte stellen Gesamtkonzentrationen dar. Die Böden unterhalb von Deponie B sind sauer, wobei die A-Horizonte die größere Spannbreite aufweisen. Bei der Verteilung ist eine leichte Abnahme des pH-Wertes in beiden Horizonten von der Deponie weg erkennbar. Der organische Anteil (OM) ist in den A-Horizonten hoch ($\phi=23\%$), er nimmt aber in den B-Horizonten rapide ab ($\phi=2.3\%$). Im Zentralbereich direkt unterhalb der Deponie ist in den oberen Horizonten ein starker Anstieg des OM zu verzeichnen, die Verteilung des OM im Gesamtraum ist aber sehr unregelmäßig.

Wider Erwarten wurden bei der Korngrößenanalyse keine wesentlichen Unterschiede zwischen den A- und B-Horizonten festgestellt. Die Böden sind sandig bis schluffig, wobei der Skelettanteil eine hohe Variabilität aufweist. Der Tonanteil ist in allen Horizonten gering. Die bei der Betrachtung der anorganischen Ionenaustauscher wichtige $< 6.3\ \mu$m Fraktion liegt in allen Horizonten unter 10% (A-Horizonte: 5.7%; B-Horizonte: 7.3%). Die Kationenaustauschkapazität (KAK) variiert erheblich, wobei die oberen Horizonte wie erwartet eine erheblich höhere KAK aufweisen ($\phi = 18.4$ meq/100 g) als die B-Horizonte ($\phi = 4.4$ meq/ 100 g). Ca stellt den dominanten Kationenaustauscher, d.h. die meisten Austauschplätze sind von Kalziumionen besetzt (Abb. 5.10). Die KAK ist in diesen Böden hauptsächlich vom OM abhängig (Abb. 5.9). Dies wird durch eine starke positive Korrelation ($r^2=0.77$) zwischen OM und KAK sowie eine geringe Korrelation zwischen Tonanteil und KAK ($r^2=0.13$) unterstützt. Allerdings muß bei der Betrachtung der KAK darauf hingewiesen werden, daß bei diesen sauren Böden die Angaben zur KAK zu niedrig liegen (die H^+- Ionen wurden nicht einbezogen).

OM, TC und KAK korrelieren stark positiv miteinander ($r^2=0.77$-0.99), da der organische Kohlenstoff den weitaus größten Anteil am Gesamtkohlenstoff darstellt und die KAK hauptsächlich durch die organischen Austauschplätze bestimmt wird. Der organische Stickstoff, Phosphor, Schwefel und die anderen Hauptnährstoffe liegen in einem für unbelastete Böden typischen Bereich, lediglich die Schwefelgehalte steigen in der Nähe der Deponie etwas an. Ca, K und Ti sind ebenfalls erhöht; dies erklärt sich wahrscheinlich aus dem sphenhaltigen Gestein am Kliffrand.

Auch die stärker vertretenen Metalle und Metalloide (Al, Ba, Fe, Mn, Ti) zeigen in den Böden unterhalb der Deponie B keine exzessiven Konzentrationen. Die etwas erhöhten Ba-Werte sind geogen bedingt. Generell steigen die Konzentrationen von den A-Horizonten zu den B-Horizonten an. Diese Zunahme ist dem relativen Ansteigen des anorganischen Anteils in den unteren Horizonten zuzuordnen,

Tab. 5.13: Allgemeine Parameter und chemische Gesamtkonzentrationen in den A-Horizonten der Böden unterhalb der West 40 #1 Deponie (N=31)

Parameter	Spanne	Mittelwert	STD
Tonanteil (%)	<0.10-14.5	2.29	4.97
Feinanteil (%)	0.56-29.6	5.70	5.68
pH (in Wasser)	3.7 - 6.2	5.0	0.68
pH (in CaCl$_2$)	3.9 - 6.3	5.1	0.67
KAK (meq/100g)	1.76-46.8	18.4	10.1
OM (%)	2.66-73.0	23.1	16.3
TOC (%)	1.33-36.5	11.5	8.13
TIC (%)	<0.01- 2.61	0.53	0.53
TC (%)	1.63-36.9	12.1	8.45
Org.-N (%)	0.06- 0.93	0.34	0.22
P (%)	0.08- 0.22	0.14	0.03
S (%)	0.06- 0.37	0.16	0.07
B (%)	<0.01- 0.05	0.01	0.01
Cl (%)	0.01- 0.08	0.04	0.01
Al (%)	1.18- 6.71	4.07	1.09
Ca (%)	1.31- 2.30	1.79	0.26
Fe (%)	1.86- 6.24	3.52	0.98
K (%)	0.59- 3.81	2.45	0.76
Mg (%)	0.25- 1.45	0.97	0.26
Na (%)	0.48- 2.36	1.68	0.44
Ti (%)	0.08- 1.40	0.44	0.23
As (ppm)	<0.50- 9.59	0.87	1.88
Ba (ppm)	199 -1620	845	320
Co (ppm)	4.16-12.3	7.19	1.77
Cr (ppm)	19.4 - 193	38.5	31.2
Cs (ppm)	<0.20- 0.66	0.26	0.16
Cu (ppm)	70.3 -1050	200	200
Hf (ppm)	2.40-16.5	9.19	3.15
La (ppm)	13.2 - 103	44.8	18.2
Mn (ppm)	291 -1370	627	202
Rb (ppm)	<80 - 197	90.5	49.2
Sb (ppm)	<0.10-22.1	2.51	4.70
Sc (ppm)	3.80-20.9	14.2	4.57
Ta (ppm)	<0.10-0.38	0.21	0.08
Th (ppm)	3.40-40.0	13.0	6.79
U (ppm)	<0.50-3.07	0.88	0.69
V (ppm)	18.7 - 160	59.5	26.1
Zn (ppm)	56.2 -1180	258	293

da die meisten dieser Metalle ihr größtes Vorkommen in der anorganischen Matrix der Böden aufweisen. Starke positive Korrelationen zwischen Al, Na und Mg ($r^2 = 0.65$-0.89) und Mn, Ti und V ($r^2 = 0.68$-0.85) und negative Korrelationen zwischen OM und Al, Ba, Mg, Na unterstützen diese Annahme. Die fehlende negative Korrelation ($r^2 = 0.09$) zwischen Fe und OM könnte auf den Einfluß metallische Abfälle im Umfeld der Deponie (z.B. verrostete Kerosintonnen) zurückzuführen sein.

Bei einigen Spurenmetallen erwies sich die Betrachtung der Gesamtkonzentrationen ebenfalls als unzulänglich, um Einflüsse der Sickerwässer von der Deponie nachzuweisen. Die Werte sind, abgesehen von einigen Ausreißern, sehr niedrig. Sie liegen deutlich unter den Grenzwerten der Klärschlammverordnung (Boden) Deutschlands oder sogar der Referenzkategorie A der Hollandliste (HEIN & SCHWEDT, 1991). Eine Ausnahme dazu bilden (wie bei den Sedimenten) die leicht löslichen Elemente Cu (A-Horizonte: bis 1050 ppm; B-Horizonte: bis 235 ppm) und Zn (A-Horizonte:

Tab. 5.14: Allgemeine Parameter und chemische Gesamtkonzentrationen in den B-Horizonten unterhalb der West 40 #1 Deponie (N=38)

Parameter	Spanne	Mittelwert	STD
Tonanteil (%)	<0.10- 8.27	2.96	2.07
Feinanteil (%)	1.62-15.0	7.35	3.04
pH (in Wasser)	3.8 - 5.6	4.8	0.44
pH (in CaCl2)	4.1 - 5.8	5.0	0.44
KAK (meq/100g)	2.15- 9.34	4.37	1.54
OM (%)	0.45- 6.06	2.35	1.05
TOC (%)	0.23- 3.03	1.18	0.53
TIC (%)	<0.01- 0.37	0.12	0.13
TC (%)	0.18- 3.40	1.29	0.59
Org.-N (%)	<0.01- 0.10	0.04	0.02
P (%)	0.08- 0.16	0.12	0.02
S (%)	0.05- 0.42	0.11	0.06
B (%)	<0.01- 0.05	0.02	0.02
Cl (%)	0.02- 0.05	0.03	0.01
Al (%)	4.16- 8.52	5.04	1.38
Ca (%)	1.28- 3.44	1.99	0.58
Fe (%)	2.46- 7.76	4.10	1.07
K (%)	1.76- 4.96	3.27	0.76
Mg (%)	1.01- 2.15	1.32	0.29
Na (%)	1.67- 3.74	2.14	0.58
Ti (%)	0.41- 0.92	0.57	0.17
As (ppm)	<0.50- 3.20	1.50	0.85
Ba (ppm)	741 -1270	1100	141
Co (ppm)	5.12-10.8	8.19	1.20
Cr (ppm)	21.1 -47.2	37.8	6.66
Cs (ppm)	0.15- 0.51	0.32	0.13
Cu (ppm)	59.1 - 236	124	41.0
Hf (ppm)	6.30-17.2	12.3	2.25
La (ppm)	31.1 -71.3	54.3	10.1
Mn (ppm)	652 -1250	756	216
Rb (ppm)	86.0 - 177	139	20.4
Sb (ppm)	0.10- 1.07	0.13	0.23
Sc (ppm)	9.30-21.0	16.5	2.45
Ta (ppm)	0.15- 0.51	0.29	0.08
Th (ppm)	8.80-29.0	18.8	4.45
U (ppm)	0.54- 1.77	1.01	0.40
V (ppm)	53.9 - 112	77.6	23.0
Zn (ppm)	57.9 -1460	146	223

bis 1180 ppm; B-Horizonte: bis 1460 ppm). Im allgemeinen variieren die durchschnittlichen Konzentrationen von z.B. Co, Cr, Ta, U und V zwischen den unteren und den oberen Horizonten nur minimal, wobei die As-Werte in den B-Horizonten sogar ansteigen.

Leicht lösliche Spurenmetalle nehmen dagegen von den A- zu den B-Horizonten deutlich ab (Zn: ϕ = 258 ppm auf ϕ = 146 ppm). Bei der Verteilung der Gesamtkonzentrationen fällt auf, daß in den B-Horizonten kein Einfluß der Deponie erkennbar ist, einige Spurenmetalle (z.B. As, Co, V) auch in den A-Horizonten verteilungsmäßig keine Sickerwassereinflüsse erkennen lassen und andere Spurenmetalle, wie Cr, Cu, Sb und Zn, auch bei den Gesamtkonzentrationen schon einen gewissen Sickerwassereinfluß von der Mitte der Deponie zeigen. Insgesamt lassen sich aus den Gesamtkonzentrationen nur bedingt Sickerwasserbeeinflussungen der Deponie nachweisen (Abb. 5.11; HÄRTLING, 1988c).

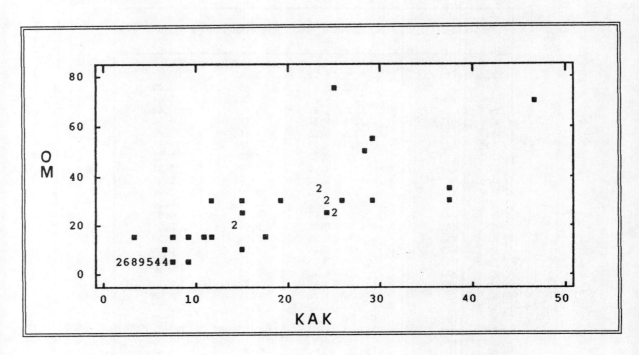

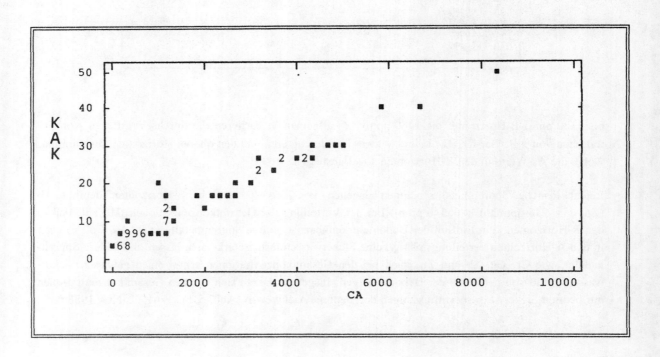

Abb. 5.11: Die Verteilung von Eisen (Gesamtkonzentration) in den A- und B-Horizonten der Böden unterhalb von Deponieteil B (x,y-Koordinaten in m; Fe in Prozent Trockengewicht)

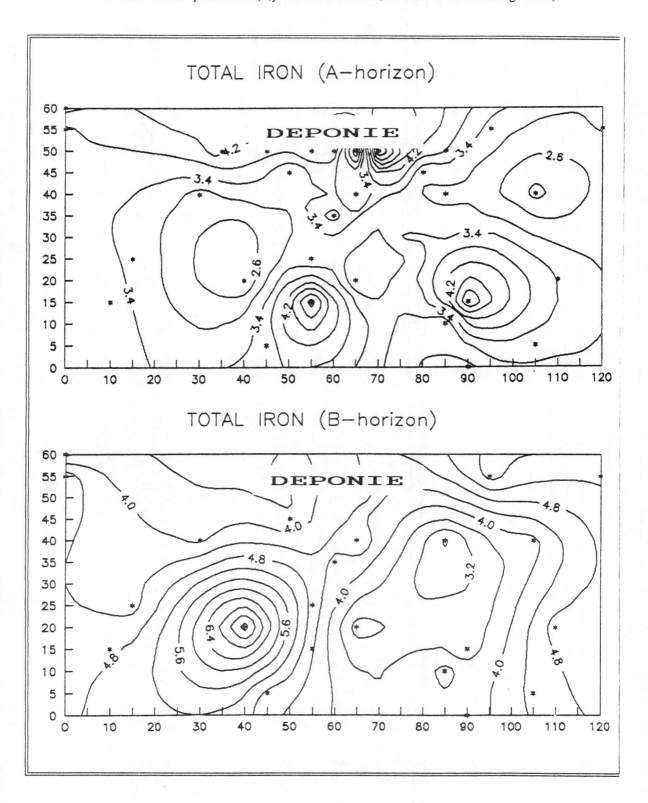

Abb. 5.12: Die Verteilung von 0.1 M HCl-extrahiertem Eisen in den A- und B-Horizonten der Böden unterhalb von Deponieteil B (x,y-Koordinaten in m; Fe in ppm)

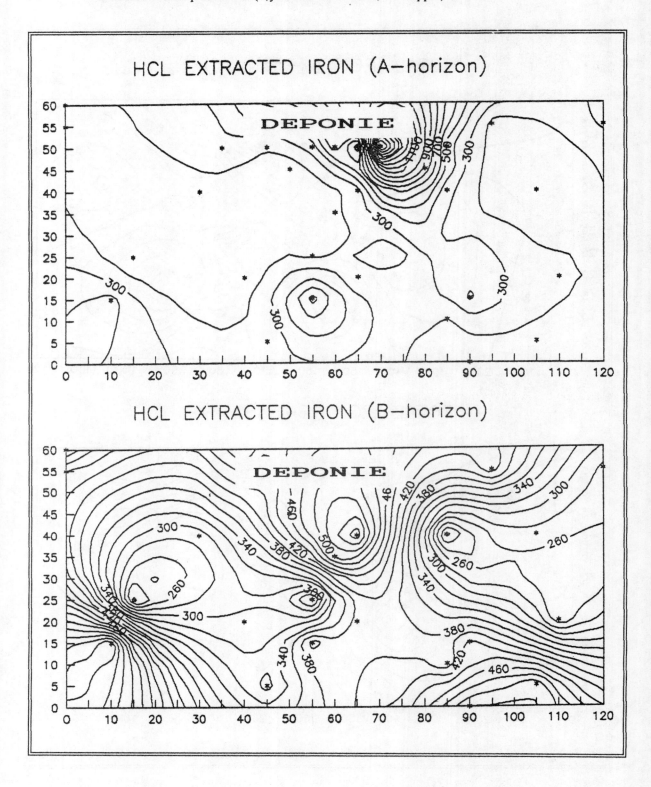

Abb. 5.13: Die Verteilung von 1 N NH$_4$OAc-extrahiertem Eisen in den A- und B-Horizonten der Böden unterhalb von Deponieteil B (x,y-Koordinaten in m; Fe in ppm)

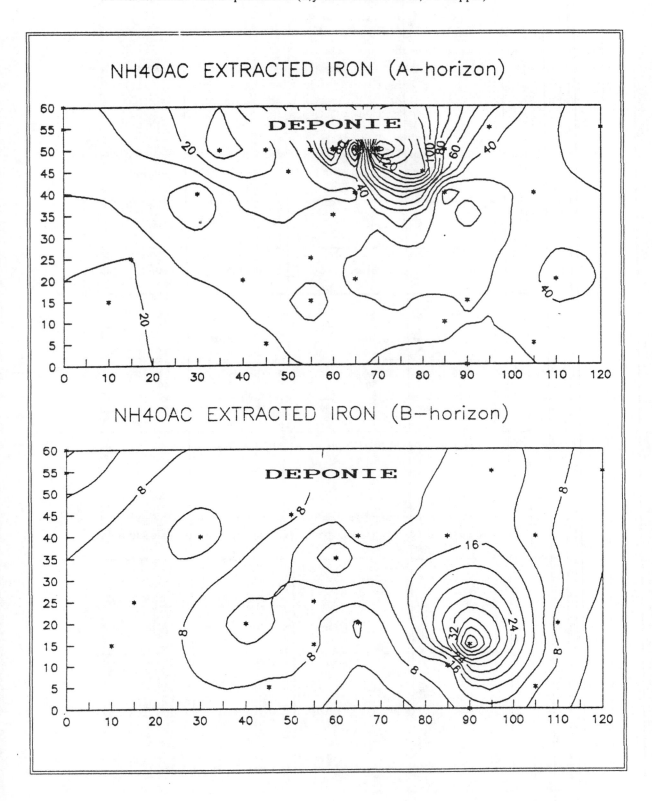

Wesentlich aussagekräftiger sind die Werte der salzsäure- und der ammoniumacetatlöslichen Elemente (Tab. 5.15 und 5.16). Beide Extraktionsverfahren ergeben ein ähnliches Bild: In den B-Horizonten weisen auch die leicht löslichen Metalle keine klar definierte Verteilung auf (Abb. 5.12 und 5.13; App. C). Dagegen zeigen die A-Horizonte bei fast allen Metallen einen deutlichen Anstieg der Konzentrationen im zentralen Deponiebereich, wobei meist auch eine Zunge erkenntlich ist, die auf eine Strecke von ca. 20 bis 30 m (in Richtung Teich 16) erhöhte Werte aufweist. Dies kann auf den Einfluß der Sickerwässer aus dem zentralen Bereich der Deponie B zurückgeführt werden.

Tab. 5.15: Chemische Konzentrationen der 0.1 M HCl-extrahierten Proben der A- und B-Horizonte der Böden unterhalb der West 40 #1 Deponie (N=31). Alle Angaben sind in ppm.

Elemente	A-Horizonte			B-Horizonte		
	Bereich	Mittelwert	STD	Bereich	Mittelwert	STD
Cd	<0.05- 9.44	0.99	2.04	<0.05- 0.13	<0.05	-
Co	<0.50- 4.24	0.60	0.85	<0.50- 0.56	<0.50	-
Cr	0.20- 1.96*	0.55	0.44	0.22- 0.91	0.52	0.19
Cu	1.00-74.0*	9.20	13.9	1.43- 6.51	3.58	1.10
Fe	68.7 -2050	339	360	195 - 769	397	128
Mn	1.30- 246	32.3	48.6	2.25-39.4	8.77	8.00
Ni	0.41-10.6	2.50	2.55	<0.40- 0.82	<0.40	-
Pb	<0.40- 744	65.5	162	<0.40- 8.43	1.92	2.32
Zn	4.59- 730*	141	199	3.64-75.8	11.8	13.3

   *   Ausreißer wurden nicht in die Mittelwertbildung einbezogen

Tab. 5.16: Chemische Konzentrationen der 1 N NH$_4$OAc-extrahierten Proben der A- und B-Horizonte der Böden unterhalb der West 40 #1 Deponie (N=31). Alle Angaben sind in ppm.

Elemente	A-Horizonte			B-Horizonte		
	Bereich	Mittelwert	STD	Bereich	Mittelwert	STD
Cd	<0.05- 2.07	0.26	0.53	<0.05- 0.07	<0.05	-
Co	<0.10- 0.78	<0.10	-	<0.10- 0.32	<0.10	-
Cr	<0.10- 0.76	<0.10	-	<0.10- 0.14	<0.10	-
Cu	0.12- 3.48*	1.26	0.74	0.26- 1.42	0.69	0.27
Fe	2.77- 165	39.0	32.2	0.78-48.4	8.12	8.26
Mn	0.17-58.8	7.7	11.3	0.06-15.5	2.61	3.91
Ni	<0.20- 0.82	<0.20	-	<0.20- 0.20	<0.20	-
Pb	<0.30-46.1*	5.29	10.8	<0.30- 3.26	0.37	0.81
Zn	0.32- 208*	21.9	42.0	0.08- 5.75*	1.22	1.17

   *   Ausreißer wurden nicht in die Mittelwertbildung einbezogen

Bei den Bodenproben, die mit 0.1 M HCl extrahiert wurden, zeigen allerdings nur Cd, Cr, Cu, Fe und Pb ein klares Bild, während alle Spurenmetalle, die mit 1 N NH_4OAc extrahiert wurden, eine deutliche Sickerwasserfahne im mittleren Deponiebereich vorweisen (HÄRTLING, 1988c; App. C). Die einzige Ausnahme stellt das leicht lösliche Zn, das sowohl bei der Gesamtkonzentration, als auch bei den Extraktionen einen deutlichen Transport zeigt (App. C). Interessant sind die starken positiven Korrelationen zwischen NH_4OAc-extrahiertem Fe und Cu ($r^2 = 0.72$) und HCl extrahiertem Fe, Cr und Cu ($r^2 = 0.77$-0.96). Dies könnte durch Sorption von Cr und Cu an Eisenoxide hervorgerufen werden. Die Konzentrationen einiger HCl-extrahierter Proben, die in der Nähe der Deponie gezogen wurden, wiesen hohe Cd- (9.44 ppm), Pb- (744 ppm) und Zn- (730 ppm) Werte auf. Insgesamt zeigen auch die HCl- und NH_4OAc-extrahierten Proben nur eine geringe Belastung. Im Vergleich zwischen den Gesamtkonzentrationen und den extrahierten Werten wird wiederum deutlich, daß sowohl bei den Sedimenten, als auch bei den A- und B-Horizonten der Böden die Ratios in etwa gleich bleiben, das heißt, es ist kein direkter Einfluß der Deponiesickerwässer erkennbar.

Die Abnahme der chemischen Belastung vom Deponiekörper zum Vorfluter zeigt sich auch in den Konzentrationen der Elemente in den Oberflächengewässern. Tab. 5.17 zeigt die Wasserbeschaffenheit der am Deponiefuß gelegenen Teiche P 13, P 14, P 15 und, dem Abstand von der Deponie folgend, P 16, P 18, P 19 und P 30 (zur Lage siehe Abb. 5.7). Leider war Teich P 17 zur Zeit der Probenahme (27.8.1987) ausgetrocknet.

Tab. 5.17: Wasserchemie der Teiche unterhalb des Deponieteils B am 27.8.1987. Alle Angaben sind in mg/l, außer pH und Leitf. (μS/cm). Die Werte für Cd, Co, Mo und Ni lagen unter den jeweiligen Bestimmungsgrenzen

Parameter	P 13	P 14	P 15	P 16	P 18	P 19	P 30
pH	7.6	6.6	6.9	7.2	6.5	7.5	8.0
Leitf.	2000	1880	2000	1500	360	2600	>10000
TSS	6.0	1.6	3.4	4.0	5.0	2.6	0.80
O_2	9.0	7.7	7.6	9.1	9.6	10.0	10.5
Härte	740	960	1030	600	120	250	>1000
Alk.	140	45.0	60.0	41.6	17.8	35.2	43.4
NO_3	6.6	2.6	4.4	4.4	4.8	n.n.	n.n.
PO_4	n.n.	n.n.	n.n.	n.n.	n.n.	0.90	0.20
Al	0.82	1.21	0.74	0.53	1.13	n.b.	0.95
Ca	230	283	296	248	29.2	29.4	43.3
Mg	22.7	23.7	24.3	21.8	16.0	43.8	141
K	20.3	20.5	22.4	17.4	10.3	14.4	69.0
Na	169	36.5	35.2	34.2	19.4	408	2010
Br	0.19	0.26	0.29	0.20	0.10	2.56	12.3
Cl	33.0	35.0	30.0	25.0	16.5	770	3400
SO4	260	260	270	250	110	105	230
HCO3	17.1	55.4	73.2	50.7	21.7	42.9	52.9
Cr	0.03	0.02	0.02	n.n.	n.n.	n.n.	n.n.
Cu	0.03	0.02	0.02	n.n.	n.n.	n.n.	n.n.
Fe	0.30	2.44	1.53	1.55	0.33	0.88	0.26
Mn	0.09	0.58	0.15	0.13	0.07	0.07	n.n.
Pb	0.10	0.05	0.05	0.05	n.n.	n.n.	n.n.
Zn	0.21	0.04	0.58	0.25	0.03	n.n.	n.n.

Die von der Deponie direkt beeinflußten Teiche besitzen eine den Hintergrundkonzentrationen gegenüber deutlich erhöhte Leitfähigkeit und TSS. Das Wasser gehört zum Kalzium-Sulfat-Typus, d.h. Ca und SO_4 stellen die dominanten Ionen dar. P 13, P 14 und P 15 sind die einzigen Teiche im Untersuchungsgebiet mit nennenswerten Nitrat- und Phosphatwerten und leicht reduzierten Sauerstoffkonzentrationen. Außerdem beinhalten sie als einzige Oberflächengewässer im Untersuchungsgebiet nennenswerte Konzentrationen an Spurenmetallen. Cd (BG = 0.02 mg/l), Co (BG = 0.05 mg/l), Mo (BG = 0.5 mg/l) und Ni (BG = 0.1 mg/l) lagen überall unter der jeweiligen Bestimmungsgrenze.

Von der Deponie weg nehmen die Konzentrationen aller Elemente kontinuierlich ab. Mit dem von Brackwasserüberschwemmungen heimgesuchten Teich P 19 und vor allem im Vorfluter steigen die Werte für Leitfähigkeit, Härte, Mg, K, Na, Br und Cl schlagartig an. Diese Gewässer können als Sodium-Chloridwasser charakterisiert werden. Die Spurenmetalle sind hier nicht mehr nachzuweisen. Leider sind die Anzahl der Proben zu gering und die Bestimmungsgrenzen zu hoch, um gesicherte Aussagen über die Belastung der Oberflächengewässer unterhalb des Deponieteils B treffen zu können. Die Werte zeigen aber, daß die Konzentrationen der toxischen Elemente von der Deponie zum Vorfluter hin abnehmen und daß die Belastung der Oberflächengewässer durch Sickerwässer von der Deponie sehr gering ist. Vom 23.6.1987 bis zum 1.9.1987 wurden alle Oberflächengewässer im Untersuchungsraum zweimal wöchentlich beprobt und auf Hauptkationen, Hauptanionen, Nährstoffe und physikalische Parameter untersucht, um saisonale Veränderungen festzustellen. Es wurden also keine toxischen Elemente, wie die oben genannten Spurenmetalle bestimmt. Die Resultate der Leitfähigkeit und der Hauptanionen und -kationen zeigen eine deutliche Abhängigkeit von Niederschlag und Verdunstung.

Die Ergebnisse werden in HÄRTLING (1993a) dargestellt und diskutiert. Am 25.8.1987 und am 18.7.1990 wurden alle Oberflächengewässer im Untersuchungsgebiet auf ihren mikrobiellen Besatz untersucht. In einigen Fällen wurden ein bis fünf Kolonien an Gesamtcoliformen enumeriert, die meisten Teiche zeigten allerdings weder Gesamtcoliforme noch fäkale Coliforme.

Tab. 5.18: PCB-Konzentrationen (als Aroclor 1260) in Böden und Sedimenten bei der West 40 #1 Deponie (alle Angaben in ppm)

Probe*	S 1	S 2	S 3	S 4	S 5	S 6	S 7	S 8
Konzentration	2.11	<1.00	<1.00	<1.00	2.24	<1.00	<1.00	<1.00
Probe**	S 3/4	S 5/6	S 7/8	S 14	S 15	S 54	S 49	S 41
Konzentration	0.50	0.40	0.03	0.02	0.05	0.06	0.08	0.08

*   Daten von BOYKO (1985) und NESBITT (1985)
**   Daten von HÄRTLING (1988b; 1988c)

Abb. 5.14: PCB-Probenahmestellen

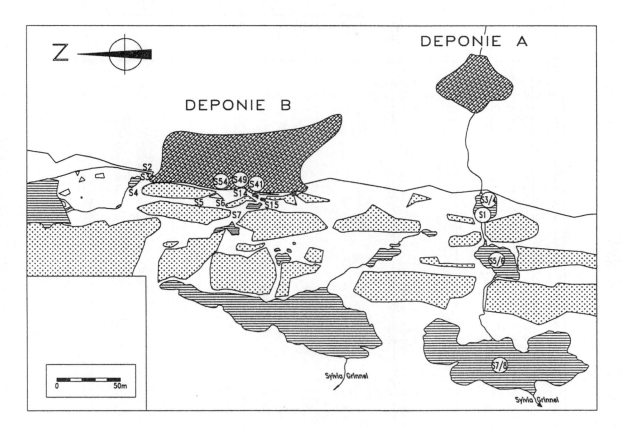

Tab. 5.18 zeigt die Konzentrationen von PCBs (als Aroclor 1254 und 1260) in Böden und Sedimenten im Untersuchungsraum und Abb. 5.14 bezeichnet die Probenahmestellen. Bis auf eine Probe, die 1987 in einem Tümpel in der Deponie B gezogen wurde (11.1 ppb), blieben alle Wasserproben unter der Nachweisgrenze (0.12 ppb). Die Werte sind niedrig (erst ab 50 ppm in Böden besteht in den N.W.T. Handlungsbedarf), sie weisen aber auf ständige Quellen von PCBs in beiden Deponieteilen hin.

5.7.6 Ergebnisse der Diatomeenanalyse

Um einen allgemeinen Eindruck der synergistischen und über einen längeren Zeitraum während Einfluß der Deponie auf die empfangenden Ökosysteme zu erhalten, wurde im Sommer 1990 eine Untersuchung des Kieselalgenbesatzes der Oberflächengewässer durchgeführt (Tab. 5.19). Wie erwartet zeigen die Teiche P 1 bis 6, P 9 bis 10, P 13 bis 18 und P 22 eine Süßwasserflora, die nur durch einige wenige Brackwasserspezies ergänzt wird. Der oberhalb der Klifflinie in einer feuchten Senke liegende Teich P 1 reflektiert die Ökologie seiner Umgebung (viele Bryophyten, Moos-, Torf- und weiche Süßwassergenera). Teich P 3/4 zeigt als einziges Oberflächengewässer Anzeichen von Verschmutzung (viele Nitzschia!), während P 5/6, P 9 und P 10 reine Süßwasserspezies aufweisen (Tab. 5.21). In den direkt an Hangfuß der Deponie B gelegenen Teiche P 13, P 14 und P 15 finden wir vor allem Diatomeen, die hartes Wasser anzeigen (die Spanne reicht von reinen Süßwasser- bis zu Brackwasserspezies). Der Einfluß der Deponie beschränkt sich aber auf diese Reaktion zur erhöhten Leitfähigkeit dieser Gewässer, es wurden keine Verschmutzungsanzeiger gefunden. Mit der Entfernung von der Deponie (P 17, P 18, P 22) nehmen die hartes Wasser anzeigenden Kieselalgen wieder ab, und die Süßwasserspezies doinieren (Tab. 5.19).

Tab.5.19: Qualitative Diatomeenverteilung in Oberflächengewässern bei der West 40 #1 Deponie

	1	3	5	7	9	10	11	12	13	14	15	16	17	18	22	24
Achnanthes		+	+				+			+			+			+
Amphora				+				+		+				+		+
Anomoeoneis	+	+	+								+					
Caloneis				+									+			
Cocconeis													+	+		
Cyclotella												+				
C.antigua												+				
Cymbella	+	+	+	+	+		+						+			
Denticula		+														
Diatoma		+	+				+									
Diploneis				+					+	+	+		+	+		+
D.interrupta										+	+		+	+		+
Eunotia	+	+	+		+				+		+	+	+		+	
Fragilaria		+	+	+				+		+			+	+		+
F.construens								+		+			+	+		+
F.virescens				+				+		+						
Frustulia									+							
Gomphoneis		+	+				+						+			
Hantzschia		+							+		+	+				
Melosira														+		+
M.perglabza																+
Navicula	+	+		+	+			+	+	+	+	+	+	+		+
N.crucicula								+								
N.evanderi																
N.protracta								+		+						+
N.pusilla									+				+			
N.syvauche										+						
Neidium	+	+	+				+				+	+	+	+		
N.bisulcatum														+		
Nitzschia	+	+	+	+	+		+					+	+	+		
N.macilenta														+		+
Opephora										+				+		+
O.ansata										+				+		+
Pinnularia	+	+	+	+	+				+		+	+	+	+		
P.borealis											+					
Rhoicosphera														+		
Rhopalodia														+		
Stauroneis	+	+		+	+	+						+	+	+		
Synedra	+						+							+		+
S.pulchella	+													+		+
Tabellaria		+	+		+	+	+							+		
Thalassios		+														

5.7.7 Diskussion der Ergebnisse

In den Ökosystemen unterhalb beider Deponieteile der West 40 #1 Deponie wurden nur geringfügige chemische Belastungen festgestellt. Die Spurenmetalle liegen z.B. deutlich unter den Werten der deutschen Klärschlammverordnung, deren Grenzwerte zum Vergleich herangezogen wurden. Es besteht auch keine organische oder mikrobiologische Belastung der Oberflächengewässer, Böden und Sedimente. Ungeklärt ist allerdings die Größe des früheren Eintrags von PCBs aus elektrischer Ausrüstung. Die heutige Belastung, d.h. nach den Aufräumaktionen Mitte bis Ende der 80er Jahre, der umgebenden Ökosysteme durch Aroclor 1254 und 1260 kann als unerheblich betrachtet werden. Die Diatomeenanalyse kann zwar im Untersuchungsgebiet zwischen den von der Deponie beeinflußten und den unkontaminierten Teichen differenzieren, es liegen aber kein Hinweise für den Einfluß organischer oder toxischer Kontamination vor.

Gemäß der unterschiedlichen Transportmechanismen und der damit verbundenen Retardierungsraten unterscheiden sich die Ergebnisse unterhalb von Deponieteil A und B beträchtlich. Während die chemischen Stoffe von Deponieteil A durch advektiven Transport fliessenden Wassers direkt den Vorfluter erreichen, erfolgt der Stofftransport unterhalb des Deponieteils B primär durch Migration durch Böden und Sedimente. Die Verzögerung durch unkonsolidierte Materialien und Ausbisse des anstehenden Gesteins führt dazu, daß die mögliche Gefährdung der empfangenden Ökosysteme abschätzbar ist. Die vorgefundenen Werte verweisen auf ein geringes Gefährdungspotential. Bei Deponieteil A ist die mögliche Kontamination des Vorfluters in früheren Zeiten wegen des schnellen Transports kaum abschätzbar. Nach der Beseitigung der Deponiebestandteile, welche PCBs enthalten, und der Perchlorethylentonnen sind von der Deponie keine adversen Auswirkungen auf die sie umgebenden Ökosysteme oder den Menschen zu erwarten. Es wäre wünschenswert, Deponieteil A zu eliminieren, da hier ein direkter Abfluß zum Vorfluter besteht. Außerdem sollte die Zufahrt zur Deponie gesperrt werden, um weitere Ablagerungen zu verhindern. Eine weitere Behandlung oder Renaturierung ist nicht notwendig. Die West 40 #1 Deponie ist ein typisches Beispiel für die älteren militärischen Altlasten in der Baffin-Region. Die anderen militärischen Standorte um Iqaluit (z.B. "Upper Base") weisen ähnliche Charakteristika auf, d.h. eine geringe organische, mikrobielle und allgemeine chemische Belastung sowie ein oder mehrere Problemschadstoffe, die durchaus in größeren Mengen vorkommen können.

5.8 ZUSAMMENFASSUNG DER SITUATION IN IQALUIT

5.8.1 Wasserversorgung

Die Wasserversorgung in Iqaluit wird weiterhin durch den Lake Geraldine gewährleistet. Die Angaben von DPW sind zu niedrig angesetzt, da sie auf einer statischen Absenkungsberechnung des nutzbaren Volumens beruhen. Dabei wird das Volumen unter Abzug des an der Oberfläche befindlichen Eisvolumens und des Totvolumens am Boden des Reservoirs berechnet. Tatsächlich reduziert sich das Volumen des Eises aber mit der Senkung des Wasserspiegels. Mit Hilfe des sog. dynamischen Absenkungsberechnung kann diese dynamische Veränderung der Nutzkapazität unter Absenkung berechnet werden (SMYTH, 1987). Die nutzbare Kapazität von Lake Geraldine erhöht sich mit dieser Methode auf ca. 500 000 m^3.

Das wesentliche Problem in Iqaluit aber scheint der derzeitige Verbrauch zu sein. Für arktische Gemeinden mit Utilidoranschluß schlägt die Regierung der N.W.T. einen durchschnittlichen Tagesverbrauch von 120 l pro Einwohner vor (CAMERON, 1987; SMITH, 1986). Dies würde bei einer momentanen geschätzten Bevölkerung von 3300 Einwohnern knapp 145 000 m^3 pro Jahr und einer Winternutzung von etwas über 100 000 m^3 entsprechen. Der derzeitige Bruttowasserverbrauch beträgt aber 490 l/E/a (da Iqaluit 365 Tage im Jahr das Rohwasser aus dem Lake Geraldine bezieht)! Leider ist nicht bekannt, wieviel Einwohnergleichwerten der Verbrauch der gewerblichen und administrativen Einrichtungen entspricht.

Den Sorgen der Überlastung des Systems kann dadurch begegnet werden, daß der Betondamm am Lake Geraldine weiter erhöht wird, was allerdings mit erheblichen Kosten verbunden ist. Die Anforderungen der Feuerwehr können durch den alternativen Trinkwassersee (Apex Road Lake) abgedeckt werden, ohne die Rohwasseranforderungen des Lake Geraldine zu erhöhen. Hierzu müßte nur eine Entnahmeeinrichtung am Apex Road Lake geschaffen werden, die bei einem Ausfall von Lake Geraldine als Trinkwasserquelle (Verschmutzung, u. ä.) ohnehin sehr nützlich wäre.

In dieser Gemeinde sollte nicht primär an eine Erweiterung der bestehenden Kapazitäten gedacht werden. Als Alternative zur Erweiterung der Rohwasserkapazität wird vorgeschlagen, eine Untersuchung einzuleiten, um den Wasserverlust auf dem Weg zum Verbraucher zu ermitteln und den Wasserverbrauch zu senken (ohne daß dabei hygienische Einbußen in Kauf zu nehmen sind) - (siehe dazu CAMERON & ARMSTRONG (1979)). Als Sofortmaßnahme sollte eine Studie zum Wasserverbrauch erstellt werden, welche die Rohwassermenge von der Entnahme bis zur Verbraucher verfolgt und Vorschläge macht, ob und wie der Wasserverbrauch reduziert werden kann.

Die Wasserqualität des Rohwassers ist nicht zu beanstanden. Die Werte liegen ausnahmslos unter den Grenzwerten, die von den kanadischen (CANADA, 1987c) und deutschen Trinkwasserrichtlinien (HEIN & SCHWEDT, 1991) vorgegeben werden. Eine geschmackliche Beeinträchtigung des Trinkwassers findet höchstens durch Fluor- oder Chlorüberdosierung in der Aufbereitungsanlage statt, was in der Vergangenheit von Bewohnern von Iqaluit des öfteren bemängelt wurde. Hin und wieder auftretende Probleme bei der Desinfizierung (zeitweise wurden FC im Tankwasser gefunden) haben bis jetzt noch nicht zu größeren Gesundheitsproblemen geführt.

Die Überwachung der Wasserqualität erfolgt in unregelmäßigen Abständen, wobei seit Ende der 80er Jahre eine Zunahme der Probenahmen durch DIAND, DOH und kommunale Vertreter zu verzeichnen ist. Besonders eklatant ist das Fehlen von Werten der Winterhalbjahre. Obwohl z.B. für die Wasseranalysen von DIAND ein Protokoll vorliegt, werden nicht immer alle Parameter gemessen.

5.8.2 Abwasserentsorgung

In Iqaluit stellt der derzeitige Klärteich ein besonderes Problem dar. Zum einen ist der unterhalb des Flugplatzes gelegene Teich aus ästhetischen Gründen (Geruchsbelästigung) ein stetes Ärgernis für die Bewohner und für Touristen. So beschreibt ein neuzugezogener Einwohner von Iqaluit den Teich als "disgrace to the wealthy community of Iqaluit..." (FAIRBANKS, 1989). Der Gestank von der Lagune, der bei SO-Wind die Touristen am Flugplatz empfängt, ist für die in der Zukunft so wichtigen Erwerbszweige Tourismus und Kunstgewerbe nicht förderlich und sollte unterbunden werden. Zum zweiten ist der Wirkungsgrad des Teichs in chemischer Hinsicht ausreichend, in bakterieller Hinsicht aber ungenügend. Dies führt zu der bereits genannten mikrobiologischen Kontamination des Kojesse Inlet, einem Gebiet, in welchem Fische gefangen und Muscheln gesammelt werden.

Zum Klärteich in Iqaluit besteht kaum eine Alternative. Eine neue offene Lagune müßte so weit von der Kommune entfernt sein, daß keine Geruchsbelästigung eintritt, kein Vorfluter belastet wird und die Kosten für die Gemeinde tragbar sind. Dies ist bei der topographischen und klimatischen Konfiguration in Iqaluit nicht möglich. Einzige Alternative wäre eine geschlossene Option, d.h. ein Absetzbehälter oder Absetztank, was wegen der damit verbundenen Kosten bei den derzeitigen Abwasservolumina nicht tragbar ist. Eine Reduzierung der bakteriologischen Belastung wäre durch die Vorschaltung eines Faultanks möglich. Um die Geruchsbelästigung während des Sommers zu vermindern, könnte der Faulschlamm (Schwefelwasserstoff!) alle 2 bis 5 Jahre entfernt werden und auf die Deponie gebracht werden.

Die Überwachung der Abwasserqualität erfolgt erst seit 1989 und geschieht in unregelmäßigen Abständen. Besonders problematisch ist das Fehlen von Werten der Winterhalbjahre. Von großem Interesse wären Untersuchungen zum mikrobiologischen Besatz der im Einflußbereich der Abwässer liegenden Muschelbänke.

5.8.3. Abfallentsorgung

Die Abfallsituation in Iqaluit kann nur als katastrophal bezeichnet werden. Dabei besteht momentan das größte Problem darin, einen adäquaten Standort für die neue Mülldeponie zu finden. Seit der Mitte der 80er Jahre sucht die Stadt Iqaluit nach einem geeigneten Platz für die kommunale Mülldeponie. Im Sommer 1987 beschloß der Stadtrat, den zwischen Iqaluit und Apex gelegenen Apex Road Lake zur zukünftigen kommunalen Mülldeponie umzugestalten, wie von der beratenden Ingenieursfirma vorgeschlagen wurde. Auf den öffentlichen Sturm der Entrüstung, der dieser Bekanntmachung folgte (der See ist unter anderem das Ersatztrinkwasserreservoir für Lake Geraldine, die Lage ist voll im Blickpunkt der Bewohner von Iqaluit, eine günstige Wohnlage ist nahebei etc.) wurde dieser Beschluß bei der nächsten Ratssitzung zurückgezogen und die existierende North 40 Deponie als Ausweichdeponie vorgeschlagen (BELL, 1987a; 1987b). In der Praxis änderte sich aber nichts, der existierende Müllhaufen (die West 40 #4 Deponie) wurde auch weiterhin genutzt.

1989 mahnte die Wasserbehörde der N.W.T., daß Iqaluit einen langjährigen Abfallentsorgungsplan entwickeln müsse "..to address the totally unacceptable conditions of the current municipal waste disposal site.." (SPENCE, 1989:1) und um die relikten Deponien aufzuräumen und zu sanieren. Nach längeren Diskussionen wurden zwar vor allem durch DIAND mehrere Aufräumaktionen an den alten Deponien gestartet, eine Entscheidung über die Lage der neuen Deponie fiel aber nicht. 1990 wurde ein erneuter Anlauf genommen, um das immer drückender werdende Problem zu lösen. Bei einer außerplanmäßigen Stadtratsversammlung am 5.10.1990, wurde beschlossen einen umfassenden Abfallentsorgungsplan erstellen zu lassen und eine neue Deponie zu installieren. Die ehemalige North 4 Deponie, die seit 1989 auf ihre neue Aufgabe als kommunale Mülldeponie vorbereitet wird, soll 1991 die jetzige Deponie ablösen. Die Abfälle der North 40 Deponie wurden teilweise separiert (in 205 l Tonnen und Restmüll), verbrannt und gepreßt. Gleichzeitig wurden mehrere staatliche und private Stellungnahmen und Berichte zu ökologischen Auswirkungen der neuen Deponie angefordert.

In der Zukunft soll an der North 40 Deponie eine überwachte, kontrollierte Deponie entstehen. Dies wird kontrolliertes Abführen der Oberflächengewässer durch Gräben und Rohrleitungssysteme, regelmäßiges Kompaktieren und Verbrennen der Abfälle und weitestgehende Bedeckung durch Sedimente einschließen. Zumindest eine hauptamtliche Fachkraft soll für den Betrieb der Deponie und die Überwachung der Sickerwässer eingestellt werden.

Die Altlasten befinden sich in einem sehr unterschiedlichen Zustand. Während die West 40 #1 Deponie nur geringe Belastungen der sie umgebenden Ökosysteme verursacht (Kap. 5.7), stellt die jüngste Deponie (West 40 #1) einen ästhetischen und ökologischen Schandfleck dar. Als Sofortmaßnahme müßte der Deponiefuß befestigt werden, um eine weitere direkte Beeinflussung des Kojesse Inlet zu verhindern (d.h. das Wegspülen von Deponieteilen bei Hochwasser!). Danach sollte ein langjähriger Plan zur Sanierung der Deponie entwickelt werden.

6 WASSERVERSORGUNG, ABWASSERENTSORGUNG UND ABFALLWIRTSCHAFT IN PANGNIRTUNG (PANNIQTUUQ)

6.1 EINFÜHRUNG

Pangnirtung befindet sich am südöstlichen Ufer des gleichnamigen Fjords auf der Cumberland Halbinsel, Baffin Island (66°09'N; 65°43'W). Die Gemeinde liegt ca. 40 km südlich des arktischen Wendekreises am Eingang des Auyuittuq Nationalparks auf anstehendem Gestein und einem relikten Schüttungsdelta (Abb. 3.1). Breite Wattenbereiche schließen sich nordöstlich der Gemeinde an.

Bereits im 16. Jh. durchstreiften Walfänger und Forscher den Cumberland Sound und errichteten temporäre Stationen. Anfang der 20er Jahre wurde Pangnirtung am heutigen Siedlungsstandort gegründet. Inuit aus dem gesamten Cumberland Sound (vor allem von Kekertan und Black Lead Island) zogen in die neue Gemeinde (GNWT, 1991a). 1921 etablierte sich die allgegenwärtige Hudson's Bay Company (HBC) am heutigen Siedlungsstandort, und 1923 folgte die kanadische Polizei (RCMP). 1927 wurde die anglikanische Mission vom vorherigen Standort auf Black Lead Island nach Pangnirtung verlegt und eine Schule und eine Krankenstation errichtet. Die ersten Flugzeuge erreichten Pangnirtung im Jahre 1931. Der Coop Pangnirtung zur Vermarktung von Kunstgegenständen und die Öffnung des Auyuittuq Nationalparks verhalfen der Gemeinde in den 70er Jahren zu einem neuen Entwicklungsschub. 1972 erlangte Pangnirtung Dorfstatus (GNWT, 1991a).

Heute ist Pangnirtung mit 1070 Einwohnern (GNWT, 1991a) die zweitgrößte Gemeinde der Baffin-Region. Wirtschaftlich und sozial befindet sich Pangnirtung im Übergang zwischen einer traditionellen und einer modernen Gesellschaftsform. Der größte Teil der Erwerbstätigen ist in den Einrichtungen der Bundesregierung oder der territorialen Verwaltung beschäftigt. Weitere wichtige Arbeitgeber sind das Geschäft der HBC, das Hotel und das Kunstgewerbe, das sich 1968 zu einer Kooperative zusammenschloß. Pangnirtung ist vor allem für seine Wandteppiche bekannt, aber auch das Schnitzen von Speckstein und die Malerei befinden sich auf einem hohen Niveau. Daneben betreibt weiterhin ein großer Teil der Bevölkerung Jagd und Fischfang zur Subsistenz. So ist auch heute noch die Jagd auf Beluga Wale für die Bewohner von Pangnirtung von spezieller Bedeutung. Der Pangnirtung vorgelagerte Wattenbereich wird von den Einwohnern u.a. auch zum Sammeln von Muscheln (*Hiatella arctica, Glaucoma* etc.) benutzt. Von kommerzieller Bedeutung ist allerdings nur der von der Qikiqtaaluk Cooperation seit 1987 betriebene Garnelenfang. Pangnirtung profitiert von seiner Lage am Eingang des 1972 eingerichteten Auyuittuq Nationalparks, in dem mehr als tausend Besucher jährlich den "wilden Norden" erleben wollen. Verköstigung, Unterkunft und Transport von Touristen dürfte für Pangnirtung ein immer größerer Erwerbszweig werden.

6.2 ÖKOLOGISCHE RAHMENBEDINGUNGEN

Pangnirtung liegt auf flachlagernden Delta- und Strandsedimenten des Pangnirtung Fjord. Im Süden und Westen der Gemeinde ragen die steilen Wände des Fjords auf, die bei Pangnirtung knapp 1000 m erreichen (Mt. Duval). Die Gegend um Pangnirtung ist von präkambrischen Graniten und Quartz-Monzoniten unterlegen (JACKSON & TAYLOR, 1972). Auf dem Gestein liegt eine meist mehrere Meter mächtige Sedimentdecke auf, die nur bei Ausbissen des Anstehenden (z.B. im Zentral- und SW-Teil der Siedlung) fehlt. Der größte Teil der Gemeinde befindet sich auf anstehendem Gestein mit flacher sedimentärer Auflage, während die kommunale Mülldeponie auf mächtigen glaziomarinen Sanden und Kiesen liegt, in die auch kolluviales Material vom Talushang des Mt. Duval (Abb. 6.1) und Moränenschutt (vor allem im hangaufwärts gelegenen Teil) eingearbeitet sein kann. Die Matrix der Sedimente ist grobkörnig, wobei die Sandfraktion mit über 80% dominiert.

Abb. 6.1: Wasserversorgung sowie Abwasser- und Abfallentsorgung in Pangnirtung

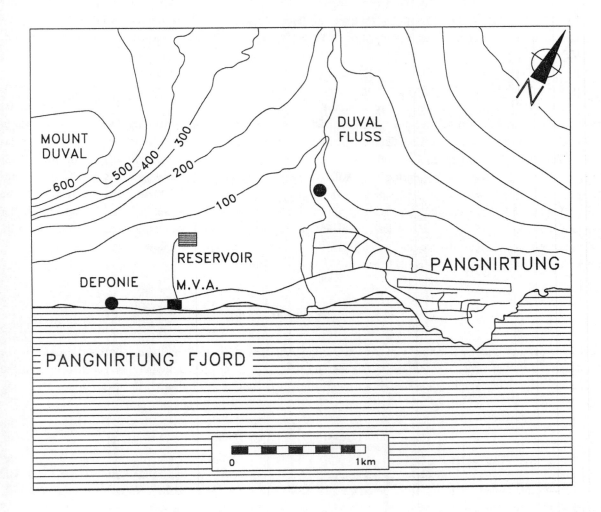

Pangnirtung befindet sich am Übergang der Tundrenzone in die subpolare Wüstenzone (TEDROW, 1977). Auch in Pangnirtung sind die Böden nicht auf Anstehendem, sondern auf allochthonen Sedimenten entstanden, d.h. sie reflektieren nicht den Gesteinschemismus, sondern den Chemismus der pleistozänen und holozänen Auflagen. Die Böden um Pangnirtung sind zumeist grobkörnig, mit einem sehr geringen Feinschluff- und Tonanteil (außer dem Wattenbereich). Je nach organischem Gehalt können die Böden mittlere bis sehr geringe Austauschfähigkeit besitzen. Nach BOCKHEIM (1979) und BIRKELAND (1978) findet man um Pangnirtung alle hydro-, meso- und xeromorphen Böden, die in der Baffin-Region vorkommen können.

Pangnirtung ist ein bis mehrere hundert Meter breiter Wattenbereich vorgelagert, danach erfolgt ein Steilabfall in den bis 160 m tiefen Zentralbereich des Fjords (GILBERT et al., 1987). In der Nähe von Pangnirtung münden zwei der drei größten Zuflüsse des Pangnirtung Fjord in den Vorfluter. Der Duval Fluß durchfließt den NO-Teil der Gemeinde, während der Koolik Fluß auf der der Gemeinde gegenüber liegenden Seite des Fjords einmündet. Allgemein wird der Abfluß durch das starke Gefälle der Fjordwände bestimmt. Das Wasser fließt entweder als oberflächlicher Abfluß ab, oder es dringt schnell in die grobkörnige Matrix der Sedimente ein und erreicht als Suprapermafrostabfluß den Vorfluter.

Pangnirtung befindet sich in derselben klimatischen Subregion wie Iqaluit ("Eastern Region, Southeast Baffin Island") nach MAXWELL (1980), und das Klima ist ähnlich. Die mittlere Maximumtemperatur im Januar liegt bei -25.6°C, während sie im Juli 11.1°C beträgt (Tab. 2.1). Mit < 350 mm Niederschlägen im Jahr, die noch dazu zur Hälfte während der Sommermonate fallen, sind die Niederschläge etwas geringer als in Iqaluit (GNWT, 1991a).

Phytogeographisch befindet sich Pangnirtung an der südlichen Grenze der Mittleren Arktis (POLUNIN, 1960; PORSILD, 1958), d.h. *Betula glandulosa* kommt nur sporadisch vor (JACOBS et al., 1985c). Ansonsten ist die Vegetation um Pangnirtung der um Iqaluit sehr ähnlich. Von besonderer Bedeutung sind Gunststandorte in Seitentälern und Senken, wo ein vollständiger Bedeckungsgrad gegeben ist. In der Siedlung fehlt die Vegetationsdecke fast vollständig, was hin und wieder zu Erosionsproblemen führt. Auch in Pangnirtung ist für Wasserversorgung, Abwasserentsorgung und Abfallwirtschaft nur die Avifauna wegen der möglichen Verunreinigung des Reservoirs durch Exkremente von einem gewissen Interesse. Dazu muß natürlich auch die marine Fauna und Flora erwähnt werden, die durch Einleitungen der Abwässer und Sickerwässer von der Deponie beeinflußt wird, und die für die Ernährung der Einwohner von großer Bedeutung ist. Vor allem im Wattenbereich gesammelte Muscheln können als Filtrierer hohe mikrobiologische und chemische Verunreinigungen aufweisen.

6.3 DIE WASSERLIZENZ

Wasserversorgung und Entsorgung von Abwasser und Abfall werden in Pangnirtung durch die Lizenz No. N5L4-1447 der Wasserbehörde geregelt. Die Lizenz wurde 1984 an die Gemeinde vergeben. Die örtliche Aufsicht obliegt dem kommunalen Betriebsaufseher, die Überwachung erfolgt durch Inspektoren von DIAND.

6.4 WASSERVERSORGUNG

Im Sommer beziehen die Einwohner von Pangnirtung ihr Rohwasser aus dem Duval Fluß (Abb. 6.1). Bis 1988 speiste der Duval auch das 1967 gebaute, alte Reservoir mit einer nutzbaren Kapazität von 10 000 m³, das lange den Ansprüchen der Gemeinde gerecht wurde (DUSSEAULT & ELKIN, 1983). 1976 mußte eine Hypalonfolie eingezogen werden, um Leckagen zu stoppen. Mitte der 80er Jahre reichte das Fassungsvermögen des alten Reservoirs nicht mehr (LUMSDEN & SIU, 1984). Daher wurde 1985 mit dem Bau eines neuen Reservoirs auf der anderen Seite des Duval Flusses begonnen. Die Arbeiten wurden im November 1987 abgeschlossen. Seitdem steht der Gemeinde ein modernes Reservoir mit einer Gesamtkapazität von 109 000 m³ und einer Nutzkapazität von 74 900 m³ (dynamische Methode) zur Verfügung (SMYTH 1987). Der Duval Fluß, der während der Sommermonate die Wasserversorgung garantiert, zeigt einen stark schwankenden Abfluß. Dies ist auch an den Sommerhydrographen erkenntlich, die 1974 bis 1982 vom "Water Survey of Canada" aufgenommen wurden. Die extremen Schwankungen innerhalb weniger Tage (2 m³/s bis > 20 m³/s) erschweren die Entnahme des Rohwassers, bei einem garantierten Minimum von 2 m³/s ist die Wasserversorgung der Gemeinde während der Sommermonate aber nie in Gefahr (GILBERT et al., 1987).

Auf der Grundlage des entnommenen und von den Tankwagen transportierten Wassers lag der Wasserverbrauch 1981 schon bei 17 575 m³ (LUMSDEN & SIU, 1984). Für 1989 schätzte der Betriebsaufseher von Pangnirtung, Carlos DaSilva, die Wasserentnahme auf 22 000 m³ (DaSilva, pers. Mitt.). Dies ist (für 1981-1989) eine jährliche Zunahme von 2.5%, was in etwa dem Bevölkerungswachstum von jährlich 2.8% entspricht (LUMSDEN & SIU, 1984; GNWT, 1991a). DaSilva prognostizierte einen weiteren Anstieg auf über 25 000 m³ für das Jahr 1990, das wäre ein Anstieg um 12% gegenüber dem Vorjahr!.

Tab. 6.1: Chemische Wasserqualität des Duval Flusses (a) und des Trinkwasserreservoirs (b). Alle Angaben sind in mg/l, außer pH, Leitf. (μS/cm) und Spurenmetalle (μg/l) - (Daten aus DIAND (1991), außer den Werten vom 20/08/86 (HÄRTLING 1992a))

Datum	pH	Leitf.	TSS	TDS	Alk.	Härte
(a)						
29/08/83	6.5	80	<5.0	n.b.	1.7	3.5
10/08/84	6.0	55	<5.0	<5.0	0.66	<3.0
05/06/85	6.0	130	6.0	12.0	0.76	<0.6
20/08/86	6.2	32	<5.0	7.2	0.50	1.5
07/08/90	6.0	5	<3.0	9.0	1.0	<3.0
(b)						
25/05/82	6.4	16	<5.0	8.0	3.8	4.0
26/08/82	6.5	6	<5.0	<5.0	<0.5	1.4
16/03/84	6.3	25	<5.0	n.b.	3.9	4.1
20/08/86	6.3	12	<5.0	7.0	5.1	7.8
22/06/89	6.3	18	<2.0	20.0	3.7	6.5
22/06/89 *	6.4	19	<2.0	19.0	3.5	7.8
07/08/90	6.3	19	<3.0	10.0	2.0	5.0

Datum	Ca	Mg	K	Na	Cl	SO$_4$	NO$_3$-N	PO$_4$-P
(a)								
29/08/83	<0.10	0.84	0.56	12.0	18.1	5.2	n.b.	n.b.
10/08/84	<1.00	<0.10	<0.50	0.40	<0.50	2.6	n.b.	n.b.
05/06/85	<1.00	0.12	<0.50	0.48	0.60	<1.0	n.b.	n.b.
20/08/86	0.46	0.18	<0.10	0.64	0.80	n.b.	<0.04	<0.005
07/08/90	<1.00	0.10	<0.10	0.40	<0.50	1.0	<0.04	<0.005
(b)								
25/05/82	0.95	0.40	0.10	1.00	2.00	2.1	n.b.	n.b.
26/08/82	0.16	0.25	<0.10	0.30	<0.20	<1.0	n.b.	n.b.
16/03/84	0.80	0.50	0.20	2.00	1.40	3.7	n.b.	n.b.
20/08/86	0.92	0.42	0.39	1.64	1.78	n.b.	<0.04	<0.005
22/06/89	1.90	0.40	0.30	1.10	1.10	2.0	n.b.	n.b.
22/06/89 *	2.40	0.40	0.40	1.20	1.30	2.0	n.b.	n.b.
07/08/90	1.00	0.40	0.40	1.20	1.20	4.0	<0.04	<0.005

Datum	As	Cd	Cr	Cu	Fe	Hg	Ni	Pb	Zn
(a)									
29/08/83	1.50	n.b.	n.b.	n.b.	n.b.	0.02	n.b.	n.b.	n.b
10/08/84	<1.00	0.10	<0.50	1.50	75	11.0	1.10	0.10	20
05/06/85	n.b.	<0.10	0.76	1.66	274	<0.05	<10	<0.10	<15
20/08/86	n.b.	<1.00	<1.00	2.00	160	n.b.	<1.00	<1.00	30
07/08/90	n.b.	<0.20	1.00	5.00	27	<0.05	1.00	<1.00	13
(b)									
25/05/82	<1.00	<5.00	n.b.	<10	90	<0.01	<25	<50	68
26/08/82	<1.00	<0.10	<1.00	<1.00	10000	<0.01	n.b.	<2.00	n.b
16/03/84	<1.00	0.80	3.10	6.20	30	0.01	1.80	2.50	25
20/08/86	n.b.	<1.00	<1.00	7.00	130	n.b.	<1.00	3.00	30
22/06/89	<1.00	<0.50	<1.00	31.00	61	n.b.	<0.50	6.00	46
22/06/89 *	<1.00	1.00	2.00	2.00	45	<0.02	1.80	3.00	15
07/08/90	n.b.	<0.20	<1.00	5.00	31	1.30	<1.00	<4.00	36

*   Behandeltes Wasser

Auf der Grundlage von tatsächlich abgerechnetem Wasser, d.h. Trinkwasser, das an die Haushalte und Einrichtungen geliefert und von diesen bezahlt wurde, lag der Wasserverbrauch 1985 noch unter 10 000 m^3 (HÄRTLING, 1988a). Neuere Zahlen liegen nicht vor, doch ist mit einem ähnlichen Anstieg wie beim entnommenen Rohwasser zu rechnen, d.h. der heutige abgerechnete Verbrauch liegt bei ca. 12 000 m^3. Dies entspricht einem tatsächlichen Wasserverbrauch von 31 l/E/d (im Vergleich zu über 50 l/E/d, die als Rohwasser entnommen werden). Dieser Wert liegt erheblich unter den 90 l/E/d, die von der Regierung der N.W.T. als Richtlinie vorgegeben wurden (MICHAEL, 1984). Der Unterschied im Wasserverbrauch zwischen den Haushalten mit und ohne interne Installation ist beträchtlich. 1983 verbrauchten die Bewohner der mit interner Installation ausgestatteten Gebäude ca. 60 l/E/d, während der Verbrauch in den älteren Häusern weniger als 25 l/E/d betrug (DUSSEAULT & ELKIN, 1983). Mittlerweile besitzen die meisten Privathaushalte eine interne Installation. Die Versorgung mit Trinkwasser erfolgt jeden zweiten Tag oder auf Anfrage. Das Trinkwasser wird am Duval Fluß oder am Reservoir in Tankwagen mit einem Fassungsvermögen von 4.5 m^3 gefüllt und zu den individuellen Haushalten gefahren. Die normalen Haushaltstanks besitzen eine Kapazität von 205 bis 1135 l.

Tab. 6.1 zeigt die chemische Wasserqualität des Duval Flusses (a) und des Reservoirs (b). Das Wasser ist sehr weich, leicht sauer und von guter Qualität. Der marine Einfluß (Sprühwasser) ist an leicht erhöhten Na- und Cl-Gehalten erkennbar. Da die anderen Kationen und Anionen sehr niedrige Konzentrationen aufweisen, ist das Rohwasser als Sodium-Chloridwasser zu charakterisieren. Es besteht keine organische Belastung und die Metallwerte sind niedrig. Eine Ausnahme bilden die 10 mg/l Fe, die am 26.8.1982 gemessen wurden, wobei hier allerdings auch eine Kontamination bei Probenahme vorliegen könnte. Information von DOH (BRETT, pers. Mitt.) und eine Stichprobe des Verfassers deuten darauf hin, daß das Rohwasser keimfrei ist. Die Chlorierung des Rohwassers an der Entnahmestelle wurde aufgegeben, da sich die Bevölkerung über Geschmacksprobleme beklagte. Heute wird die Keimfreiheit des Trinkwassers durch Zugabe von Bleichmitteln direkt in die Tankwagen gewährleistet.

6.5 ABWASSERENTSORGUNG

Das Abwasser wird sowohl durch 4.5 m^3 Tankwagen (bei Haushalten mit interner Installation) als auch durch Lastwagen (Honeybags) abgeholt. 1985 wurden 7600 m^3 Abwasser aus den Haustanks abgepumpt und 18 700 Honeybags entsorgt (HÄRTLING, 1988a). Diese Daten zeigen, daß der größte Teil der Haushalte (ca. 80%) mittlerweile interne Installation besitzt. Für 1990 liegen noch keine Daten vor, es kann aber davon ausgegangen werden, daß die Honeybags bald auch in Pangnirtung zur Vergangenheit gehören werden.

Das Abwasser aus den Tankwagen wird kurz vor Erreichen der Mülldeponie ca. 1.2 km nordöstlich von Pangnirtung abgelassen. Das Abwasser wird nicht behandelt und fließt nach einer Strecke von ca. 20 m oberirdischem Abfluß direkt in den Fjord oder bei Ebbe auf dem Wattenbereich. Bis jetzt findet keine regelmäßige Beprobung der Abwässer oder des Vorfluters (Pangnirtung Fjord) an der Einleitungsstelle statt. Die einzige bisher genommene Stichprobe (6. Mai 1985) erfaßte nur allgemeine Parameter und ist von zweifelhaftem Wert. Die Honeybags werden etwas vom Hauptteil des Müllkörpers getrennt auf der Mülldeponie abgeladen. Es erfolgt wieder keine Behandlung. Sickerwässer von der Deponie und der Inhalt der Honeybags vermischen sich und fließen direkt in den Wattenbereich (HÄRTLING, 1989a). Die chemische Zusammensetzung der Sickerwässer wird im Zusammenhang mit der Entsorgung der Feststoffabfälle besprochen.

6.6 ABFALLENTSORGUNG

Der Feststoffabfall wird in 205 l Tonnen gesammelt und täglich von Lastwagen abgeholt. 1985 wurden 27 000 Tonnen von den Haushalten abgefahren (HÄRTLING, 1988a), 1988 betrug die Anzahl 28 600 Tonnen

Tab. 6.2: Zusammensetzung des Feststoffabfalls in Pangnirtung (1989), Iqaluit (1989) und im übrigen Kanada (1978) - (adaptiert nach HEINKE & WONG, 1990)

Bestandteile	Kanada 1978 (BIRD & HALE)	Pangnirtung 1989 (HEINKE & WONG)	Iqaluit 1989 (HEINKE & WONG)
Essensreste	20.6%	19.3%	21.4%
Pappe	-	12.1%	14.4%
Papier	42.3%	15.6%	23.5%
Dosen und	7.0%	5.5%	5.4
andere Metalle		3.9%	4.0%
Plastik, Gummi,	10.1%	12.9	16.8%
Leder,Textilien			
Glas, Keramik	8.6%	2.6%	3.1%
Holz	4.1%	13.4%	4.5%
Dreck, Schutt	1.4%	3.1%	3.4%
Windeln	-	11.6%	3.5%

(HEINKE & WONG, 1990). Für 1988 berechnen HEINKE & WONG (1990) ein Abfallvolumen von 0.010 bis 0.015 $m^3/E/d$. Dieser Wert wird vom Autor allerdings als zu hoch angesehen, da die Behälter selten bis zum Rand gefüllt sind.

Im Vergleich zu Iqaluit und dem restlichen Kanada liegt der Papieranteil bei der Zusammensetzung des Feststoffabfalls in Pangnirtung wesentlich niedriger (Abb. 6.2). Dies wird von HEINKE & WONG (1990) als Hinweis auf die ethnischen Unterschiede zwischen Iqaluit (> 30% Euro-Kanadier) und den kleineren Gemeinden (< 5% Euro-Kanadier) gesehen - die Inuit Bevölkerung liest weniger Zeitungen und Zeitschriften. Mit der "Nunatsiaq News" steht auch nur eine einzige zweisprachige Zeitung zur Verfügung. Außerdem wird auch deswegen weniger Papier verbraucht, weil Pangnirtung kein Verwaltungszentrum ist. Auch der Anteil an Plastik ist wesentlich geringer als in Iqaluit, was auf den traditionelleren Lebensstil der Einwohner verweist, d.h. es werden nicht so viele Plastikeinkaufstaschen und -verpackungen benutzt. Wie bei der Diskussion des Abfalls in Iqaluit erwähnt, sind die Daten der Holzabfälle mit Vorsicht zu genießen. Je nach Bausaison kann der Holzanteil erheblichen Schwankungen unterworfen sein! Sehr hoch ist der Anteil an Windeln. Er kann teilweise durch das starke Bevölkerungswachstum erklärt werden, das momentan in Pangnirtung stattfindet. Andererseits ist der Gebrauch von Plastikwindeln auch eine gewisse Modeerscheinung (VOSPER-BARR, pers. Mitt.).

Der Feststoffabfall wird teilweise in der 1983/84 gebauten Müllverbrennungsanlage (MVA) getrennt und verbrannt. Teilweise wird er aber auch direkt zur 2.0 km entfernten Mülldeponie gefahren. Die MVA wurde als technologische Antwort auf die Abfallprobleme der arktischen Gemeinden als Versuchsanlage von der GNWT gebaut. Ihre Praktikabilität läßt aber zu wünschen übrig. Es war leider nicht möglich, von der GNWT als Betreiber Informationen zur Effektivität der MVA zu erhalten. Befragung der Arbeiter ergab, daß bei korrektem Betrieb eine Müllreduzierung von 50 bis 60% erreicht wird. Allerdings kann die Anlage nicht oft in Betrieb genommen werden. Gründe dafür sind die häufigen thermischen Inversionswetterlagen, die durch adiabatische Fallwinde hervorgerufenen Stürme und häufige Defekte in der Anlage, die nur unter Hinzuziehung externer Fachkräfte und Materialien behoben werden können. Dazu sind das Erreichen der erforderlichen Betriebstemperatur (unter Zugabe von Dieselkraftstoff!) und eine saubere Verbrennung nicht zu gewährleisten. Die MVA besitzt keinen Filter zur Reduzierung von Emissionen. Bis 1990 fand keine Überwachung der Emissionen oder der Rückstände statt.

Eine Müllbehandlung oder -trennung erfolgt bei der Deponie nicht. Da wenig Deckmaterial zur Verfügung steht, wird nur selten abgedeckt, normalerweise liegt der Müll offen da. Von Zeit zu Zeit wird auch an der Deponie abgebrannt. Die Deponie ist nicht eingezäunt oder gesichert, es wurden oftmals Kinder und Erwachsene beim Spielen oder beim Suchen nach Wertstoffen auf dem Müllhaufen gesehen.

6.7 DIE KOMMUNALE MÜLLDEPONIE IN PANGNIRTUNG

6.7.1 Einführung

Die Mülldeponie von Pangnirtung liegt ca. 2 km südöstlich von der Gemeinde auf glaziomarinen Kiesen und Sanden zwischen 1 m und 5 m AMSL (Abb. 6.1 und 6.2). Der Zeitpunkt der Inbetriebnahme der Mülldeponie konnte nicht festgestellt werden. So zeigt ein Luftbild von 1953 (A 13743-56) noch keine Deponie, während bei der nächsten Überfliegung im Jahre 1976 (A 24493-51) bereits eine konsolidierte Deponie mit Zufahrt zu erkennen ist. Die Inbetriebnahme der Deponie wird auf die frühen 70er Jahre geschätzt. Im Laufe der Jahre wurde die Zufahrtsstraße erweitert, eine Drainage für die Oberflächengewässer und ein seitlicher Wall geschaffen (Abb. 6.2). Die Deponie hat heute eine Fläche von ca. 1 ha (80 m x 120 m) und ein geschätztes Volumen von 10 000 m^3 (A 26391-143). Der NO-Teil der Deponie wird hauptsächlich für die Entsorgung von Honeybags verwendet, sonst findet keine Sortierung oder Trennung des Abfalls im Deponiebereich statt.

Die Deponie liegt auf glaziomarinen Sanden und kolluvialem Material vom Talushang des Mt. Duval. Direkt angrenzend an den Deponiefuß liegt der Wattenbereich, in welchen die Sickerwässer der Deponie münden. Es dominiert wieder die Sandfraktion (80-90%) bei einem geringem Schluff- (5-15%) und Tonanteil (< 3%) - (HÄRTLING, 1988a; 1989a). Die obersten 10 cm der Sedimente werden stark durch Bioturbation gestört. Bei ca. 10-15 cm zeigt dann ein dunkelgraues bis schwarzes Band (bei gleichbleibender Korngröße und organischem Anteil) eine Reduktionszone an, unter der wieder hellere Schichten folgen. Die physikalischen und chemischen Charakteristiken der Wattensedimente sind bei GILBERT et al., (1987) und HÄRTLING (1989a; 1988a) beschrieben.

Der Abfluß im Deponiebereich wird durch Oberflächengewässer und Suprapermafrostabfluß vom Talushang des Mt. Duval gesteuert, die in Richtung auf die Deponie dränieren. Das Hangwasser wird von einem oberhalb der Schotterstraße gelegten Abwassergraben aufgefangen und an der südwestlichen Kante des Deponiekörpers vorbei in den Fjord eingeleitet. Der Abfluß von Regen- und Sickerwasser durch die Deponie wird durch die erwähnte Straße und den Graben und durch einen Erdwall, der die Südwestteil der Deponie abschließt, eingeschränkt. Auf der Nordostseite ist keine physische Sperre erforderlich, da das Gelände in diese Richtung ansteigt. Auf der Nordwestseite besteht keine Begrenzung. Dadurch kann das aus dem Müllkörper austretende Sickerwasser ungehindert und unbehandelt in den 5-10 m entfernten Fjord oder bei Niedrigwasser auf das Watt fließen.

6.7.2 Methodik

Am 24.8.1986 wurden an 14 Stationen am unteren Talushang des Mt. Duval (A1-A3), direkt oberhalb und seitlich der Deponie (B1-B4) und unterhalb des Deponiekörpers (C1-C7) Wasserproben gezogen. Station C1 liegt in dem Teil der Deponie, der hauptsächlich für Honeybags genutzt wird (Abb. 6.2). Die Probenahme zur chemischen Analyse mußte am 24.8.1987 und am 2.7.1990 mit reduzierter Stationsanzahl wiederholt werden, da während einer längeren Phase ohne Niederschläge einige Stationen trocken gefallen waren. Die Proben wurden in 250 ml PE-Flaschen entnommen, angesäuert und bis zum Transport in einem Kühlschrank bei 4°C aufbewahrt. Temperatur, pH, Leitfähigkeit und Sauerstoff wurden in situ gemessen (Hydrolab Model TC-2 Konduktivitäts-/Temperaturmeter, Fisher Model 54ARC Sauerstoffmeter, Fisher Accumet Mini-pH-Meter Model 640).

Abb. 6.2: Die kommunale Mülldeponie in Pangnirtung (mit den Probenahmestellen)
- (Ausschnittsvergrößerung aus Flugaufnahme A 26762-28)

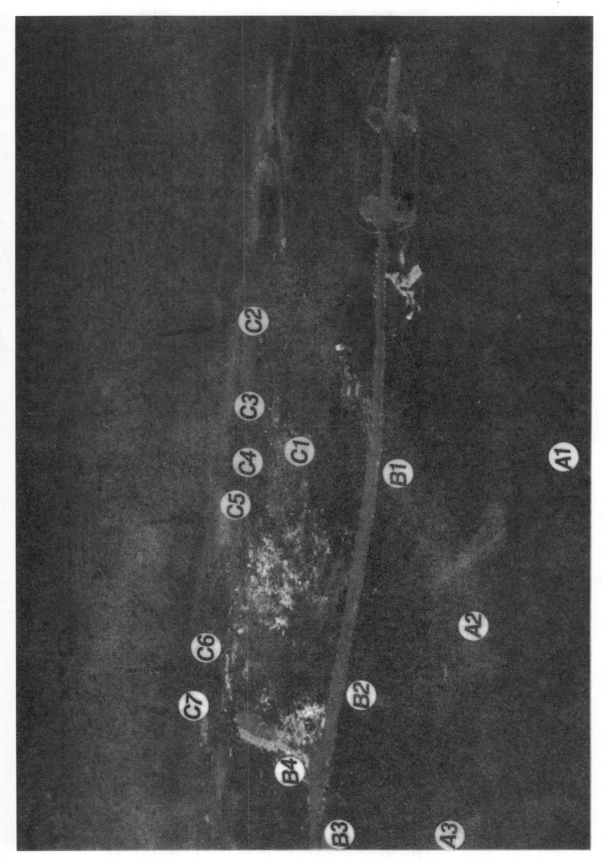

Am 2.7.1990 wurden außerdem Wasserproben (250 ml PE-Flaschen) zur mikrobiologischen Analyse gezogen und nach Toronto gesandt. Dabei ergab sich bis zur Analyse von TC und FC eine Verzögerung von 48 Stunden. Die Proben wurden zwar kühl aufbewahrt, doch ist mit Veränderungen bei der mikrobiellen Erfassung zu rechnen. Zur Betrachtung der möglichen Anreicherung von Schwermetallen im Wattenbereich wurden am 24.8.1986 drei kurze Sedimentkerne mit einem Schlammstecher gezogen und bis zum Transport kühl aufbewahrt.

6.7.3 Ergebnisse der chemischen Untersuchungen

Tab. 6.3 zeigt die Ergebnisse der chemischen Wasser- und Abwasseruntersuchungen in den Jahren 1986, 1987 und 1990. Zur leichteren Vergleichbarkeit wurden 1986 (Abb. 6.5 und 6.6) die Stationen A1 bis B4 zur unkontaminierten Gruppe α und Stationen C1-6 zur verschmutzten Gruppe ß zusammengefaßt. Bei Gruppe α waren die pH-Werte leicht sauer ($\phi = 5.8$), die Leitfähigkeit niedrig ($\phi = 51$ μS/cm), die Sauerstoffversorgung ausreichend ($\phi = 9.1$ mg/l) und die Hauptkationenkonzentrationen (außer Na mit: $\phi = 7.28$ mg/l) ebenfalls sehr niedrig (Ca: $\phi = 0.40$ mg/l; Mg: $\phi = 0.64$ mg/l; K: $\phi = <$BG). Überraschend ist, daß die Kaliumwerte bei A1 bis B2 auch bei mehrmaligem Wiederholen der Meßreihen unter der Bestimmungsgrenze lagen. Die erhöhten Natriumwerte zeigen den Einfluß durch Spritzwasser vom Fjord.

Tab. 6.3: Chemische Wasserqualität der Oberflächengewässer bei der kommunalen Mülldeponie in Pangnirtung am 24.8.1986. Alle Angaben sind in mg/l, außer pH und Leitf. (μS/cm)

Station	pH	Leitf.	DO	Ca	Mg	Na	K
A1	5.6	41	8.9	0.39	0.59	8.02	n.n.
A2	5.6	49	9.0	0.32	0.57	6.27	n.n.
A3	5.9	51	8.9	0.44	0.68	5.34	n.n.
B1	5.9	42	9.5	0.34	0.49	5.83	n.n.
B2	5.7	50	8.8	0.39	0.57	6.65	n.n.
B3	5.7	48	8.9	0.48	0.93	10.9	1.34
B4	6.0	78	9.7	0.42	0.68	7.98	n.n.
C1	6.8	1400	n.b.	7.48	9.24	1.9	12.0
C2	6.2	1270	n.b.	4.51	2.84	7.0	3.41
C3	7.4	220	n.b.	3.51	4.76	6.2	8.50
C4	7.8	1900	n.b.	13.9	15.1	6.9	58.0
C5	6.6	1400	n.b.	19.9	14.3	233	20.5
C6	6.5	230	9.9	20.1	20.1	91.8	9.50
C7	6.5	115	9.7	1.15	1.02	8.25	1.42

Station	pH	Cd	Cr	Cu	Fe	Pb	Zn
A1	5.6	n.n.	n.n.	0.06	0.40	0.05	0.02
A2	5.6	n.n.	n.n.	0.04	0.50	0.07	0.02
A3	5.9	n.n.	n.n.	0.05	0.23	0.05	0.02
B1	5.9	n.n.	n.n.	0.03	0.31	0.05	0.02
B2	5.7	n.n.	n.n.	0.05	0.65	0.06	0.03
B3	5.7	n.n.	n.n.	0.05	0.65	0.05	0.03
B4	6.0	n.n.	n.n.	0.06	1.85	6.10	0.03
C1	6.8	n.n.	n.n.	0.10	15.9	0.08	0.21
C2	6.2	n.n.	n.n.	0.12	6.10	0.35	0.33
C3	7.4	n.n.	n.n.	0.10	15.0	0.22	0.13
C4	7.8	n.n.	n.n.	0.28	6.09	0.27	0.31
C5	6.6	n.n.	n.n.	0.09	11.2	0.09	0.35
C6	6.5	n.n.	n.n.	0.12	30.0	0.09	0.29
C7	6.5	n.n.	n.n.	0.08	1.13	0.22	0.07

Abgesehen von Cd und Cr, hier lagen die Konzentrationen unter der Nachweisgrenze, sind die Metallkonzentrationen (Cu: $\phi = 0.05$ mg/l; Fe: $\phi = 0.66$ mg/l; Pb: $\phi = 0.06$ mg/l; Zn: $\phi = 0.02$ mg/l) bei Gruppe α im Vergleich mit anderen unverschmutzten Oberflächengewässern sehr hoch. Da die Werte nahe an der Bestimmungsgrenze liegen, müssen sie allerdings mit Vorbehalt betrachtet werden. Der extrem hohe Pb-Wert bei B4 wurde aus der Mittelwertbildung herausgelassen, da solch eine hohe Konzentration eindeutig einer Punktquelle zuzuschreiben ist.

Tab. 6.4: Chemische Wasserqualität der Oberflächengewässer bei der kommunalen Mülldeponie in Pangnirtung am 24.8.1987. Alle Angaben sind in mg/l, außer Temp. (°C).

Station	Temp.	DO	Cd	Cr	Cu	Fe	Pb	Zn
A1	4.2	12.3	n.n.	n.n.	n.n.	0.72	0.08	n.n.
A2	4.1	12.1	n.n.	n.n.	n.n.	0.69	0.07	n.n.
A3	3.2	11.1	n.n.	n.n.	n.n.	1.20	0.08	n.n.
B1	4.3	10.7	n.n.	n.n.	n.n.	1.42	0.07	n.n.
B2	5.1	9.9	n.n.	n.n.	n.n.	2.13	0.09	n.n.
B3	3.8	11.2	n.n.	n.n.	0.08	3.64	0.10	n.n.
C1	4.2	8.8	n.n.	n.n.	0.08	31.1	0.08	0.32
C2	6.5	11.7	n.n.	n.n.	0.02	1.85	0.13	0.04
C4	3.8	0.6	n.n.	n.n.	0.02	9.63	0.12	0.07
C5	2.7	4.9	n.n.	n.n.	0.02	53.3	0.09	0.57
C7	3.9	10.0	n.n.	n.n.	n.n.	1.66	0.13	0.05
BG	0.1	0.01	0.03	0.02	0.05	0.02	0.05	0.03

Tab. 6.5: Chemische Wasserqualität der Oberflächengewässer bei der kommunalen Mülldeponie in Pangnirtung am 2.7.1990. Alle Angaben sind in mg/l, außer Temp. (°C), pH und Leitf. (μS/cm)

Station	Temp.	pH	Leitf.	Ca	Mg	Na	K
B3	13.2	7.1	22	2.83	1.63	12.1	n.b.
C1	12.1	7.5	20	2.67	1.00	2.88	0.17
C2	9.8	7.8	3680	228	53.8	437	157
C3	13.9	9.2	700	11.3	11.0	89.8	35.5

Station	Cd	Cr	Cu	Fe	Mn	Pb	Zn
B3	n.n.	n.n.	n.n.	0.05	n.n.	n.n.	n.n.
C1	n.n.	n.n.	n.n.	9.65	1.32	n.n.	0.16
C2	n.n.	n.n.	n.n.	2.07	0.25	n.n.	0.10
C3	n.n.	n.n.	0.03	4.00	0.26	n.n.	0.61

Der pH-Wert lag bei Gruppe ß nahe am Neutralpunkt ($\phi = 6.9$), die Leitfähigkeit war erheblich höher als bei Gruppe α ($\phi = 1070 \, \mu S/cm$) und die Sauerstoffversorgung konnte leider wegen eines Gerätedefekts nicht gemessen werden. Die gestiegenen Hauptkationenwerte verweisen auf den Einfluß des Fjordwassers (Ca: $\phi = 11.6$ mg/L; Mg: $\phi = 11.1$ mg/L; K: $\phi = 18.7$ mg/l; Na: $\phi = 92.8$ mg/l). Ein direkter Einfluß der Deponie ist bei den Hauptkationen und -anionen nicht nachzuweisen. Der Sickerwassereinfluß ist aber bei den Metallen klar ersichtlich. So steigen Fe ($\phi = 14.0$ mg/l), Cu ($\phi = 0.14$ mg/l), Pb ($\phi = 0.18$ mg/l) und Zn ($\phi = 0.27$ mg/l) deutlich an. Cd und Cr lagen wiederum unter der Bestimmungsgrenze für diese Methode.

Die Analysen von 1987 (Tab. 6.4) und 1990 (Tab. 6.5) zeigen eine ähnliche Tendenz wie die von 1986, nur sind die Gesamtkonzentrationen und die durchschnittlichen Anstiege der Mittelwerte von Gruppe α zu Gruppe ß etwas geringer (abgesehen von den 1987er Fe-Konzentrationen). Da 1990 die meisten Sickerwasseraustritte eingetrocknet waren, ist eine Interpretation dieser Werte schwer möglich.

6.7.4 Ergebnisse der mikrobiologischen Untersuchungen

Die Ergebnisse der mikrobiologischen Untersuchung sind schwer zu beurteilen. Zum einen ist die Probenzahl zu gering, um gesicherte Aussagen machen zu können, zum anderen verstrichen zwischen Probenahme und Analyse mehr als 24 Stunden. Obwohl die Proben kühl aufbewahrt wurden, ist mit Veränderungen der Meßergebnisse zu rechnen.

Bis auf Station C2 wurden bei keinem Meßpunkt Gesamtcoliforme oder fäkale Coliforme enumeriert (Abb. 6.2). Daß in den Proben von Station B1-B3 keine coliforme Bakterien gefunden wurden, überrascht nicht, da dies von Fäkalien unbelastete Standorte sind. Auch C3 und C7 werden normalerweise geringe Belastungen aufweisen, da die dort beeinflussenden Sickerwässer aus dem größtenteils anorganischen Teil der Deponie stammen. Unerklärlich ist, daß die mitten in Honeybagablagerungen gelegene Station C3 keine mikrobielle Belastung aufweist. Station C2, die den größten Teil des von Honeybags beeinflußten Bereichs entwässert, zeigt auch nur eine moderate mikrobielle Verschmutzung (TC = 1.3×10^5/100 ml; FC = 5.4×10^3/100 ml).

6.7.5 Ergebnisse der Sedimentanalysen

Die Sedimentproben, die 1986 unterhalb der Deponie im Übergang zum Wattenbereich gezogen wurden, sind neutral bis leicht sauer. Sie zeichnen sich durch geringe organische Masse (OM) und Kationenaustauschkapazität (KAK) aus. Da bei der Berechnung der KAK nur Ca, Mg, Na, und K einbezogen wurden, liegen die Werte zu niedrig; sie würden bei Einbezug von Al- und H^+-Ionen wegen des neutralen pH-Wertes aber auch nur geringfügig steigen. Die leicht austauschbaren Schwermetalle treten nur in geringen Konzentrationen auf, besonders auffällig dabei ist der geringe Fe-Anteil (Tab. 6.6).

Zusätzlich zu den genannten Werten wurde für C4A und C4B auch As (1.2 ppm; 0.8 ppm), Ba (970 ppm; 1100 ppm), Co (6 ppm; 6 ppm), Mo (4 ppm; 2 ppm) und einige seltene Metalle bestimmt. Auch die in Tab. 6.6 gezeigten Gesamtkonzentrationen sind sehr niedrig. BOURGOIN & RISK (1987) fanden in einer 250 m NW der Deponie (im Wattenbereich) gezogenen Sedimentprobe etwas höhere Cu- (24 ppm), Zn- (29 ppm) und wesentlich höhere Pb-Werte (22 ppm) vor. Um den prozentualen Anteil der leicht austauschbaren Metalle an der Gesamtkonzentration festzustellen, wurde das Verhältnis als Austauschbar/Gesamt x 100 berechnet. Die Reihe: Cu (12.4%) > Zn (9.4%) > Pb (< 5%) > Fe (0.08%) zeigt, daß die Austauschplätze vorzugsweise von den mobileren Zn und Cu-Ionen besetzt werden.

6.7.6 Diskussion der Ergebnisse

Die natürlichen Hintergrundswerte der Hauptkationen in den Oberflächengewässern liegen im Vergleich mit den Untersuchungen in Iqaluit (DIAND, 1991; HÄRTLING, 1988c; OBRADOVIC & SKLASH, 1986; WETMORE-STAVINGA, 1986) und Pond Inlet (DIAND, 1991; HÄRTLING, 1992) sehr niedrig. Probleme

Tab. 6.6: KAK (meq/100 g), pH, OM (%), Gesamtmetalle und leicht austauschbare Metalle (ppm) in drei Sedimentkernen, die unterhalb der Deponie von Pangnirtung im Watten bereich gezogen wurden (24.8.1986)*

Station	pH	KAK	OM	Cd	Cu	Fe	Pb	Zn
C1**	6.7	1.1	0.3	n.n. (0.1)	1.1 (9.2)	5.5 (14400)	0.2 (8.0)	0.9 (19.6)
C2	6.6	2.0	0.3	n.n. (0.2)	1.5 (11.4)	18.5 (8500)	0.1 (2.2)	1.6 (20.0)
C4A	6.3	2.2	0.3	n.n. (0.2)	1.0 (18.1)	1.4 (7800)	0.3 (3.8)	1.9 (17.6)
C4B	6.1	1.7	0.4	n.n. (0.1)	1.2 (6.4)	4.1 (10300)	n.n. (1.8)	1.3 (9.2)

* Metalle als NH_4OAc-extrahierte Werte (keine Klammer) und als Gesamtkonzentrationen (in Klammer)

** Alle Proben bei 0-10 cm, außer C4B (10-20 cm)

bei der Interpretation bereiten vor allem die extrem niedrigen K-Werte. Dagegen sind die Schwermetallkonzentrationen im Wasser teilweise sehr hoch. Die extrem hohen Pb-Werte könnten durch einen hohen Pb-Anteil im Anstehenden und in den Decksedimenten erklärt werden, es liegen allerdings keine geochemischen Untersuchungen aus diesem Raum vor. Kontaminierung durch verstreute Deponiematerialien böte sich ebenfalls als Erklärung an.

Wie zu erwarten, erfolgt ein Anstieg aller Hauptkationen und Metalle von der natürlichen zur kontaminierten Gruppe. Auch bei den Stationen, die direkt über (B1-3) oder parallel zur Deponie (B4) liegen, sind sporadisch Anstiege der Werte zu beobachten. Wie der extrem hohe Pb-Wert bei B4 (1986) zeigt, sind diese Anstiege auf punktuelle Verschmutzung zurückzuführen. Bei den Begehungen wurde auch immer wieder Deponieschutt in den Wassergräben gefunden. Es ist keine Leckage der Sickerwässer durch den Erdwall festzustellen. Die erhöhten Konzentrationen bei C4 sind auf seitlichen Zufluß vom Deponiefuß und herumliegende Deponiematerialien zurückzuführen. Die Einzelwerte für die belasteten Stationen variieren erheblich.

Tab. 6.7: Mittelwerte und Spannbreiten der Metallkonzentrationen von Tiefensedimenten im Pangnirtung Fjord. Alle Angaben sind in ppm, außer Fe und Mn (%) - GILBERT & CHOMYN (pers. Mitt.)

	Cd	Cu	Fe	Mn	Ni	Pb
Spann-breite	0.5-1.0	16-34	2.3-7.9	0.02-4.0	17-32	23-53
Mittel-wert	0.8	26	3.5	0.44	24	37

Die mikrobielle Belastung des Abflusses ist aufgrund der geringen Datenanzahl und des Zeitverzugs bis zur Bestimmung schwer zu beurteilen. Station C2 zeigt allerdings, daß (wie zu erwarten) bei Sickerwässern, die von dem Teil der Deponie abfließen, die hauptsächlich für Honeybags genutzt werden, mit fäkaler Verschmutzung zu rechnen ist. Alle Werte liegen unter dem Grenzwert von 2.0×10^5 FC/100 ml (GNWT, 1981).

Die Sedimente unterhalb der Deponie besitzen eine grobe Matrix und einen extrem geringen Ton- und OM-Anteil. Geringe Anteile von OM und Feinmaterial wurden auch von GILBERT et al. (1987) beobachtet. Dies resultiert in einer niedrigen KAK (< 3 meq/ 100 g), d.h. die Sedimente besitzen nur eine sehr geringe Kapazität, verschmutzende Schwermetalle festzuhalten, die von der Deponie auf das Watt gelangen. Daher sind die gefundenen austauschbaren Metallgehalte sehr niedrig. Die Gesamtkonzentrationen liegen dagegen in etwa im Normalbereich, dargestellt durch die Ergebnisse von BOURGOIN & RISK, (1987) und GILBERT & CHOMYN (pers. Mitt.). 1987 analysierten GILBERT & CHOMYN (pers. Mitt.) Proben von Tiefensedimenten im Pangnirtung Fjord (Tab. 6.7). Die Sedimente direkt unterhalb des Deponieabflusses wiesen 0.8 ppm Cd, 22 ppm Cu, 2.7 % Fe, 0.029 % Mn, 24 ppm Ni und 33 ppm Pb auf.

Die genannten Ergebnisse weisen darauf hin, daß die Metalle aus den Sickerwässern der Deponie aufgrund der geringen Austauschkapazität und der starken vertikalen und horizontalen Strömungsverhältnisse im Wattenbereich schnell in den Fjord transportiert werden. Hier werden sie primär durch Komplexation, Flocculation, Kopräzipitation und Aufnahme durch Organismen aus der Wasserkolumne herausgenommen und akkumulieren letztendlich in den Bodensedimenten des Fjords. Obwohl die Werte in Wasser und Sedimenten direkt unterhalb der Deponie im allgemeinen sehr niedrig sind, zeigen die gefundenen Konzentrationen, z.B. für Blei und fäkale Coliforme, daß von der Deponie ein erhebliches Verschmutzungspotential ausgeht, das umso brisanter ist, als im Wattenbereich und im angrenzenden Fjord Muscheln gesammelt und Fischfang betrieben wird.

6.8 ZUSAMMENFASSUNG DER SITUATION IN PANGNIRTUNG

Die Wasserversorgung in Pangnirtung ist mit dem neuen Reservoir auf lange Zeit gewährleistet. So wird der Gemeinde auch bei einem vom Betriebsaufseher prognostizierten sprunghaften Ansteigen der Ansprüche in der Zukunft (DaSilva, pers. Mitt.) Rohwasser in ausreichender Menge zur Verfügung stehen. Das Wasser ist von guter Qualität. So liegen alle gemessenen Werte deutlich unter den Anforderungen der kanadischen oder der deutschen TVO. Für eine Gemeinde der Größenordnung von Pangnirtung ist auch das Verteilersystem (Tankwagen beliefern individuelle Haushalte) die kostengünstigste Variante.

Auch das Abholen des Abwassers durch Tankwagen ist der Situation angemessen. Indiskutabel ist natürlich die Art der "Entsorgung". Es ist zwar zu begrüßen, daß die Honeybags mittlerweile im Verschwinden begriffen sind, das Abwasser aber einfach ohne Behandlung in den Fjord einzuleiten, kommt einer ökologischen und hygienischen Bankrotterklärung gleich. Da keine chemischen oder biologischen Analysen des Abwassers oder des empfangenden Vorfluters stattfinden, kann die Umweltbeeinträchtigung nur geschätzt werden. Ausgehend von der durchschnittlichen Zusammensetzung menschlicher Fäkalien kann mit hoher mikrobieller Belastung gerechnet werden. Für eine bessere Abwasserentsorgung bieten sich mehrere Lösungen an. So könnte die Straße zur Deponie weitergeführt werden und ca. 2 bis 3 km von der Gemeinde entfernt ein Klärteich angelegt werden. Allerdings wäre der Bau eines Klärteichs in Pangnirtung sehr kostspielig und, bedingt durch die topographischen und sedimentologischen Verhältnisse, schwierig ausführen. Als Alternative könnte der Flüssigabfall in eine Durchflußkammer (z.B. bei der MVA) gepumpt werden, in welcher die Viren und Bakterien durch UV-Bestrahlung, Chlorzugabe, u.ä. reduziert werden. Danach würde das Abwasser durch eine Stahlröhre in den Hauptteil des Fjords fließen und mehrere Meter unter der Wasseroberfläche eingeleitet. Dadurch würde der mikrobielle Besatz reduziert und die chemische Belastung verringert (Verdünnung).

Auch die Abfallentsorgung ist mit Problemen behaftet. Die Effektivität der MVA ist fragwürdig und die Umweltbelastungen der MVA-Emmissionen sind unbekannt, da keine Kontrollen stattfinden. Auch die Deponie ist verbesserungswürdig. Auf der einen Seite ist die chemische und biologische Belastung der Deponiesickerwässer relativ gering. Einige Spitzenwerte verweisen aber auf die potentielle Gefährdung des Vorfluters, zumal im Wattenbereich nach Muscheln gesucht wird. Um eine Gefährdung der Umwelt und der Bevölkerung zu vermeiden, ist eine Deponieabdichtung durch einen Damm zwischen dem Deponiefuß und dem Watt erforderlich. Außerdem sollte die Deponie eingezäunt und der Betrieb kontrolliert werden. Sowohl Sickerwasser als auch Abwasser sollten regelmäßig überwacht werden. Dabei sollten vor allem in den Wintermonaten regelmäßig Proben entnommen werden.

7 WASSERVERSORGUNG, ABWASSERENTSORGUNG UND ABFALLWIRTSCHAFT IN POND INLET (MITTIMATALIK)

7.1 EINFÜHRUNG

Pond Inlet liegt am Eclipse Sound im äußersten Nordosten der Baffin Insel (72°42' N; 77°59' W). Im 19. Jahrhundert wurden die reichen Walgründe zwischen Baffin Island und der vorgelagerten Bylot Insel von europäischen Walfängern genutzt. Walfänger und Händler nutzten Albert Harbour, ca. 27 km östlich der heutigen Siedlungsstelle gelegen, als Umschlagplatz und zum Zerteilen und Verarbeiten der großen Meeressäugetiere (DUSSEAULT & ELKIN, 1983).

1921 öffnete ein Laden der Hudson's Bay Company (HBC) am heutigen Siedlungsort (Abb. 7.1). 1922 folgte die kanadische Polizei (RCMP) und 1926 wurden die anglikanischen und katholischen Missionen errichtet (GNWT, 1991a). Lange Zeit folgten die Inuit von Pond Inlet dem traditionellen Leben. Erst in den 60er Jahren wurden Gesundheits- und Erziehungseinrichtungen gebaut (Grundschule, weiterführen-de Schule und Krankenstation), die Pond Inlet an eine moderne Gesellschaft heranführen sollen. 1975 erlangte Pond Inlet Dorfstatus (GNWT, 1991a).

Heute ist Pond Inlet mit 885 Einwohnern (GNWT, 1991a) die größte Gemeinde der nördlichen Baffin-Region. Pond Inlet ist, sozial und wirtschaftlich gesehen, immer noch eine traditionelle Gemeinde (PELLY, 1991). Ein Großteil der Bevölkerung lebt noch von der Wal- und Seehundjagd und dem Fischfang. Auch das traditionelle Kunstgewerbe (Schnitzen von Speckstein, Weben etc.) gewinnt in Pond Inlet wieder an Bedeutung. Die Touristikbranche faßt mittlerweile ebenfalls in Pond Inlet Fuß. Der Anteil der im tertiären Sektor Beschäftigten nimmt ständig zu (vor allem Regierungsangestellte). Einige Einwohner arbeiten auch im Bergwerksunternehmen Nanisivik (GNWT, 1991a).

7.2 ÖKOLOGISCHE RAHMENBEDINGUNGEN

Pond Inlet befindet sich auf einer Strandterrasse am Eclipse Sound und einer landeinwärts folgenden hügeligen Grundmoränenlandschaft (Abb. 3.1 und 7.1). Das Hinterland besteht aus welligem bis hügeligem Terrain, das auf die Küste zu in flache Küstenebenen und Terrassen übergeht. Weiter im Süden erheben sich vergletscherte Gebirgszüge.

Pond Inlet liegt im Übergangsbereich der kretazisch-eozänen Eclipse Gruppe (vor allem Sand- und Siltsteine), die dem archaischen und proterozoischen Grundgebirge diskordant aufliegt, und Bereichen, wo gemischte proterozoische/archaische Gesteine an die Oberfläche kommen (JACKSON & SANGSTER, 1987). Die kommunale Mülldeponie liegt z.B. bereits auf felsischen bis intermediären Gneisen, gelegentlichen Magmatiten und granitischen Intrusionen, deren Alter sowohl dem Proterozoikum als auch dem Archaikum angehören könnte. Südöstlich von Pond Inlet, in der Nähe des Reservoirs, treten proterozoische Metasedimente und Metavulkanite der spätarchaischen Mary River Group zutage (JACKSON & SANGSTER, 1987). Für weitere Informationen zur Stratigraphie und Geochemie dieser Formationen siehe JACKSON & SANGSTER, 1987; JACKSON & TAYLOR, 1972; RILEY, 1960.

Einige Bereiche der Hügellandschaft um Pond Inlet bestehen aus kahlen Ausbissen des kristallinen Gesteins, auf denen nur Flechten siedeln. Der größte Teil der Oberflächen (so auch im eigentlichen Ortsbereich) aber wird von Foxe-eiszeitlichen Grund- und Endmoränen bedeckt, die um Pond Inlet eine hügelige bis ebene Moränenlandschaft formen. Die Matrix der Geschiebe ist zumeist grobkörnig, wobei die Grobsandfraktionen dominieren (HODGSON & HASELTON, 1974) und der Anteil an Geschiebeblöcken beträchtlich ist. Im Küstenbereich werden die Geschiebe schluffreicher, da ältere marine Ablagerungen in diese Sedimente eingearbeitet wurden (HODGSON & HASELTON, 1974). Auf der oft sehr dicken, ebenen Grundmoräne können sich viele periglaziale Erscheinungsformen, wie z.B. Frostmuster- und Strukturböden, Pingos etc. ausbilden.

Pond Inlet liegt pedologisch an der Nordgrenze der subpolaren Wüste nahe am Übergang zur polaren Wüstenzone (TEDROW, 1977). Trotzdem kommen alle hydro-, meso- und xeromorphen Böden, die in der Baffin-Region auftreten, um Pond Inlet vor. Eine Ausnahme hierzu bilden die Podsole, die sich bei diesen kalten Temperaturen und niedrigen Niederschlägen nicht ausbilden. Es dominieren Lithosole, Regosole und Tundrenböden. Die Böden sind wesentlich flachgründiger als die im südlichen Baffin Island und die Horizontdifferenzierung ist meist sehr undeutlich. Auch in Pond Inlet entwickelten sich die Böden auf den känozoischen Sedimenten und nicht aus dem anstehenden Gestein.

Pond Inlet befindet sich in der "Eastern Climatic Region" von MAXWELL (1980), im Übergangsbereich der "Western Interior Baffin Island", "Baffin Island Mountains" und "Northern Baffin Bay" Subregionen. Die klimatologischen Kenndaten für Pond Inlet wurden in Tab. 2.1 gezeigt. Die mittleren Durchschnittstemperaturen liegen um ca. 5°C niedriger als im südlichen Baffin Island, was sich auch in kürzeren Sommern ausdrückt. Die Niederschläge sind mit unter 150 mm im Jahr extrem niedrig und fallen größtenteils als Schnee. Die Hydrologie im Untersuchungsraum ist einfach. Während des größten Teils des Jahres dominieren Schnee und Eis. Der Oberboden taut auch im Sommer nur bis maximal 1.5 m auf. Wegen der groben Korngrößenfraktion der Auflage versickert das Oberflächenwasser sehr schnell und fließt hauptsächlich als Suprapermafrost- oder Supragesteinswasser zum jeweiligen Vorfluter und letztendlich in das Meer.

Phytogeographisch befindet sich Pond Inlet am nördlichen Rand der Mittleren Arktis (POLUNIN, 1960; PORSILD, 1958). Gräser, Seggen, Moose und Flechten dominieren. Artenzahl und Bedeckungsgrad durch Gefäßflanzen sind im allgemeinen gegenüber dem südlichen Baffin Island reduziert. Auffällig ist auch das Fehlen vieler Gehölzarten (z.B. *Betula glandulosa*). Allerdings kann an Gunststandorten eine flächendeckende Tundrenvegetation auftreten. In Pond Inlet selbst wächst kaum etwas, außer an den Abhängen zum Eclipse Sound und entlang des Pond Inlet Creek. Dadurch kommt es besonders im Frühsommer hin und wieder zu Erosionsproblemen.

Auch in Pond Inlet muß der mögliche Einfluß der Exkremente der Avifauna auf das Rohwasser des Reservoirs in Betracht gezogen werden. Eine Besonderheit ist hier die hohe Eisbärendichte, die besonders im Umkreis der Deponie große Vorsicht verlangt. Dazu muß natürlich auch die marine Fauna und Flora erwähnt werden, die durch Einleitung der Abwässer und Sickerwässer von der Deponie beeinflußt wird, und die für die Ernährung der Einwohner von großer Bedeutung ist.

7.3 DIE WASSERLIZENZ

Wasserversorgung und Entsorgung von Flüssig- und Feststoffabfall werden in Pond Inlet durch die Wasserlizenz N5A4-0572 der N.W.T. Wasserbehörde geregelt. Dabei obliegt dem kommunalen Betriebsleiter die alltägliche Durchführung, während die Überwachung durch Inspektoren von DIAND geschieht.

Abb. 7.1: Wasserversorgung sowie Abwasser- und Abfallentsorgung in Pond Inlet

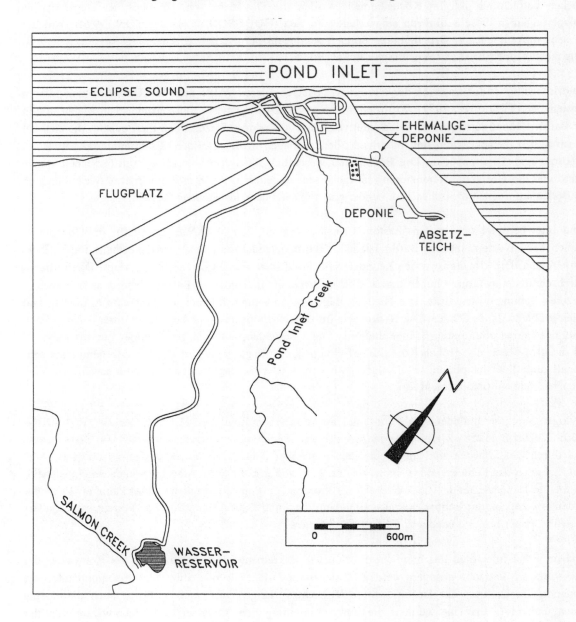

7.4 WASSERVERSORGUNG

Bis in die Mitte der 70er Jahre bezogen die Einwohner von Pond Inlet ihr Trinkwasser im Sommer aus dem Pond Inlet Creek, der die Gemeinde von Süd nach Nord durchfließt, und im Winter aus einem natürlichen See, der ca. 4.5 km südöstlich der Gemeinde liegt (Abb. 7.1). Oft wurden auch Schnee, Eis und Eiswasser vom Land oder von Eisbergen geholt. 1979 wurde die Kapazität des Sees (ca. 73 000 m^3 bei einer durchschnittlichen Tiefe von 3.4 m), der treffenderweise "Water Supply Lake" genannt wird, durch einen Erddamm vergrößert und eine Trinkwasserleitung vom See bis Pond Inlet gelegt (DUSSEAULT & ELKIN, 1983). Mit der Erweiterung erhielt der See eine durchschnittliche Tiefe von 5.7 m und eine Kapazität von knapp 104 000 m^3 (SMYTH, 1987). 1989 wurde der See noch einmal um 1 m erhöht und die Dämme verstärkt und erweitert (Abb. 7.1). Sein Volumen beträgt jetzt fast

200 000 m^3, was laut DPW die Wasserversorgung von Pond Inlet bis über das Jahr 2000 hinaus sicherstellt. Allerdings kann die Eisdicke im Winter bis zu 2.4 m erreichen, was die Nutzkapazität erheblich herabsetzt (RCPL, 1984). Im Sommer wird das Rohwasser weiterhin dem Salmon Fluß entnommen.

Das Rohwasser aus dem Reservoir und aus dem Fluß ist neutral bis leicht sauer, weich und von guter Qualität (Tab. 7.1). Aufgrund der Kationen-/Anionenverteilung kann das Rohwasser als Kalzium-Karbonatwasser charakterisiert werden, allerdings nicht dominant, da alle Hauptkationen und -anionen ziemlich gleichmäßig vertreten sind. Es besteht keine organische Belastung und auch die Spurenmetalle liegen erheblich unter den Anforderungen der kanadischen Trinkwasserverordnung. Die Eisenwerte bewegen sich nahe an dem aus ästhetischen Gründen festgelegten Grenzwert von 300 μg/l. Mündliche Informationen von DOH (BRETT, pers. Mitt.) und eine Stichprobe vom 18.7.1990 aus dem Reservoir zeigten, daß sowohl am Flußentnahmepunkt als auch am Reservoir Keimfreiheit (TC, FC) gegeben ist. Während des Winters und zu Beginn des Frühjahrs wurden von der Gemeinde Probleme mit der Farbe und dem Geschmack des Rohwassers berichtet (DUSSEAULT & ELKIN, 1983). So zeigen auch die im Winter entnommenen Wasserproben (24/02/81; 15/02/84) eine höhere Belastung als die Sommerproben (Tab. 7.1). Diese jahreszeitlichen Schwankungen werden nicht erfaßt, da die meisten Wasserproben während des Sommers gezogen werden. Dies sollte in Zukunft vermieden werden.

Die 1979 installierte Trinkwasserleitung mußte wegen dauernder Temperatur- und Frostprobleme aufgegeben werden. Heute wird das Trinkwasser durch zwei Tankwagen mit einer Kapazität von 4.5 m^3 zu den individuellen Haushalten gebracht. Die Keimfreiheit des Trinkwassers wird durch Zugabe von Bleiche in die Tankwagen gewährleistet. Die Zustellung erfolgt dreimal wöchentlich oder auf spezielle Anfrage. Die Wassertanks der Individualhaushalte besitzen eine Kapazität von 205 l bis 1135 l.

Der Unterschied des Wasserverbrauchs zwischen Haushalten mit und ohne interner Installation ist erheblich. 1983 verbrauchten die Bewohner der mit interner Installation ausgestatteten Gebäude ca. 60 l/E/d, während der Verbrauch in den älteren Häusern weniger als 5 l/E/d betrug (DUSSEAULT & ELKIN, 1983). Mittlerweile besitzen praktisch alle Privathaushalte eine interne Installation. Es liegen keine neueren Angaben zum Wasserverbrauch in Pond Inlet vor. Es wird jedoch geschätzt, daß der Ver-brauch in etwa dem von Pangnirtung entspricht, d.h. daß der Nettoverbrauch ca. 50 l/E/d beträgt.

7.5 ABWASSERENTSORGUNG

Das Abwasser wird ebenfalls durch Tankwagen 2 bis 3 mal pro Woche oder auf Anfrage auch täglich durch Lastwagen (Honeybags) entsorgt. Der Flüssigabfall wird am Südende der kommunalen Mülldeponie in eine Mulde gepumpt. Bis Ende der 70er Jahre wurde das Abwasser einfach auf Land ausgetragen, wo es direkt in den Eclipse Sound floß. Ein Luftbild von 1983 (A 26319-13) zeigt den Klärteich zum erstenmal (Abb. 7.2). Dieser wurde durch einen Damm, der südlich der Deponie in einem kleinen Einschnitt gebaut wurde, gebildet. Der Klärteich war bis 1988 in Betrieb, dann aber traten Probleme auf. Bei der Begehung im Sommer 1990 war der Damm zwar wieder instandgesetzt; es war aber eine Abflußröhre durch den Damm gelegt, durch welche der Klärteich entleert wurde und ihm damit seine Funktion nahm.

Die Honeybags werden auch auf der Deponie entsorgt, oftmals ohne Trennung vom Feststoffmüll. Sickerwässer und Abwässer vermischen sich, durchfließen einen großen Teil des Müllkörpers und erreichen schließlich den Eclipse Sound unbehandelt über einen ca. 200 m langen oberflächlichen Abfluß. Die Bewertung der Abwässer erfolgt daher zusammen mit den Sickerwässern des Feststoffabfalls.

Tab. 7.1: Chemische Wasserqualität des Rohwassers aus dem Trinkwasserreservoir (a) und der Entnahmestelle am Fluß (b). Alle Angaben sind in mg/l, außer pH, Leitf. (μS/cm) und Spurenmetalle (μg/l) - (DIAND, 1991)

Datum	pH	Leitf.	TSS	TDS	Alk.	Härte
(a)						
24/02/81	6.4	76	<5.0	n.b.	22.0	31.0
25/08/82	7.4	49	<5.0	31.0	18.0	13.0
26/08/83	7.1	53	<5.0	n.b.	17.0	20.0
10/09/83	7.0	51	<5.0	34.0	17.0	20.8
10/09/83	6.9	52	<5.0	34.0	17.0	20.8
15/02/84	6.6	120	<5.0	84.0	39.0	44.0
13/08/90	7.5	54	<3.0	40.0	16.0	18.0
(b)						
25/08/82	7.0	24	<5.0	16.0	7.6	9.4
26/08/83	7.0	24	<5.0	n.b.	6.9	7.7
08/09/83	6.9	30	<5.0	20.0	9.4	11.6
10/09/83	6.9	30	<5.0	24.0	9.5	12.0
13/08/90	6.6	220	<3.0	26.0	6.9	9.0

Datum	Ca	Mg	K	Na	Cl	SO_4	NO_3-N	PO_4-P
(a)								
24/02/81	6.4	3.6	1.1	2.4	4.5	4.0	n.b.	n.b.
25/08/82	4.0	2.4	0.7	1.6	3.2	2.2	n.b.	n.b.
26/08/83	4.2	2.3	0.7	1.7	2.4	3.5	n.b.	n.b.
10/09/83	4.3	2.4	0.9	2.2	3.0	2.8	n.b.	n.b.
10/09/83	4.3	2.4	0.9	2.3	3.3	2.8	n.b.	n.b.
15/02/84	9.3	5.1	1.4	3.6	7.2	4.8	n.b.	n.b.
13/08/90	4.0	2.0	0.6	3.3	5.2	6.0	<0.04	0.008
(b)								
25/08/82	1.8	1.2	0.6	1.0	1.2	1.0	n.b.	n.b.
26/08/83	1.3	1.1	0.3	0.9	1.3	2.0	n.b.	n.b.
08/09/83	2.4	1.4	0.3	1.8	1.6	2.1	n.b.	n.b.
10/09/83	2.6	1.4	0.6	1.8	1.8	1.8	n.b.	n.b.
13/08/90	2.0	1.0	0.4	1.1	1.0	6.0	<0.04	<0.005

Datum	As	Cd	Cr	Cu	Fe	G	Ni	Pb	Zn
(a)									
24/02/81	<1.0	n.b.	n.b.	n.b.	n.b.	0.01	n.b.	n.b.	n.b.
25/08/82	<1.0	n.b.	n.b.	n.b.	n.b.	<0.01	n.b.	n.b.	n.b.
26/08/83	1.0	<0.05	0.6	0.7	200	0.04	<1.0	<0.1	< 5
10/09/83	<1.0	0.12	1.1	2.2	220	0.02	<1.0	0.6	29
10/09/83	<1.0	0.14	0.6	1.5	190	0.10	<1.0	0.1	23
15/02/84	<1.0	0.10	0.5	1.9	250	0.09	<1.0	1.0	13
13/08/90	n.b.	<0.20	<1.0	3.0	156	n.b.	<1.0	<1.0	<10
(b)									
25/08/82	<1.0	<0.10	<1.0	<1.0	18	<0.01	n.b .	<2.0	10
26/08/83	<1.0	<0.05	n.b.	0.6	72	0.04	<1.0	<0.1	< 5
08/09/83	<1.0	0.13	2.2	2.0	74	0.02	<1.0	<0.1	23
10/09/83	<1.0	0.13	1.6	2.2	74	n.b.	2.2	0.4	32
13/08/90	n.b.	<0.20	<1.0	4.0	123	<0.05	2.0	<1.0	2

7.6 ABFALLENTSORGUNG

Der Feststoffabfall wird in 205 l Tonnen oder ähnlichen Behältern gesammelt und jeden zweiten Tag durch Lastwagen abgeholt. 1983 wurde die Abfallproduktion auf 0.010 m³/E/d geschätzt (DUSSEAULT & ELKIN, 1983). Es liegen keine neueren Daten zu Abfallvolumen und -art vor, es kann aber angenommen werden, daß die Zahlen in etwa denen von Pangnirtung gleichen.

Der Feststoffabfall wird dann zu der nur 0.6 km entfernten kommunalen Mülldeponie gefahren. Bis 1969 ist für die Gemeinde Pond Inlet keine Mülldeponie auf Luftbildern zu erkennen (A19351-2). In den 70er Jahren wurde der Feststoffabfall (und vermutlich auch der Flüssigabfall) an den Anfang einer kleinen Schlucht deponiert, die nur ca. 300 m vom Ortszentrum entfernt ist und direkt in den Eclipse Sound drainiert (A24532-60). Diese Altlast ist mittlerweile fast vollständig renaturiert und fällt bei Ortsbegehungen kaum auf (Abb. 7.2). Sie wird nicht regelmäßig überwacht. Eine Stichprobe vom 1.8.1990 aus dem Oberflächenabfluß unterhalb der Altlast (DIAND, 1991) zeigt einen neutralen pH, 910 μS/cm Leitfähigkeit, eine geringe organische Belastung (NO_3-N: < 0.04 mg/l; PO_4-P: 1.2 mg/l), und leicht erhöhte Metallkonzentrationen (Cd: < 0.2 μg/l; Cr: 2.0 μg/l; Cu: 36 μg/l; Fe: 8.9 mg/l; Ni: 12 μg/l; Pb: < 1.0 μg/l; Zn: 120 μg/l). Zu Beginn der 80er Jahre wurde dann eine Schotterstraße gebaut, die zur heutigen Deponie führt. Die jetzige Feststoffdeponie wurde angelegt und ein Damm errichtet, um das Abwasser und das Sickerwasser der Deponie aufzufangen und zu speichern (A26390).

7.7 DIE KOMMUNALE MÜLLDEPONIE VON POND INLET

7.7.1 Einführung

Die heutige Deponie liegt etwas über 1 km südlich von Pond Inlet in einer flachen Mulde (Abb. 7.1 und 7.2). Der größte Teil des Deponiekörpers liegt zwischen zwei Ausbissen des kristallinen Gesteins. Die Deponie besitzt eine Fläche von ca. 0.8 ha (80 x 100 m) und ein geschätztes Volumen von 10 000 m³ (A 27178-94).

Eine Abfallsortierung oder Behandlung erfolgt nicht. Da wenig Deckmaterial zur Verfügung steht, wird der Müll auch nicht abgedeckt, sondern bleibt offen liegen. Von Zeit zu Zeit wird ein Teil der Deponie abgebrannt. Die Deponie ist nicht eingezäunt oder gesichert, und Kinder wurden beim Spielen auf der Deponie beobachtet. Ein weiteres Problem sind Polarbären. Da Pond Inlet ein Wanderknotenpunkt für Eisbären ist, und diese sich von der Mülldeponie angezogen fühlen, kann das Austragen des Mülls zu einer gefährlichen Angelegenheit werden.

Regenwasser, Sickerwasser und direkt deponiertes Abwasser sammeln sich im Deponiekörper und fließen im Sommer durch einen Abfluß in den Eclipse Sound. Im Winter friert und akkumuliert das Abwasser, um im Frühjahr in einem oder mehreren Spitzen abzufließen. Während des Sommers taut der Oberboden bis zu einer Tiefe von 1.5 m auf, was normalerweise ausreicht, um ungehinderten Abfluß zu gewährleisten. Der Abfluß verläuft teilweise über anstehendes Gestein, was input-output Modelle einfach macht: Alles, was nicht durch Evaporation oder Verbrennung in die Atmosphäre gelangt, muß durch diesen Abfluß die Deponie verlassen. Von Interesse war außerdem der Pond Inlet Creek, der in seinem Mittellauf teilweise parallel zum Müllkörper fließt und vor seiner Mündung in den Eclipse Sound durch das Zentrum von Pond Inlet führt (Abb. 7.1).

Die kommunale Mülldeponie in Pond Inlet und der Absetzteich. WS 1 bis WS 4 bezeichnen
die Probenahmestellen im Deponiebereich (Ausschnittsvergrößerung aus Flugaufnahme
A 26390-13)

Die einzige bisherige Stichprobe, am 13.8.1990 von DIAND (1991) zwischen Deponie und ehemaligem Klärteich genommen, zeigt einen neutralen pH, erhöhte Leitfähigkeit (3100 μS/cm) und BSB_5 (350 mg/l), niedrige NO_3-N ($<$ 0.04 mg/l) und PO_4-P (2.1 mg/l) Belastungen und teilweise erhöhte Metallkonzentrationen (Cr: 4.0 μg/l; Cu: 72 μg/l; Fe: 8100 μg/l; Ni: 114 μg/l; Zn: 160 μg/l). Die Ergebnisse zwei anderer Proben, die von DIAND gezogen wurden, beschränken sich auf allgemeine Parameter. Es wurden weder Spurenmetalle noch die mikrobielle Belastung untersucht (DIAND, 1991).

7.7.2 Methodik

Im Sommer 1990 wurden am Abfluß der Mülldeponie an zwei Probeterminen (17.7.1990 und 18.7.1990) je drei Wasserproben (WS 1, WS 2, WS 3) entnommen. Um etwaige Beeinflussungen durch Müllsickerwässer festzustellen wurde der Pond Inlet Creek in dem Bereich (WS 4), in welchem er parallel zum Deponiekörper verläuft, beprobt. Eine weitere Probenahmestelle befindet sich bei seiner Mündung in den Eclipse Sound (WS 5), um Einflüsse der Kommune durch Grauwasser und Abwasser nachweisen zu können. Die Wasserproben wurden in 250 ml PE-Flaschen entnommen und bis zum Transport in einer Kühltasche kühl verwahrt. Eine Teilprobe wurde innerhalb von 24 Stunden auf Gesamtcoliforme (TC) und fäkale Coliforme (FC) untersucht, während die zweite Teilprobe angesäuert (pH: 2.0-2.3), gefiltert (0.45 μm) und am AAS der geographischen Abteilung der Queen's Universität, Kingston, auf Hauptkationen und Metalle untersucht wurde. Temperatur (Wasserthermometer) und pH-Wert (Fisher Accumet Mini-pH-Meter Model 640) wurden in situ gemessen.

7.7.3 Ergebnisse der chemischen Untersuchungen

Tab. 7.2 zeigt die Ergebnisse der chemischen Analysen. Es fällt auf, daß die Hauptkationenkonzentrationen in dem im Deponiekörper gelegenen Tümpel, wo mit den höchsten Stoffmengen gerechnet wurde, sehr niedrig sind. Dagegen sind die Metallkonzentrationen im Vergleich zu WS 1 und WS 2 etwas erhöht. Die niedrigen Kationenwerte (im Vergleich zu WS 2) könnten darauf verweisen, daß nur ein geringer Teil der Deponiesickerwässer den Tümpel durchläuft. Außerdem muß mit einer Reduktion der oberflächennahen Konzentrationen durch Sedimentation und Fällung gerechnet werden. Bei der Begehung wurde beobachtet, daß Metalltonnen und -teile im Tümpel liegen, was die erhöhten Cu-, Fe- und Zn-Werte erklären könnte. Von WS 2 zu WS 3 erfolgt, im Gegensatz zu den Keimzahlen (siehe Tab. 7.3), eine erhebliche Abnahme der Konzentrationen. Es ist jedoch zu erwarten, daß zumindest im Sommer kontinuierlich eine leichte Metallkontamination des Vorfluters durch die Müllsickerwässer erfolgt. Die Standorte WS 4 und WS 5 zeigen keine Hinweise auf anthropogene Verschmutzung. Die Werte der Hauptkationen und der Metalle liegen im Bereich der natürlichen Hintergrundkonzentrationen. Der Pond Inlet Creek präsentiert sich als ein Gewässer vom Kalzium-Bikarbonat Typus, wobei die leichte Erhöhung der Na-Konzentrationen auf den marinen Einfluß zurückzuführen ist. Auch die Eisenkonzentrationen sind sehr niedrig. Alle anderen Metalle liegen unter der jeweiligen Nachweisgrenze.

7.7.4 Ergebnisse der mikrobiologischen Untersuchungen

Wie erwartet, lagen die Werte sowohl für Gesamtcoliforme als auch für fäkale Coliforme bei Stationen WS 2 und WS 3 relativ hoch (Tab. 7.3). Dies verweist auf den Einfluß direkter Kontamination durch die Fäkalien, die mit dem Abwasser und den Honeybags ungeklärt auf die Deponie gekippt werden. Der minimale Rückgang von Station 2 zu Station 3 zeigt, daß nicht mit einem schnellen Rückgang der Konzentrationen zu rechnen ist, d.h. es werden hohe Belastungen in den Vorfluter eingeleitet. Überraschend sind die niedrigen Keimzahlen in dem Tümpel innerhalb der Deponie. Dies könnte auf eine strikte Trennung von Feststoffabfall und Abwasser hinweisen, d.h. das Abwasser wird im unteren Teil der Deponie eingeleitet.

Tab. 7.2: Chemische Wasserqualität der Abflüsse der kommunalen Mülldeponie in Pond Inlet. Alle Angaben sind in mg/l, außer pH, Temp. (°C) und Leitf. (μS/cm)

Station	Temp.	pH	Leitf.	Ca	Mg	Na	K
WS 1	8.4	9.1	n.b.*	19.5	4.65	28.5	10.9
WS 2	8.0	7.3	n.b.	169	65.1	194	81.7
WS 3	2.3	8.3	n.b.	44.1	14.1	77.2	28.9
WS 4	7.2	8.1	n.b.	9.14	0.35	4.20	1.07
WS 5	8.1	8.2	n.b.	2.58	3.75	2.41	0.41

Station	Cd	Cr	Cu	Fe	Mn	Pb	Zn
WS 1	n.n.	n.n.	0.03	4.00	0.26	n.n.	0.61
WS 2	n.n.	n.n.	n.n.	9.75	1.32	n.n.	0.16
WS 3	n.n.	n.n	n.n.	2.08	0.25	n.n.	0.11
WS 4	n.n.	n.n.	n.n.	0.04	n.n.	n.n.	n.n.
WS 5	n.n.	n.n.	n.n.	0.06	n.n.	n.n.	n.n.

*   n.b. = Keine Daten, da Gerät defekt

Tab. 7.3: Mikrobielle Belastung der Oberflächenabflüsse der kommunalen Mülldeponie in Pond Inlet. Alle Angaben sind in Kolonien pro 100 ml Probe.

Station	Gesamtcoliforme	Fäkale Coliforme
WS 1	2.0×10^2	0
WS 2	1.3×10^6	8.0×10^5
WS 3	6.8×10^5	5.4×10^5
WS 4	0	0
WS 5	0	0

7.7.5 Diskussion der Ergebnisse

Das größte Problem bei der Betrachtung der Umwelteinflüsse der Mülldeponie in Pond Inlet liegt wohl im Wegfall des Absetzteichs. An beiden direkt von Sickerwasser der Deponie beeinflußten Standorten (WS 2, WS 3) liegen die FC über den Grenzwert von 2.0×10^5 Coliforme pro 100 ml Probe. Die chemische Belastung ist sehr gering, d.h. die meisten Metallkonzentrationen lagen sogar unter den jeweiligen Nachweisgrenzen. Insgesamt ist nur mit geringen Einflüssen auf den Vorfluter zu rechnen, da beim Einfluß in den riesigen Eclipse Sound eine sehr hohe Verdünnung erfolgt. Auch die Auswirkungen auf die Bewohner sind wahrscheinlich gering, da in diesem Bereich eine Steilküste vorliegt und sich nicht, wie in Pangnirtung, ein Wattenbereich anschließt.

7.8 ZUSAMMENFASSUNG DER SITUATION IN POND INLET

Auch in Pond Inlet ist die Wasserversorgung ausgezeichnet. Der Ausbau des Reservoirs wird die Gemeinde auf lange Zeit mit ausreichenden Mengen an Rohwasser versorgen. Auch die Qualität des Wassers ist gut - alle Werte liegen unter den Grenzwerten der kanadischen und der deutschen TVOs. Wie in Pangnirtung ist auch hier der Transport durch Tankwagen das effektivste Verteilungssystem. Eine 1979 gebaute Trinkwasserleitung vom Water Supply Lake zum Ort wurde wegen technischer Probleme aufgegeben. Von der topographischen Situation her sind in Pond Inlet ideale Bedingungen für die Abwasser- und Abfallentsorgung gegeben. Die unterhalb der Deponie gelegene kleine Schlucht konnte ohne Schwierigkeiten zum Absetzteich umgeformt werden. Die Deponie braucht keine seitlichen Abdichtungen, da sie in einer Mulde gelegen ist, die nach dem Absetzteich hin abfällt. Die chemische Belastung durch die Abwässer und Sickerwässer ist gering. Dagegen ist die mikrobielle Belastung erstaunlich hoch. Sie weist darauf hin, wie wichtig es für einen geregelten Betrieb der Deponie ist, den Absetzteich wieder in einen funktionsfähigen Zustand zu versetzen.

8 DISKUSSION

8.1 DIE WASSERLIZENZ

Mit der Einrichtung des "Northern Inland Waters Act" (NIWA) und der beiden territorialen Wasserbehörden durch DIAND im Jahre 1972 wurde in den beiden Nord-Territorien eine solide administrative und rechtliche Grundlage für Wasserversorgung und Sanitation geschaffen. Der große Vorteil der Wasserlizenz liegt in ihrer Umfassenheit und ihrer Flexibilität. So werden in der Wasserlizenz alle Bereiche von Wasserversorgung, Abwasser- und Abfallentsorgung angesprochen, während in Deutschland die Trennung der Bereiche teilweise zu Überschneidungen und Unsicherheiten in der Zuordnung führt. Die Vergabe der Wasserlizenz an einzelne Kommunen macht dazu eine flexible und der Lokalität angemessene Vorgehensweise möglich.

Ein Nachteil der Wasserlizenz ist der relativ hohe Aufwand, da für jeden Betreiber alle 10 Jahre eine neue Lizenz erarbeitet werden muß. Bis 1984 konnte daher ein Angestellter der Wasserbehörde ("Controller") eine Genehmigung erteilen, wenn der Eingriff durch den Betreiber als geringfügig erachtet wurde. Im Bereich der Wasserversorgung stellte es sich heraus, daß in der Praxis mehr als 90% aller Anträge direkt vom Controller autorisiert wurden (GIBSON, 1990). Diese Praxis wurde von der "Dene Nation" und der" Metis Association" (N.W.T.) vor das Bundesverfassungsgericht gebracht, das die bisherige Handhabung für unzulässig erklärte. Nunmehr sind Betreiber von der Wasserlizenz nur dann ausgenommen, wenn die Wasserentnahme weniger als 227 000 l pro Tag beträgt, eine Grenze, die vom Verfasser als zu hoch angesehen wird. Für die kommunale Wasserversorgung und Sanitation sind diese Probleme jedoch ohne Belang. Jede organisierte Siedlung muß weiterhin innerhalb der Anforde-rungen ihrer Wasserlizenz operieren.

Ein besonders Problem stellt noch die Überwachung dar. Da die Gemeinden zum einen auf Wasserversorgung sowie Abwasser- und Abfallentsorgung angewiesen sind, und zum anderen bestehende Systeme nicht von heute auf morgen verändert werden können, werden Übertretungen oder Nichteinhaltungen der Wasserlizenz selten geahndet (BANNON, 1982; 1981). So wurden bis heute nur 39 Fälle von Lizenzübertretungen gerichtlich geahndet (GIBSON, 1990).

8.2 WASSERVERSORGUNG IN DER BAFFIN-REGION

8.2.1 Zusammenfassung der derzeitigen Situation

Die meisten Gemeinden der Baffin-Region erhalten trotz steigendem Bedarf ausreichende Mengen an Rohwasser. Durch den Bau von neuen Reservoirs (Pangnirtung) oder der Erweiterung bestehender Einrichtungen (Pond Inlet) ist die Wasserversorgung vieler Gemeinden auf Jahre hinaus gewährleistet. Es gibt aber auch Kommunen, deren Ansprüche extrem hoch sind (Iqaluit) oder deren Systeme den heutigen Anforderungen nicht mehr genügen. Das wesentliche Problem in Iqaluit scheint der derzeitige Verbrauch zu sein. Der derzeitige Bruttowasserverbrauch von 490 l/E/d liegt erheblich über der Höchstgrenze (GNWT) von 450 l/E/d. Der Wasserverbrauch der kleineren Gemeinden wie Pond Inlet und Pangnirtung liegt dagegen noch erheblich unter den 90 l/E/d, die von der GNWT bei mit Tankwagen versorgten Gemeinden vorgeschlagen werden (CAMERON, 1987; SMITH, 1986).

Der Wasserverbrauch hängt in arktischen Räumen hauptsächlich von den Faktoren Verteilungssystem, Installation, Größe der Wassertanks, Größe des Haushalts und kultureller Hintergrund ab (MICHAEL,

1984). Dies zeigen auch die Zahlen von Pangnirtung und Pond Inlet von 1983, wo der Verbrauch bei interner Installation um das 4 bis 10fache höher liegt. In Igloolik wurde mit einem gemischten Tankwagen- und Honeybagsystem Anfang der 80er Jahre sogar nur 4 l/E/d verbraucht. Mittlerweile dürften allerdings die meisten Haushalte in der Baffin-Region mit interner Installation ausgestattet sein. Auch ist der Wasserverbrauch bei Gemeinden, die Kanalisation oder Utilidor besitzen (Iqaluit), wesentlich höher als bei Kommunen, die mit Tankwagen operieren. Aus hygienischen Gründen wird ein Verbrauch von 60 l/E/d als Minimum erachtet (SMITH, 1986), was in etwa dem Verbrauch in den mit Tankwagen versorgten Gemeinden entspricht (CAMERON, 1987).

Die chemische Wasserqualität des Rohwassers ist ebenfalls nicht zu beanstanden, wenn man von einigen wenigen Ausreißern (z.B. 10 mg/l Fe in Pond Inlet) absieht, die durch Kontamination bei der Probenahme oder der Analyse hervorgerufen sein können. Im allgemeinen liegen die gemessenen Werte in Iqaluit, Pangnirtung und Pond Inlet deutlich unter den Grenzwerten, die von den kanadischen und den deutschen Trinkwasserrichtlinien vorgegeben werden (App. A und B). Igloolik und Hall Beach haben geogen bedingt hohe Ca- und Mg-Konzentrationen und damit verbunden mittelhartes bis ziemlich hartes Wasser (8-18 dH°). Dies ist zwar für den täglichen Gebrauch problematisch (Verkalkung von kommunalen Leitungen, Behältern etc. und im Haushalt), aber für die Wasserqualität nicht unbedingt von Nachteil (Metalle werden z.B. immobilisiert). Die mikrobielle Wasserqualität ist ebenfalls gut. Wenn überhaupt fäkale Coliforme gefunden wurden, dann in den Tankwagen, aber nicht im Rohwasser selbst (BRETT, pers. Mitt.). Das bedeutet, daß das Wasser durch die Tankwagenfahrer oder durch unsauberes Material (Entnahmestutzen, Tanks etc.) kontaminiert wurde.

Geschmackliche Beeinträchtigungen des Trinkwassers findet interessanterweise ebenfalls nicht durch Kontamination des Rohwassers, sondern vor allem durch Fluor- oder Chlorüberdosierungen statt. So wurde von den Bewohnern in Iqaluit, Pangnirtung und Pond Inlet immer wieder beklagt, daß das Trinkwasser scheußlich nach Fluor oder Chlor schmeckt (was aus der persönlichen Erfahrung des Verfassers bestätigt werden kann). Die in Iqaluit durchgeführte Fluorzugabe ist auch unter gesundheitlichen Gesichtspunkten kritisch zu beurteilen.

Für die kleineren Gemeinden ist der Transport durch Tankwagen die angemessene Verteilerart. Zum einen ist das Auftragsvolumen zu gering bzw. die Kosten zu Baukosten zu hoch für integrierte Rohrleitungssysteme (Utilidor oder Kanalisation), zum andern bietet das Tankwagensystem kontinuierliche Arbeitsplätze in einem Gebiet mit extrem hoher Arbeitslosigkeit. Die hin und wieder auftretenden Probleme bei der Desinfizierung (FC in Tankwasser gemessen) haben bis jetzt noch nicht zu größeren Gesundheitsproblemen in der Baffin-Region geführt.

Die Überwachung der Wasserqualität erfolgt in unregelmäßigen Abständen, wobei seit Ende der 80er Jahre eine Zunahme der Probenahmen durch DIAND, DOH und kommunale Vertreter zu verzeichnen ist. Besonders eklatant ist das Fehlen von Werten für die Winterhalbjahre. Obwohl z.B. für die Wasseranalysen von DIAND ein Protokoll vorliegt, werden nicht immer alle Parameter gemessen.

8.2.2 Zukünftige Planung

Wie oben angesprochen, werden die meisten Gemeinden in der Baffin-Region mit ausreichenden Mengen an qualitativ gutem Wasser versorgt. Die Gemeinden mit Rohwasserunterversorgung sind in zwei Kategorien einzuteilen, (a) Kommunen, bei denen die Systeme veraltet sind und die trotz geringen Verbrauchs nur unzureichende Mengen an Wasser zur Verfügung haben, und (b) Gemeinden, deren Verbrauch zu hoch ist.

Gemeinden mit unzureichenden Einrichtungen stehen für die zukünftige Planung mehrere Optionen zur Auswahl. Zuerst ist mittels der dynamischen Nutzkapazitätsberechnung zu untersuchen, wie hoch der tatsächliche Bedarf ist, da die bisher angewandten statischen Berechnungsarten die effektive Kapazität unterschätzen.

Als Sofortmaßnahme könnten dann die bestehenden Kapazitäten effektiver ausgenutzt werden. Da die Nutzkapazität arktischer Reservoirs durch die Eisbedeckung während des Winters um 20% bis 60% reduziert wird (SMITH et al., 1984), kann die nutzbare Kapazität erhöht werden, indem man das Einsetzen des Gefrierens verzögert, das Auftauen beschleunigt, sowie die maximale Eisdicke, die während des Winters erreicht wird, herabsetzt. Nach STANLEY & SMITH (1991) führt nur die Reduzierung der maximalen Eisdicke, die in der nördlichen Baffin-Region 2.5 m erreichen kann, zu dem gewünschten Erfolg, d.h. ein deutliches Erhöhen der Nutzkapazität des Reservoirs. Dabei muß der Kältefluß von der Luft zum Reservoir reduziert werden. Der Gebrauch von anthropogenem Isolationsmaterial oder Chemikalien muß aus ökologischen und gesundheitlichen Gründen abgelehnt werden. Die effektivste, kostengünstigste und umweltfreundlichste Alternative ist das Bedecken der sich im Herbst formenden Eisoberfläche mit 0.3 m bis 1.0 m Schnee (STANLEY & SMITH, 1991). Dies kann die maximale Eisdicke um mehr als ein Drittel reduzieren. Es muß allerdings darauf geachtet werden, daß der Schnee rechtzeitig aufgetragen wird, gleichmäßig den ganzen Winter über aufliegt (Schneezäune) und vor allem auch rechtzeitig im Frühjahr wieder entfernt wird, da der Schnee sonst das Auftauen verlangsamt.

Wenn diese Sofortmaßnahmen nicht mehr ausreichen, müssen bauliche Veränderungen am Reservoir durchgeführt werden (Optimierung der Geometrie, Erhöhen der Umfassungsdämme), die Kapazität des Reservoirs durch Wassertanks ergänzt werden oder neue Reservoirs angelegt werden. Die Kosten, Effektivität und Lebensdauer verschiedener Alternativen für Pangnirtung wurden in LUMSDEN & SIU (1984) diskutiert.

In Gemeinden mit hohem Wasserverbrauch (> 225 l/E/d) sollte nicht unbedingt an eine Erweiterung der bestehenden Kapazitäten gedacht werden. So sollte zuerst ermittelt werden, ob größere Wasserverluste auf dem Weg zum Verbraucher auftreten und ob es möglich ist, den Wasserverbrauch zu senken, ohne dabei hygienische Einbußen in Kauf zu nehmen. Zu den verschiedenen Möglichkeiten, in kalten Klimaten Wasser einzusparen, siehe CAMERON & ARMSTRONG (1979). Bei einer möglichen Öffentlichkeitskampagne, um den Wasserverbrauch zu senken, ist allerdings größte Vorsicht geboten. Das Gesundheitsministerium hat seit Jahrzehnten darauf hingearbeitet, daß das Wasserangebot und damit auch der Verbrauch erhöht werden, da dadurch die hygienische und gesundheitliche Situation der Bevölkerung verbessert wird. So ist in Gemeinden mit < 60 l/E/d weiterhin eine Erhöhung des Wasserverbrauchs empfehlenswert (BRETT, pers. Mitt.; MARTIN, 1982; MICHAEL, 1984; SMITH, 1986).

Bezüglich der Wasserqualität ist nur die Überwachung zu beanstanden. In Zukunft sollte zu jeder Jahreszeit, wenn möglich sogar monatlich, das Trinkwasser überprüft werden. Dazu sollte das Trinkwasser sowohl an der Entnahmestelle als auch in den Tankwagen regelmäßig untersucht werden. Allgemeine chemische Parameter (pH, Leitf., O_2, Alk., Härte, Hauptkationen und -anionen) und mikrobiologische Belastungen (TC, FC) könnten in kommunalen Einrichtungen (Forschungsinstitute in Pond Inlet und Iqaluit, Arktisches College in Iqaluit, Schulen) oder in den Laboratorien von FAO, DOE oder DIAND gemessen werden. Im Rahmen der allmählichen Devolution sollten örtliche Einrichtungen bevorzugt werden. Spurenmetalle könnten für die gesamte Baffin-Region ebenfalls in den Labors des "Environmental Technology Programs" des Arktischen College untersucht werden. In naher Zukunft sollten Mittel für den Ankauf eines mit Graphitrohr und D2- oder Zeeman-Korrektur versehenen AAS bereitgestellt werden. Langfristig werden sich die Kosten (ca. $50 000.- bis $100 000.- Can.) relativ

schnell amortisieren lassen. Außerdem wird die Ausbildung am Arktischen College eine weitere Quali-
fizierung erfahren. Zusätzlich zu den im Analysebogen von DIAND aufgeführten Parametern sollte der
Summenparameter AOX von Zeit zu Zeit als Hinweis auf halogenorganische Verschmutzung untersucht
werden. AOX/EOX-Analysen sowie Messungen anderer organischer Kontaminanten sollten weiterhin
in den Labors in Yellowknife durchgeführt werden, da es sich bei dem hohen Geräte- und Kostenaufwand nicht lohnt, eigene Laboratorien einzurichten.

8.3 ABWASSERENTSORGUNG IN DER BAFFIN-REGION

8.3.1 Zusammenfassung der derzeitigen Situation

Die Entsorgung der Flüssigabfälle bereitet allen Gemeinden der Baffin-Region Kopfzerbrechen. In
Kommunen mit Kanalisation oder Utilidor fallen die größten Abwassermengen an, in Iqaluit z.B.
ungefähr 300 bis 400 l/E/d. In Gemeinden mit Tankwagensystemen ist die Menge des gelieferten Rohwassers geringer und der Anteil des auf die Straße oder den Hof geschütteten Grauwassers wesentlich
höher; somit verringert sich der Abwasseranteil auf durchschnittlich < 50 l/E/d. Am geringsten ist das
Abwasseraufkommen in Gemeinden, in welchen die Honeybags noch einen beträchtlichen Anteil des
Flüssigabfalls ausmachen (Arctic Bay, Broughton Island, Igloolik). Trotz der Geruchsbelästigung, die
beim Abpumpen der Haushaltstanks unvermeidlich ist, stellt das Tankwagensystem für die kleineren
Gemeinden die effektivste, kostengünstigste und umweltfreundlichste Alternative dar. Auf mögliche
Kontamination der Arbeiter durch fäkale Bakterien oder Viren ist allerdings zu achten. Vom gesund-
heitlichen Standpunkt aus ist das Utilidor- oder Kanalisationssystem sicher die günstigste Methode, das
Abwasser zu entsorgen. Die hohen Kosten beim Bau können jedoch von den kleineren Gemeinden nicht
getragen werden. Das Honeybagsystem ist aus hygienischen und ökologischen Gründen abzulehnen und
sollte sobald wie möglich eliminiert werden.

Die größten Probleme treten bei der Behandlung und Entsorgung des Abwassers auf. Die Anlagen in
Arctic Bay, Clyde River, Iqaluit und Sanikiluaq sind reine Absetzteiche, in welchen keine weiter-
gehende Behandlung des Abwassers erfolgt. Nur die Bergbausiedlung Nanisivik besitzt Einrichtungen
zur weitergehende Klärung der Abwässer (die Anlage wird allerdings momentan nicht genutzt). Das
Beispiel Iqaluit zeigt, daß die Vorgaben der N.W.T. Wasserbehörde bei den chemischen Belastungen
eingehalten werden und daß der Abbau der organischen Belastung hohen Varianzen unterworfen ist.
Die mikrobielle Belastung schwankt ebenfalls stark und überschreitet in 50% aller Messungen die
Grenzwerte der Wasserlizenz.

So ineffektiv die Absetzteiche auch teilweise sein mögen, ihre Zwischenschaltung auf dem Weg des
Abwassers zum Vorfluter ist eine Minimalanforderung an die Gemeinden der Baffin-Region, wo in den
meisten Kommunen überhaupt keine Behandlung der mit Fäkalien belasteten Abwässer stattfindet. Die
Praxis, unbehandeltes Abwasser direkt in den Vorfluter einzuleiten, kann zu erheblichen gesundheitlichen und ökologischen Problemen führen. Die Bewohner der Siedlungen kommen zwar selten in
direkten Kontakt mit dem Wasser der Vorfluter, es wird aber in diesen Gewässern häufig gefischt oder
nach Muscheln gesucht. Damit können Parasiten, Bakterien und Viren wieder direkt in die Nahrungskette der Menschen eingebracht werden.

Eine Überwachung der Abwasserqualität erfolgt entweder gar nicht oder in sehr unregelmäßigen
Abständen. In Kommunen mit Absetzteichen hat man in den letzten Jahren damit begonnen, wenigstens
einmal im Jahr den Ausfluß aus dem Teich zu analysieren (Iqaluit, Nanisivik). In den meisten
Gemeinden kann erst in einigen Jahren mit regelmäßigen Untersuchungen gerechnet werden.

8.3.2 Zukünftige Planung

Sowohl Kanalisation und Utilidor, als auch das Tankwagensystem erfüllen die Anforderungen für eine adäquater Abwasserentsorgung. In Zukunft sollte besonderer Wert auf die Schulung des Personals und die ständige Überwachung des Abwassers gelegt werden.

Zu den existierenden Klärteichen bestehen kaum Alternativen. So sind diese Teiche oder Becken auch die bei weitem häufigste Form der Abwasserbehandlung in den N.W.T. (HEINKE et al., 1988a; 1988b). Allerdings könnte der Betrieb der Teiche wesentlich verbessert werden. So könnte die Geruchsbelästigung (z.B. in Iqaluit) dadurch reduziert werden, daß von Zeit zu Zeit der Teich entleert und der Faulschlamm entfernt wird. Der größte Teil der Geruchsbelästigung rührt von der Bildung von Schwefelwasserstoff im anaeroben Teil der Wassersäule und im Faulschlamm. Der Faulschlamm kann entfernt und auf der Deponie abgelagert werden. Zweitens sollten alle Teiche mit Zäunen umgeben sein, um Tiere und spielende Kinder fernzuhalten.

Um einen besseren Wirkungsgrad der Absetzteiche zu erreichen, könnte dem Hauptteich ein kleinerer Teich, eine Faulkammer oder ein Faultank vorgeschaltet werden. Außerdem sollte darauf geachtet werden, daß die Abwasserzuleitung in den Teich unter der Wasseroberfläche erfolgt. Zur Verringerung der mikrobiellen Belastung, welche die größte Gefahr für die Bevölkerung und die Fauna darstellt, bestehen mehrere Alternativen. So könnte das Abwasser durch ein Gebäude geschickt werden, in welchem das Abwasser durch UV-Bestrahlung, τ-Strahlung, Ozonierung, Chlorzugabe etc. desinfiziert wird. Das so behandelte Wasser kann dann in den Klärteich weitergeleitet werden.

Als Sofortmaßnahme sollten alle Gemeinden der Baffin-Region, die nicht über Absetzteiche verfügen, den Punkt der Einleitung und den Ort der Mülldeponie trennen. Beim Ausbringen der Abwässer auf den Müllkörper potenzieren sich die Probleme, da die Abwässer ein hohes Flüssigkeitspotential zur Verfügung stellen und metallische Kontaminanten leichter gelöst und mitgeführt werden können (siehe dazu die Situation in Pond Inlet). Langfristig sollte jede Gemeinde mit einem Klärteich oder -tank ausgestattet sein.

Zur Überwachung gelten diesselben Vorschläge wie beim Trinkwasser, außer daß die Untersuchungsfrequenz bei den Klärteichen geringer sein kann, Schadstoffahnen verfolgt werden müssen und die Parameterzahl bei Routineuntersuchungen reduziert werden kann (wichtig sind vor allem BSB$_5$, CSB, pH, Leitf., TSS, N, P, S, TC, FC). Zur mikrobiellen Analyse wird empfohlen, *Pseudomonas aeruginosa* ebenfalls zu enumerieren.

8.4 ABFALLWIRTSCHAFT IN DER BAFFIN-REGION

8.4.1 Zusammenfassung der derzeitigen Situation

Die derzeitige Situation der Feststoffabfallentsorgung in der Baffin-Region ist vom Umweltstandpunkt her nur als katastrophal zu bezeichnen. Die Abfallmengen, die von den Bewohnern von Iqaluit und Pangnirtung produziert werden, sind sehr hoch. Selbst wenn man die Angaben von HEINKE & WONG (1990) um ca. 20% reduziert, kommt man auf eine Müllproduktion von 3.5 bis 4.5 m^3/E/a. Dies liegt etwas über dem jährlichen Müllvolumen pro Person in Deutschland (KOCH et al., 1991). Es bestehen zwar erste Versuche, den Müllberg zu reduzieren, wie z.B. das Aluminiumdosen-Recyclingprogramm in Iqaluit (BOOTH, 1990), die Bereiche Müllvermeidung, -reduzierung und -wiederverwertung stecken aber in der Baffin-Region noch in den Kinderschuhen.

Der hohe Müllanfall erklärt sich teilweise durch den großen Anteil an Verpackungsmaterialien, da alle Güter aus dem Süden normalerweise zwei- bis dreifach für den weiten Transport eingepackt sind. Die Zusammensetzung der Feststoffabfälle ist sehr verschieden von Müll in Kanada oder in Deutschland. So liegt der Anteil an organischem Material und an schweren Bestandteilen (Glas, Keramik, Metalle außer Aluminium etc.) wesentlich niedriger, während der Anteil an Papier und Pappe, Plastik (Verpackung), Wegwerfwindeln und Aluminiumdosen erstaunlich hoch ist. Da es kaum Gewerbe und Manufaktur in der Baffin-Region gibt, ist der Anteil an Gewerbemüll sehr niedrig. Industrieller Sondermüll größeren Ausmaßes fällt nur in der Bergbausiedlung Nanisivik und der Polarismine an.

Der Transport geschieht ausschließlich durch Lastwagen und Müllbeseitigung durch Ablagerung auf offenen Deponien. Es finden weder eine regelmäßige Überwachung der Anlieferung von Abfällen, noch ein geregeltes Vorsortieren statt. Teilweise wird der Müll kompaktiert und verbrannt. Die Praxis des Verbrennens von Müllbestandteilen ist unter Umweltkriterien als sehr kritisch zu beurteilen, da bei Niedertemperaturverbrennung toxische Stoffe (z.B. PAK, Dioxine, Furane) entstehen können. Außerdem ist beim offenen Verbrennen immer wieder Transport von Rauch und Rußpartikeln in die Gemeinden zu beobachten. Auch die Müllverbrennungsanlage in Pangnirtung ist keine Lösung der derzeitigen Probleme. Abgesehen von den Betriebsproblemen, welche die Effektivität der Anlage herabsetzen (Inversionswetterlagen, Materialverschleiß, teure Instandhaltung, Zugabe von Dieselöl etc.) sind die Umweltbeeinträchtigungen der MVA auf die Umwelt zu wenig bekannt, um MVAs zu propagieren.

Sehr problematisch ist die derzeitige "Nichtbeachtung" der Sickerwasserproblematik. Viele Deponien in der Baffin-Region besitzen keine Erfassung und Umleitung von in den Deponiekörper eindringendem Hangwasser oder Oberflächengewässer. Auch fehlt häufig eine untere Abdichtung, d.h. das Sickerwasser kann ungehindert in den Vorfluter abfließen. Klärung von Sickerwasser erfolgt nicht. Bis heute findet auch keine regelmäßige Überwachung der Sickerwässer statt. Die in Iqaluit, Pond Inlet und Pangnirtung vorgefundenen chemischen und mikrobiellen Belastungen sind zwar relativ niedrig, der stichprobenartiger Charakter der Proben läßt aber keine "Entwarnung" für die Betreiber zu.

8.4.2 Zukünftige Planung

In der zukünftigen Planung der Abfallentsorgung kommen auf die Kommunen der Baffin-Region verschiedene Maßnahmen zu, abhängig davon, ob die existierenden Kapazitäten ausreichen oder ob eine gänzlich neue Deponie gebaut werden muß. Gemeinden wie Pond Inlet oder Pangnirtung besitzen günstige Standorte, deren Kapazität auch auf Jahre hinaus ausreichen wird. Bei den meisten Deponien sind aber standortspezifische Sofortmaßnahmen durchzuführen, um die chemische und mikrobiologische Belastung auf die Ökosysteme und den Menschen zu reduzieren. So sollten die Deponien in Pang-nirtung und Pond Inlet eingezäunt werden, um Kinder und Tiere fernzuhalten sowie um Windverfrach-tung von Müllbestandteilen zu reduzieren. Außerdem müßte z.B. in Pangnirtung eine Abdichtung in Richtung Fjord geschaffen werden, während in Pond Inlet besonderes Augenmerk auf die Wiederher-stellung des Absetzbeckens gelegt werden sollte. Schwieriger ist es für Gemeinden wie z.B. Iqaluit, die wegen ökologisch unzumutbarer Verhältnisse sowie dem Erreichen der Kapazität der bestehenden Deponie eine neue Deponie schaffen müssen. Auf der einen Seite haben sie die Chance, endlich eine umweltgerechte Lösung zu finden, auf der anderen Seite kommen aber auch enorme Probleme und Kosten auf sie zu. Das erste Problem für die Gemeinden ist, einen geeigneten Standort für die kommunale Mülldeponie zu finden. Dabei sind die Gesichtspunkte Lage zur Gemeinde, speziell zu Wohngebieten (Abstand, Windrichtung), Umwelteinflüsse (Geruchsbelästigung, Beeinträchtigung des Vorfluters etc.), Eignung des Untergrunds und Kosten zu berücksichtigen.

Kennzeichen einer geordneten Deponie sind u.a. der geregelte Betrieb, die Trennung von der sie umgebenden Umwelt durch Zäune und Dränagesysteme, die Untergrundabdichtung und die Erfassung und Behandlung der Sickerwässer. So sollten alle Deponien durch Zäune und durch Dränagesysteme von den umgebenden Ökosystemen getrennt sein. Eine Untergrundabdichtung ist in der Baffin Region nicht notwendig, da der Untergrund aus Permafrost (Festgestein, Sedimente) besteht. An Standorten, die sich nahe an Flüssen, Seen oder der Küste befinden, ist allerdings eine Kontrolle des Temperaturzustandes des Untergrunds vonnöten. Der Talik, der durch den auf ihm ruhenden Wasserkörper entsteht, könnte in den Deponiebereich hineinreichen. Normalerweise ist es allerdings eher umgekehrt; d.h. der Permafrost wächst allmählich in den Deponiekörper hinein. Umso wichtiger ist aber eine Abdichtung am Hangfuß der Deponie. Falls keine Behandlung des Sickerwassers erfolgt, sollte diese Abdichtung schwer durchlässig sein ($< 10^{-8}$ m/s). Als Material böte sich Ton (vor allem Bentonit) an. Erfolgt dagegen eine Fassung und Behandlung der Sickerwässer, dann sollte der Deponiefuß durchlässig sein.

Der Fassung und Behandlung der Sickerwässer sollte in der langfristigen Planung ein wichtiger Stellenwert eingeräumt werden. Der Sickerwasseranteil beträgt normalerweise zwischen 20% und 40% des Niederschlags (KOCH et al., 1991). Dies bedeutet für weite Teile der Baffin-Region eine geringe Menge an anfallendem Sickerwasser (bei 400 mm/a Niederschlag würden pro Hektar Deponieoberfläche zwischen 80 m^3 und 160 m^3 Sickerwasser anfallen). Alles Sickerwasser sollte gefaßt werden und durch einen Absetztank laufen. Danach könnte eine Klärung durch Adsorption an Aktivkohlefilter oder andere Verfahren erfolgen (EHRIG & SCHEELHAASE, 1992). Bei hoher mikrobieller Belastung wäre eine Ozon-, Chlor- oder UV-Behandlung in Erwägung zu ziehen. Die im Absetztank abgelagerten Schlämme müßten allerdings wieder auf die Deponie ausgetragen werden.

Für die Überwachung der Sickerwässer sollten ähnliche oder gar striktere Kriterien gelten wie für die kommunalen Abwässer. Als Minimalprogramm müßten zumindest alle allgemeinen Parameter, Nährstoffe, toxische Schwermetalle, FC und TC sowie der halogenorganische Summenparameter AOX/EOX erfaßt werden. Die Probenahmefrequenz richtet sich nach der potentiellen Schadstoffbeeinträchtigung des jeweiligen Standorts. Vier Probenahmen im Jahr (einmal pro Jahreszeit) wird als Minimum betrachtet.

Um einen geregelten Betrieb der Deponie zu gewährleisten, muß eine klare Verwaltungs- und Kompetenzstruktur aufgebaut werden. DPW und ein Umweltbeauftragter der Gemeinde sollten die fachliche Verantwortung für den Betrieb der Deponie tragen. Dabei wäre es von Vorteil, eine Arbeitskraft hauptamtlich einzustellen, um die Eingänge an Abfall zu überwachen, Müllbestandteile vorzusortieren und die Deponie zu betreiben (Abbrennen, Kompaktieren etc.). Dazu können bei Bedarf weitere Hilfskräfte eingesetzt werden.

Bei der längerfristigen Planung ist für die Abfallwirtschaft der Baffin-Region ein prinzipielles Umdenken erforderlich. Im Sinne von § 14 und § 1a des deutschen Abfallgesetzes dürfen Müllbestandteile nicht mehr als lästiger "Abfall", sondern sollten als wertvolle Sekundärrohstoffe betrachtet werden. Damit beginnt die Abfallwirtschaft nicht mit der Suche nach kaum vorhandenem Deponieraum (Abfallbeseitigung), sondern mit Strategien zur Abfallvermeidung und Abfallverwertung. Außerdem müssen mehr und mehr Möglichkeiten eröffnet werden, den Zivilisationsmüll an der Quelle (d.h. im Süden Kanadas) zu stoppen oder ihn wieder zurückzuschicken. Vor allem Sondermüll sollte in den Gemeinden getrennt gesammelt und in den Süden Kanadas geschickt werden (Rücknahmeverpflichtung durch Erzeuger!).

Zur Abfallvermeidung in der Baffin-Region bieten sich vor allem drei Strategien an. Sie sind konsumentenorientiert und von der aktiven Beteiligung der Bevölkerung abhängig. Die erste Strategie soll eine Reduktion des Verpackungsmaterials bewirken, d.h. die Konsumenten sollen Haushaltsgüter bestellen, die umweltfreundlich verpackt sind. Diese Strategie ist insofern problematisch, als alle Güter von Anbietern im Süden, die praktisch ein Monopol besitzen, angeliefert werden. Die zweite Strategie beinhaltet eine Umstellung der Ernährungs- und Lebensgewohnheiten. Beim Eindringen der westlichen Zivilisation in die Baffin-Region wurden teilweise die ungesündesten Nahrungsmittel und die schlechtesten Angewohnheiten der nordamerikanischen Gesellschaft übernommen. So werden Hamburger, Pommes Frites, Eiscreme, Colagetränke und Süßigkeiten von der einheimischen Bevölkerung als besondere Leckerbissen angesehen. Daraus resultieren nicht nur Gesundheitsprobleme, sondern auch Berge von Verpackungs- und Dosenabfällen. Eine dritte Möglichkeit ist die Weitergabe von Artikeln, die vom derzeitigen Besitzer nicht mehr gebraucht werden, aber von anderen Personen genutzt werden können. Flohmärkte, Büchermärkte, Altkleidertausch etc. werden in den Gemeinden schon seit langem durchgeführt. Da unter der euro-kanadischen Bevölkerung eine hohe Fluktuation herrscht (vor allem bei Lehrern und anderen Regierungsangestellten), werden die meisten Güter vor dem Abflug verkauft. Dies könnte institutionalisiert und ausgeweitet werden. Es bestehen unzählige weitere Möglichkeiten zur Vermeidung von Abfällen, die in der einschlägigen Literatur nachzulesen sind (KOCH et al., 1991).

Die üblichen Abfallverwertungsstrategien (Verbrennung, Kompostierung, Rohstoffverwertung) sind in der Baffin-Region nur sehr bedingt anwendbar. Zur Kompostierung ist der Anfall an organischem Material zu gering, die klimatischen Verhältnisse sind zu schlecht und der Sortierungsaufwand ist zu hoch. Erfolgversprechender ist die Rohstoffverwertung nach Sortierung der Abfälle. Die Sortierung kann durch Trennung im Haushalt, im Großcontainer oder an der Mülldeponie erfolgen. Da viele Bestandteile des Mülls in der Baffin-Region aus Kostengründen nicht wiederverwertbar sind (organische Abfälle, Kunststoffe, Glas, niederwertige Papierprodukte und Pappe, Metalle außer Aluminium), wird folgende Verfahrensweise vorgeschlagen: Aluminium und hochwertiges Papier sollten im Haushalt oder Betrieb vom Restmüll getrennt werden. Das Aluminium könnte zur Volumenverringerung durch die Gemeinde gepreßt werden. Papier und Aluminium würden dann mit Frachtflügen oder dem Schiff in den Süden transportiert und dort aufbereitet. Der Preis für die Materialien würde zwar durch die Transportkosten aufgesogen werden, gleichzeitig würde aber das Müllvolumen reduziert (Beispiel Iqaluit). Die weitere Sortierung sollte dann an der Deponie erfolgen. In Betracht kommen hierbei Bauschutt (vor allem Holz) und Konsumgüter, die wiederverwendet werden können. Diese Müllbestandteile könnten in einem Gebäude gelagert und gegen eine geringe Gebühr von Interessenten abgeholt werden. Außerdem sollte der Sondermüll zu diesem Zeitpunkt aussortiert und in spezielle Behälter deponiert werden. Je nach Produkt (z.B. Altöle, Farben, Reifen, Batterien) können die Sondermüllbestandteile wiederverwertet werden (z.B. Altöl über Ölabscheider) oder sie müssen gelagert und in den Süden geschickt werden.

Zu den üblichen R's der ökologischen Abfallwirtschaft ("reduce, re-use, recycle") kommt in der Baffin-Region noch eine weitere Variante - die Abfallverschickung ("return"). Die Frachtschiffe, welche die Gemeinden im Sommer mit allen möglichen Nahrungsmitteln, Konsumgüterartikeln, Baumaterialien etc. versorgen, fahren momentan leer zurück. Sie könnten auf dem Rückweg Müll mitnehmen und an einer Deponie im Süden abladen. Die Materialien könnten an der Deponie getrennt, gepreßt oder gebündelt und in Container geladen werden. Die vollen Container könnten dann unter minimalem Zeitaufwand in den sich leerenden Frachtraum der Schiffe geladen werden, wenn diese im Spätsommer die Gemeinden besuchen.

8.5 ALTLASTEN IN DER BAFFIN-REGION

Da die Folgekosten für die Sanierung von Altstandorten und Altdeponien, die sich oft erst später als Problemfälle, d.h. Altlasten, herausstellen, meist wesentlich höher sind als die ursprünglichen Ablagerungskosten, sollte die Abfallwirtschaft immer bestrebt sein, Altlasten zu vermeiden. Der größte Verursacher von Altlasten in der Baffin-Region ist das Militär. Sowohl die US-Streitkräfte, als auch das DND sind für die mit der DEW-Line assoziierten Müllplätze und aufgelassen Standorte verantwortlich (ANDZANS & ASSOCIATES, 1984). Viele dieser Altstandorte und Altdeponien beeinhalteten große Mengen an PCB-haltigen Flüssigkeiten. Trotz mehrerer groß angelegter Aufräumaktionen (HOLTZ et al., 1986) muß an vielen Standorten noch mit einer Belastung der umgebenden Ökosysteme durch PCBs gerechnet werden (HÄRTLING, 1990b). Im Prinzip gelten hier dieselben Strategien wie für existierende Mülldeponien, da viele Altdeponien auch heute noch gelegentlich von den Bewohnern genutzt werden. Der Unterschied zu existierenden Deponien besteht in der hohen Variabilität der Kontaminanten, der Anwesenheit von ein oder mehreren Problemschadstoffen, dem geringen Anteil an organischem Abfall und dem Grad des Abbaus des Deponiekörpers.

Dies bestätigte sich auch bei der West 40 #1 Deponie in Iqaluit zeigte, wo ebenfalls eine sehr geringe organische und mikrobiologische Belastung vorgefunden wurde und auch der Einfluß der metallischen Kontaminanten auf die umgebenden Ökosysteme mittlerweile gering ist. Problematisch ist an der Deponie West 40 #1 der Anteil an Perchlorethylen und PCBs. Bei anderen Altdeponien könnte es andere Problemschadstoffe geben.

Die in hochindustrialisierten Ländern üblichen Sanierungsmethoden für Altstandorten und Altdeponien (Auskoffern, on-site Verfahren, in situ Verfahren) werden für die Baffin Region und auch für die gesamte kanadische Arktis als unrealisierbar und nicht notwendig angesehen. Die potentielle Verschmutzung der Umwelt durch Altdeponien ist wesentlich geringer als bei hochtoxischer Deponien in den Industrieländern. Zwei Sanierungsmaßnahmen werden allerdings zur Sicherung der Standorte für unabdingbar angesehen: Die Entfernung von spezifischen Kontaminanten, z.B. PCBs, die oberflächlich in Transformatoren etc. gefunden werden, und die Fassung und Behandlung der Deponiesickerwässer. Bei Problemstandorten würde sich im arktischen Raum eine Immobilisierung des Standorts durch Gefrierelemente/ Wärmeaustauscher anbieten (ISKANDAR, 1986).

8.6 GESUNDHEITLICHE BEEINTRÄCHTIGUNG DER BEVÖLKERUNG

8.6.1 Einleitung

"Gesundheit" wird von der Weltgesundheitsorganisation als die Gesamtheit physischen, mentalen und sozialen Wohlempfindens und nicht einfach als die Abwesenheit von Krankheit verstanden. Wesentliche Voraussetzungen für dieses Wohlempfinden sind unter anderem die Versorgung mit ausreichendem und qualitativ gutem Wasser und hygienische Verhältnisse bei der Entsorgung des Abfalls und des Abwassers. In mehreren dieser Bereiche müssen in der Baffin-Region Abstriche gemacht werden.

8.6.2 Gesundheitliche Auswirkungen durch Trinkwasser

Die Gesundheit der Bevölkerung der Baffin-Region kann sowohl durch zuwenig Wasser (Quantität) als auch durch schlechte Wasserqualität beeinträchtigt werden. Die Regierung der N.W.T. geht davon aus, daß 60 l/E/d ausreichend für den täglichen Gebrauch (Waschen, Kochen etc.) ist (SMITH 1986). Dies wird durch die Untersuchungen von MARTIN (1982), MICHAEL (1984), BRETT (1986) und anderen Forschern bestätigt. Wie die Zahlen von Pangnirtung und Pond Inlet zeigen, liegen die Gemeinden der Baffin-Region, die durch Tankwagen versorgt werden, an dieser Grenze oder leicht darunter. Gemeinden, die mit Utilidor oder Kanalisation ausgestattet sind, verbrauchen erheblich mehr Trinkwasser. Häuser mit zu kleinem Wassertank und ohne interner Installation sollten baldmöglichst umgerüstet werden, da in diesem Fall erfahrungsgemäß der Wasserverbrauch erheblich unter 60 l/E/d liegt. Damit erhöht sich auch die Wahrscheinlichkeit von Magen- und Darminfektionen, Hautkrankheiten etc. (BRETT, 1986; MICHAEL, 1984).

Die vorgefundene Wasserqualität der Trinkwasserquellen ist sowohl in chemischer als auch in mikrobieller Hinsicht ausreichend. Geogen bedingte Unterschiede verschlechtern die chemische Wasserqualität nur unwesentlich. Hin und wieder auftretende virologische und bakterielle Probleme werden vor allem durch den Transport und die Verteilung des Wassers verursacht. Dies kann durch vorsichtigeren Umgang und durch adäquate Zugabe von Desinfektionsmitteln vermieden werden. Allerdings ist vor Chlor- oder Fluorüberdosierungen zu warnen. In solchen Fällen kann es vorkommen, daß das behandelte Wasser von Teilen der Bevölkerung abgelehnt wird, und auf traditionelle Quellen (Eis, Flüsse, Seen) zurückgegriffen wird, die mikrobiell verunreinigt sein können (MARTIN, 1982; MICHAEL, 1984).

8.6.3 Gesundheitliche Auswirkungen durch Abwasser und Sickerwasser

Entscheidend für eine mögliche Gefährdung der Bevölkerung durch Abwasser und Sickerwasser sind (a) Menge und Toxizität des Wassers, (b) Art der Behandlung, (c) Art des empfangenden Ökosystems und (d) Nutzung des empfangenden Ökosystems. Die Beispiele von Iqaluit, Pangnirtung und Pond Inlet zeigen, daß die chemische Belastung kommunaler Abwässer und Sickerwasser in der Baffin-Region gering ist. Die meisten Werte liegen unter den Grenzwerten der Trinkwasserverordnung. Die mikrobielle Belastung entspricht der von Gemeinden in gemäßigten Klimaten.

Da in den meisten Gemeinden keine Behandlung erfolgt oder nur Absetzbecken vorhanden sind, fließen die Sickerwässer und Abwässer direkt in den Vorfluter. Bei Gemeinden, die an Steilküsten liegen und deren Vorfluter das Meer ist (z.B. Pond Inlet), ist der Verdünnungsfaktor so groß, daß nicht mit Beeinträchtigungen der Bevölkerung zu rechnen ist. Anders sieht es bei Iqaluit und Pond Inlet aus, wo der größte Teil des Eintrags in den Wattenbereich erfolgt. Hier liegt der Verdünnungsfaktor wesentlich niedriger, und die chemischen und mikrobiellen Belastungen können sich im organischen Anteil sowie in Fauna und Flora anreichern. In diesem Falle tritt zusätzlich belastend hinzu, daß der Wattenbereich zum Fischen und zum Sammeln von Muscheln genutzt wird. Die Gefährdung der Bevölkerung wird dadurch wesentlich erhöht, daß, im Gegensatz zu dem früheren, geschlossenen Kreislauf der Pathogene, heute durch saisonale Arbeiter oder Haustiere aus dem Süden Pathogene eingeschleppt werden, für die bei der einheimischen Bevölkerung keine Immunität vorhanden ist und die daher epidemische Auswirkungen haben können.

Die chemische Belastung der Flora und Fauna in der Baffin-Region (BOWES & JONKEL, 1975; MUIR et al., 1987; WAGEMANN & MUIR, 1984; WONG, 1985) ist nur zu einem geringen Anteil auf kommunale Abwässer oder Sickerwässer zurückzuführen. In der Baffin-Region werden außer den Einleitungen der beiden Blei/Zinkminen in Nanisivik und Polaris keine industriellen Abfälle oder Abwässer produziert. Die meisten Untersuchungen verweisen auf den globalen Transport durch Meeresströmungen und die Atmosphäre als die hauptsächlichen Verursacher der hohen Konzentrationen von organischen und metallischen Kontaminanten in den arktischen Biota (BARRIE et al., 1992; GREGOR & GUMMER, 1989; HÄRTLING, 1990b; RAHN, 1981).

Die relativ hohen Konzentrationen von lipophilen Kontaminanten in den Bewohnern der Baffin-Region erklären sich aus den Eßgewohnheiten, d.h. von der einheimischen Bevölkerung werden sehr viele Fische und marine Säugetiere konsumiert. Halogenorganische Kontaminanten und methylierte Metalle lagern sich vor allem im Fettgewebe der Meeressäugetiere an. Dieses Fett ("muktuk") wird von den Inuit, roh oder kurz angebraten, als besondere Delikatesse gegessen. Ein Beispiel für die Bioakkumulation lipophiler Kontaminanten im Menschen bieten die Untersuchungen von KINLOCH & KUHNLEIN (1987) und KUHNLEIN (1989) in Brougton Island. Die Untersuchungen zeigen erhöhte Gesamtkörper- und Blutkonzentrationen von PCBs in einem erheblichen Teil der Bevölkerung (siehe Kap. 2.7.). Es ist aber unklar, ob überhaupt oder inwieweit die militärische Altlast in Broughton Island (eine aufgegebene DEW-Line Station) als lokale Verschmutzungsquelle zu der Kontamination beigetragen hat oder ob diese ausschließlich auf allgemeine globale Kontamination zurückzuführen ist (was die meisten Forscher vermuten).

Allgemein kann festgestellt werden, daß die Abflüsse von Sanitationssystemen in der Baffin-Region keine nachweisbare chemische Belastung für die Bevölkerung darstellen. Wegen des ebenfalls nur schwer nachweisbaren mikrobiellen Einflusses sollten kommunale Einleitungen desinfiziert und zumindest in einem Klärteich oder -becken vorbehandelt werden.

8.6.4 Gesundheitliche Beeinträchtigung durch atmosphärischen Eintrag

Im kanadischen arktischen Luftmessprogramm ("Canadian Arctic Aerosol Sampling Network" - CAASN) wird unter anderem die chemische Luftqualität und die großräumige Verfrachtung von Kontaminanten in die kanadische Arktis untersucht (GREGOR & GUMMER, 1989; RAHN, 1981). Zur lokalen atmosphärischen Belastung durch offenes Verbrennen auf den Deponien oder durch die Müllverbrennungsanlage in Pangnirtung liegen dagegen keine Untersuchungen vor. Das gesundheitsgefährdende Potential ist jedoch beträchtlich. Niedertemperaturverbrennung produziert karzinogene, teratogene und mutagene Substanzen wie Furane, Dioxine etc., die je nach atmosphärischen Verhältnissen die Gesundheit der Bevölkerung beeinflussen können. Hier besteht in der Baffin-Region ein erheblicher Nachholbedarf an Grundlagendaten zur lokaler Luftqualität und zu Auswirkungen auf die Menschen.

8.6.5 Zusammenfassung

Das Krankheitsbild der Bewohner der Baffin-Region gleicht sich mehr und mehr dem der Menschen in den Industrieländern an (HÄRTLING, 1991; 1990b). Hauptursachen dafür sind geänderte Lebensweise und Ernährung, aber auch die globale chemische und radiologische Verschmutzung. Der Einfluß der chemischen Fracht von kommunalem Abwasser und Deponien auf die Gesundheit der Bevölkerung ist vermutlich nur gering. Es besteht aber weiterhin das Potential pathogener Verseuchung durch nicht endemische Pathogene. Ein Zusammenhang zwischen lokalen Verschmutzungsquellen und bestimmten Krankheitsbildern läßt sich in der Baffin-Region nicht herstellen.

9 ZUSAMMENFASSUNG UND AUSBLICK

Insgesamt kann die Situation in der Baffin-Region bezüglich der Wasserversorgung, Abwasserentsorgung und Abfallwirtschaft als durchaus zufriedenstellend beurteilt werden. Der Vergleich mit vielen Ländern der Dritten Welt, der bis weit in die 70er Jahre hinein gerechtfertigt schien, ist heute nicht mehr angebracht.

Die meisten Gemeinden in der Baffin-Region können ihre Bewohner das ganze Jahr hindurch mit ausreichendem Mengen an sauberem Wasser versorgen. In den restlichen Gemeinden kann das Rohwasserdefizit durch bessere Ausnutzung der bestehenden Kapazitäten, durch Erweiterungen von bestehenden Reservoirs oder durch Neubauten bis ca. 1995 beseitigt werden. Während die kleineren Kommunen mit Tankwagenverteilung bemüht sein müssen, den Wasserverbrauch auf 60 l/E/d anzuheben oder zu halten, führt der exzessive Verbrauch in Iqaluit dazu, daß Wassersparmaßnahmen geplant werden müssen. Die chemische und mikrobiologische Qualität des Trinkwassers ist ausgezeichnet; so liegen die Werte alle unter den Anforderungen der kanadischen oder der deutschen Trinkwasserverordnung. Geschmacksbeeinträchtigungen des Trinkwassers sind vor allem in Fluor- sowie Chlorüberdosierungen begründet. Damit das Wasser bei der Bevölkerung volle Akzeptanz findet, müßte die Zugabe der Desinfektionsmittel auf ein Minimum reduziert und dauernd überwacht werden.

Probleme gibt es bei der Abwasserwirtschaft. Das Verteilersystem ist der jeweiligen Situation angepaßt (Tankwagen für die kleineren Gemeinden, Utilidor/Kanalisation für die Städte). Nur 50 % der Gemeinden üben irgendeine Form der Abwasserbehandlung (Absetzteiche) aus, bevor das Abwasser in den Vorfluter, meist das Meer, gelangt. Die Absetzteiche sind teilweise unbrauchbar (Pond Inlet, Iqaluit bis 1988) oder ihr Wirkungsgrad gering. Hier werden erhebliche Investitionen erforderlich sein (Neubau und Instandsetzung von Absetzteichen, Desinfektion etc.), um die Gefährdung der Umwelt und des Menschen (beim Fischen, Muscheln sammeln und Baden) vor allem in mikrobieller Hinsicht zu reduzieren. Werte von 8.7×10^6 fäkalen Coliformbakterien beim Abfluß des Klärteichs und immerhin noch 2.1×10^3 FC im Vorfluter in Iqaluit zeigen das Gefährdungspotential, dem es zu begegnen gilt. Sowohl die Überwachung, als auch der Wirkungsgrad der Systeme ist deutlich zu verbessern.

Auch bei der Abfallwirtschaft in der Baffin-Region kann noch vieles verbessert werden. Dabei sollte nicht nur an die endgültige Entsorgung des Abfalls gedacht werden, sondern es sollten Strategien zur Müllvermeidung, -reduzierung, -verwertung und -verschickung entwickelt werden. Müllverbrennungsanlagen, wie die in Pangnirtung, stellen allerdings durch die damit assoziierten Probleme kein umweltgerechtes Mittel der Müllreduzierung dar. Eine genauere Beurteilung von MVAs in arktischen Räumen muß bis zur Erstellung von Daten zu den Emmissionen und den Rückständen warten. Erste Ansätze zur Wiederverwertung finden sich im Aluminiumrecyclingprogramm in Iqaluit oder den Flohmärkten in allen Gemeinden.

Bei der Abfallentsorgung muß zwischen früheren und heutigen Praktiken unterschieden werden. Die Art und Weise, wie in früheren Jahren Müll entsorgt wurde, kann nur als katastrophal bezeichnet werden. Die meisten älteren Deponien müßten stillgelegt und saniert werden (z.B. die Deponie West 40 #4 in Iqaluit). Andere Deponien zeigen nur eine geringfügige Belastung der sie umgebenden Ökosysteme (z.B. die Deponie West 40 #1 in Iqaluit). Wegen einzelner Kontaminanten, vor allem PCBs, bereiten die militärischen Altlasten, z.B. die relikten DEW-Line Stationen und die damit assoziierten Deponien, die größten Probleme. Die Anstrengungen der letzten Jahre, Altlasten zu sanieren und die heutigen Deponiepraktiken zu verbessern, sind dagegen erheblich.

Eines der größten Probleme stellt wiederum der Mangel an Information dar. Eine regelmäßige Überwachung aller relikten und heutigen Deponien ist notwendig, um gesicherte Grundlagendaten für die weitere Planung zu erhalten. Die Probenahmen und die meisten Analysen könnten durch einheimisches Personal in den Laboratorien von Pond Inlet und Iqaluit durchgeführt werden.

Die zum erstenmal in arktischen Räumen eingesetzte Phasendifferenzierungsanalyse zeigt auf eindrucksvolle Weise, daß bei gering bis mäßig belasteten Standorten die bisherige Praxis, ausschließlich Gesamtkonzentrationen anzugeben, unbefriedigend ist. Geogen bedingt hohe Metallkonzentrationen könnten sonst eine Kontamination des Standorts vortäuschen. Zu Voruntersuchungen und genaueren Analysen von Schadstoffahnen bietet sich daher die Phasendifferenzierungsanalyse auch im arktischen Raum an, wobei der 0.1 HCl-Extraktion der Vorrang eingeräumt wird, da mit höheren Bestimmungsgrenzen, d.h. mit weniger Aufwand und Kosten gearbeitet werden kann und mehr Fraktionen erfaßt werden (karbonatische Fraktion), obwohl die 1 N NH_4OAc-extrahierten Werte teilweise eine bessere Darstellung der Schadstoffahnen produzierten (App. C). Die elektromagnetische Induktionsmessung und die Diatomeenanalyse sind zum Zweck der Voruntersuchung von Deponieeinflüssen in arktischen Räumen nur bedingt einsetzbar (Kap. 4.3).

In den letzten Jahren setzt sich in der Baffin-Region mehr und mehr die Erkenntnis durch, daß der umweltgerechten Wasserversorgung, Abwasserentsorgung und Abfallwirtschaft sowohl aus ökologischen wie ökonomischen und medizinischen Gründen ein wichtiger Stellenwert einzuräumen ist. So werden ökologische und hygienische Argumente durch die Erkenntnis verstärkt, daß die Erwerbszweige der Zukunft, nämlich Tourismus und Kunstgewerbe, durch unsachgemäße Abwasser- und Abfallentsorgung negativ beeinflußt werden können. So ist der ästhetische Einfluß von stinkenden Klärteichen und Deponien, von Müllbestandteilen auf den Straßen und Rauchfahnen über den Ortschaften auch in finanzieller Hinsicht nicht zu unterschätzen.

Das Krankheitsbild der Bewohner der Baffin-Region gleicht sich mehr und mehr dem der Menschen in den Industrieländern an, wobei allerdings der Einfluß der chemischen Fracht von kommunalem Abwasser und Deponien auf die Gesundheit der Bevölkerung vermutlich nur gering ist. Es besteht aber weiterhin das Potential pathogener Verseuchung durch nicht endemische Pathogene, die aus dem Süden eingeschleppt wurden. Ein Zusammenhang zwischen lokalen Verschmutzungsquellen und bestimmten Krankheitsbildern läßt sich in der Baffin-Region nicht herstellen.

Durch die administrativen Veränderungen der letzten Jahre und das freundlichere politische Klima Umweltbelangen gegenüber wurde der politische und administrative Rahmen für die weitere Entwicklung umweltgerechter Abwasser- und Abfallentsorgungssysteme geschaffen. Im Umweltbereich hat die Regierung der N.W.T. in den letzten zwei Jahren einige bahnbrechenden Neuerungen eingeführt. So wurde 1990 die "Sustainable Development Policy" eingeführt, die (zumindest theoretisch) die Gleichwertigkeit von Ökonomie und Ökologie in der Planung anerkennt. Ebenfalls 1990 wurde der "Round Table on the Environment and Economy" geschaffen. Als stärkste Unterstützung für die gefährdete Umwelt sieht die Umweltlobby den im Januar 1991 verabschiedeten "N.W.T. Environmental Rights Act" an, den die N.W.T. als erste Provinz Kanadas durchsetzte (CARC, 1991a). Das Gesetz gibt jedem Bürger der N.W.T. das Recht auf vollständige, schriftliche Information über Umwelteingriffe (inklusive der Einleitung toxischer Substanzen) innerhalb von 90 Tagen und ein allgemeines, unspezifisches Klagerecht des Bürgers gegen Privatpersonen, Unternehmen oder den Staat, wenn ein unrechtmäßiger Eingriff in die Umwelt vermutet wird (CARC, 1991a).

Auch auf Bundesebene wird auf das gestiegene Umweltbewußtsein der Bevölkerung reagiert. So stellten DIAND Minister Tom Siddon und Umweltminister Jean Charest im April 1991 der arktischen

Bevölkerung die lange erwartete "Arctic Environmental Strategy" vor (SPENCE, 1991b). Die auf sechs Jahre (bei einem Finanzvolumen von 100 Mio. Dollar) angelegte Strategie beeinhaltet unter anderem ein 30 Mio. Dollar Aufräumprogramm von 13 Militärdeponien (z.B. in Iqaluit) und 21 weiteren Deponien, in welchen toxische Substanzen vermutet werden, Unterstützung für die Abfallwirtschaftsplanung der Kommunen und ein Programm zur allgemeinen Reduzierung chemischer Kontaminanten in der einheimischen Nahrung (SPENCE, 1991b). Außerdem wurde bei einem Treffen der acht Polarnationen in Rovaniemi (13.-14.6.1991) die "Arctic Environmental Protection Strategy" unterzeichnet, in welcher sich die Regierungen der acht Polarnationen zum wissenschaftlichen Austausch, verstärkter Überwachung von wirtschaftlichen Projekten und gemeinsamen Anstrengungen zur Kontrolle und Reduzierung von umweltschädlichen Substanzen verpflichten. Um eine kontinuierliche Überwachung anthropogener Beeinflussungen zu gewährleisten, sollen vier Programme (u.a. das "Arctic Monitoring and Assessment Programme (AMAP)" eingerichtet werden (CARC, 1991b).

Diese Pläne, Absichtserklärungen und Programme geben allerdings nur einen Rahmen vor, der von den Menschen vor Ort umgesetzt werden muß. Dabei ist es von entscheidender Bedeutung, daß alle Planungen und Entscheidungen in enger Konsultation mit der einheimischen Bevölkerung durchgeführt werden. Zum einen sind die lokalen Gegebenheiten zu unterschiedlich, um einem bestimmten Regionalplan untergeordnet zu werden. Zum anderen ist es bei der Geschichte und der Persönlichkeitsstruktur der einheimischen Bevölkerung unbedingt erforderlich, daß die letzten Entscheidungen (oder zumindest ein Vetorecht) bei den einzelnen Gemeinden liegen. In den letzten Jahren ist das Interesse der Bevölkerung an Wasserversorgung, Abwasserentsorgung und Abfallwirtschaft und seinen Auswirkungen auf die Umwelt und die Menschen stark angestiegen. Die vielen Stellungnahmen und Artikel in der lokalen Presse zeigen, daß die Bevölkerung nicht mehr bereit ist, den Sachverständigen aus dem Süden Kanadas die Entscheidungen über lokale Probleme zu überlassen.

Insgesamt ist die weitere Entwicklung von Wasserversorgung, Abwasserentsorgung und Abfallwirtschaft für die Baffin-Region als sehr günstig zu beurteilen. Wenn das momentane Engagement der Bevölkerung und die politische Bereitschaft der verschiedenen Regierungsebenen anhält, kann davon ausgegangen werden, daß bis zum Jahre 2000 der größte Teil der Systeme für Wasserversorgung sowie Abwasser- und Abfallentsorgung den gesundheitlichen, ökologischen und ökonomischen Anforderungen dieser Region gerecht werden.

10 SUMMARY

In this study, water supply and sanitation in the Baffin-Region, Northwest-Territories, was investigated in order to evaluate the current situation and future demands. Special attention was given to those aspects of water supply and sanitation dealing with environmental and health issues. In general, the situation of water supply and sanitation in the Baffin-Region is considerably better than previously assumed. Earlier comparisons with some countries in the developing world are not justified any more.

The water supply situation in the Baffin-Region is excellent. Most communities can supply their inhabitants with a sufficient supply of clean water. The other communities will be able to satisfy the increasing demands until the end of the century by water conservation measures, better utilization or extension of the present systems, and by the construction of new reservoirs. For hygienic reasons, the smaller communities with trucked distribution systems should be encouraged to keep (or to increase) their water consumption to at least 60-90 l/E/d. The largest community of the Baffin-Region, Iqaluit (with piped system), shows excessive consumption of raw water (ca. 500 l/E/d). In this situation, an extension of existing systems seems to be the wrong solution. Rather, water consumption should be monitored and water conservation measures (CAMERON & ARMSTRONG, 1979) should be introduced to decrease consumption below 250 l/E/d. The chemical and microbiological quality of the raw water and of the treated drinking water is excellent. All measured values are below the "Guidelines for Canadian drinking water " (CANADA, 1987c). Taste problems occur from time to time due to excessive levels of chlorination or fluoridation. In order to achieve better acceptance of the drinking water by the population, the dosage of fluoride or chlorine should be reduced to the necessary levels and the personnel should be trained for better surveillance of disinfectant concentrations.

Things are not so rosy on the sewage treatment side. The distribution systems seem to be adequate for the respective sizes of the communities (trucked system for the smaller communities; piped system for Iqaluit). However, only 50% of the communities utilize any kind of sewage treatment before discharging the sewage into nearby receiving waters (lakes or the ocean). Even those communities with settling tanks or ponds experience severe problems with treatment performance (retention times, sludge accumulation etc.). Most communities in the Baffin-Region require considerable investments in order to alleviate this situation (extension or construction of disinfection systems and sewage tanks or ponds). The most important measure seems to be the introduction of sewage disinfection systems, such as disinfection chambers (UV, ozone, chlorination), in order to reduce microbiological loadings. Values of 8.7×10^6 fecal coliforms (FC) at the discharge from the sewage pond in Iqaluit and of 2.1×10^3 FC several hundred meters downstream show the potential threat for northern communities. Since the receiving waters of most communities are used for mussel collection and fishing, this problem should not be underestimated. Also, regular testing and surveillance should be stipulated.

The situation with respect to solid waste and leachates from waste disposal sites is not much better. Most problems, however, stem from sins of the past, while today strong efforts are being made to improve the systems. The most important task for the future seems to be a change in attitude and ethics with regard to waste production. Strategies to reduce the amount of waste produced should be developed (such as reduction, reuse, recycling, or returning waste to the southern origins). Some programs (aluminum recycling, second-hand basars) are already in place in Iqaluit. Incinerators do not seem to be the solution for the waste disposal issue. Apart from technical problems due to natural (thermal inversions, wind, temperature etc.) and anthropogenic causes (amount and quality of waste, operators etc.), incinerators produce toxic emmissions and detract from the long-term solution.

Some communities experience problems with the placement of disposal sites (area, wind, receiving environment). Consideration should be given to more distant sites. This would increase the transportation costs, but (in most cases) decrease operation and maintenance costs. Berms to inhibit leachate flow, fences to ward off wind and scavangers, and ditches to re-direct surface flows away from the waste disposal site should be installed at all sites. Abandoned waste disposal and military sites still pose a substantial problem in the Baffin-Region. Several efforts during the past decade have reduced the amounts of toxic materials present at these sites, many sites, however, are still not thoroughly cleaned up or reclaimed. The "Environmental Strategy" (SPENCE, 1991b) is a promising step for the future providing the Territories with approximately 30 Mio. Dollars to clean up and reclaim various abandoned waste disposal sites.

One of the biggest problem in the past, was lack of information with regard to the behavior and transport of the contaminants, of the reactions in the receiving ecosystems and of the operation and efficiency of water supply and sanitation systems under arctic conditions. Many of these issues have been tackled by the scientific community since the 80s, but there is still considerable lack of base data, particularly with respect to waste disposal leachates. Therefore, future planning should always include regular testing and surveillance of the sewage/leachates and of the receiving ecosystems. Sampling and testing of general parameters (including nutrients, FC and TC) could be carried out by local personnel. Toxic metals and AOX/EOX could be analysed at the laboratories in Iqaluit and Pond Inlet, while the the analysis of specific organic compounds should be carried out by the territorial laboratories in Yellowknife, because of the high initial capital cost for the equipment.

For detection and specific analysis of leachate plumes, tracer and metal speciation methods seem to promise good success. Analysis of total metals and 0.1 HCl extracted metals seems to be sufficient to determine contaminant flow and antropogenic input. At low contaminant concentrations, measurement of total metals only does not provide any useful information, if the background values are unknown. Electromagnetic induction surveillance proved to be largely unsuccessful due to the small scale of the research area, to edge effects, and to the influence of waste materials. Diatom analysis, though very successful for specific investigations (historic land use analysis) cannot be used as a method for regular testing because of the high demand on time and expertise.

In terms of total amounts, the input of chemical contaminants from sewage or leachates into the receiving environments is very small. Other transport routes, for example by long range transport (LRT), are much more important (BARRIE et al., 1992). However, due to the fact that many areas of sewage and leachate discharge are also areas of mussel collecting and fishing, specific attention should be given to the water quality of these receiving waters in order to alleviate potential health problems for the population. A particular problem are pathogens, that have been introduced to northern waters by people or domestic animals from the south. Since the population is not used to these pathogens, they pose a potential threat of epedemic proportions to the endigenious population. In general, the health situation in the Baffin-Region is approaching "modern times", that is traditional diseases diminish, while typical civilatory disorders increase in number. It is not clear from the existing data, whether contamination from sewage or leachates influences the disease pattern.

In general, the future development of water supply and sanitation in the Baffin Region seems to be promising. The population of the N.W.T. seems to be willing to deal with these problems and, as more and more responsibility is transferred to the Territories, the people of the north have a historical chance to improve all systems of water supply and waste- and sewage disposal according to their own requirements.

LITERATURVERZEICHNIS

ACKERMANN, F., BERGMANN, H. & SCHLEICHERT, U., 1976: On the reliability of trace metal analyses: Results of intercomparison analyses of a river sediment and an estuarine sediment. Fresenius Zeitschrift für Analytische Chemie, 296:270-276, Berlin.

ADAMS, F. & DAMS, R., 1969: A compilation of precisely determined gamma transition energies of radionuclides produced by reactor irridiation. Journal of Radioanalytical Chemistry, 3:99-125, Amsterdam.

ALFORD-STEVENS, A.L., 1986: Analyzing PCBs. Environmental Science and Technology, 20(12):1194-1199, Easton.

AMERICAN PUBLIC HEALTH ASSOCIATION (APHA), 1985: Standard methods for the examination of water and wastewater. Washington.

ANDERSON, D.M. & MORGENSTERN, N.R., 1973: Physics, chemistry and mechanics of frozen ground: A review. In: Second International Conference on Frozen Ground, North American Contribution, Proceedings: 257-288, Washington. - National Academy of Science.

ANDREWS, J.T. (ed.), 1985a: Quaternary environments: Eastern Canadian Arctic, Baffin Bay and Western Greenland. Boston.

ANDREWS, J.T., 1985b: Grain-size characteristics of quaternary sediments, Baffin Island region. In: ANDREWS, J.T. (ed.): Quaternary environments:124-153, Boston.

ANDREWS, J.T., 1988: Climatic evolution of the eastern Canadian Arctic and Baffin Bay during the past three million years. Philosophical Transactions of the Royal Society London (B), 318:645-660, London.

ANDREWS, J.T. & Miller, G.H., 1984: Quaternary glacial and nonglacial correlations for the eastern Canadian Arctic. In: FULTON, R.J. (ed.): Quaternay stratigraphy of Canada - A Canadian contribution to ICGP project 24. Geological Survey of Canada, Paper 84-10:101-116, Ottawa.

ANDZANS & ASSOCIATES, 1984: DEW line data file. Ottawa. - Bericht an das Department of Indian Affairs and Northern Development (DIAND).

ASSOCIATED ENGINEERING SERVICES Ltd. (AES), 1980: Environmental effects of domestic waste discharge to marine arctic waters. Yellowknife. - Bericht an das Department of Local Government, Northwest Territories.

ASSOCIATED ENGINEERING SERVICES Ltd. (AES), 1978: Potential impact of wastewater from communities on the Liard, Peel and Mackenzie Rivers. Yellowknife. - Bericht an das Department of Local Government, Northwest Territories.

BALL, D.F., 1964: Loss-on-ignition as an estimate of organic matter and organic carbon in non-calcareous soils. Journal of Soil Science, 15:84-92, Oxford.

BANNON, P., 1982: Inspector report on the Town of Frobisher Bay. Iqaluit. - Unveröffentlichter Bericht an das Department of Indian Affairs and Northern Development (DIAND).

BANNON, P., 1981: Inspector report on the Town of Frobisher Bay. Iqaluit. - Unveröffentlichter Bericht an das Department of Indian Affairs and Northern Development (DIAND).

BARR, K., 1990: Water and sewage systems are carefully planned. In: BARR, K. (ed.): Public Works: Unique approaches to northern development in the circumpolar world:10, Yellowknife.

BARRIE, L.A., GREGOR, D., HARGRAVE, B., LAKE, R., MUIR, D., SHEARER, R., TRACEY, B. & BIDLEMAN., T. 1992: Arctic contaminants: sources, occurrence and pathways. The Science of the Total Environment, 122:1-74, Amsterdam.

BASTICK, T., 1982: Intuition: How we think and act. Chichester.

BELL, J., 1987a: Iqaluit council will find another place to put new dump. Nunatsiaq News, August 14, 1987:7, Iqaluit.

BELL, J., 1987b: Iqaluit council chooses new dump site. Nunatsiaq News, August 21, 1987:6, Iqaluit.

BERGER, T., 1977: Northern frontier, northern homeland: The report of the Mackenzie Valley Pipeline Inquiry. 2 Vols. Ottawa.

BETHEL, G. & BURNS, B.E., 1981: The chemical and bacteriological effects of municipal discharges on the Yukon River from the City of Whitehorse, 1977 - 1980. Environmental Protection Service, Yukon Branch, Regional Program Report 81-28, Whitehorse.

BIRD & HALE Ltd., 1978: Municipal refuse statistics for canadian communities of over 100 000 (1977-78). Ottawa. - Bericht an Environment Canada, June 1978.

BIRKELAND, P.W., 1978: Soil development as an indicator of relative age of quaternary deposits, Baffin Island, N.W.T., Canada. Arctic and Alpine Research, 10(4):733-747, Boulder.

BLACKADER, R.G., 1967: Geological reconnaissance, southern Baffin Island, District of Franklin. Canada, Geological Survey of Canada, Paper 66-47, Ottawa.

BLAKE, W., Jr., 1970: Studies of glacial history in Arctic Canada. Canadian Journal of Earth Science, 7:634-664, Ottawa.

BLISS, L.C., 1962: Adaptations of arctic and alpine plants to environmental conditions. Arctic, 15:117-144, Montreal.

BLISS, L.C. (ed.), 1977: Truelove Lowland, Devon Island, Canada: A High Arctic ecosystem. Edmonton.

BLISS, L.C., HEAL, O.W. & MOORE, J.J. (eds.), 1981: Tundra ecosystems: A comparative analysis. Cambridge.

BOAS, F., 1888: The Central Eskimo. Washington. - 6th Annual Report, Bureau of Ethnology, Smithsonian Institute.

BOCKHEIM, J.G., 1979: Properties and relative age of soils of southwestern Cumberland Pensinsula, Baffin Island, N.W.T., Canada. Arctic and Alpine Research, 11(3):289-306, Boulder.

BOHN, A. & FALLIS, F.W., 1978: Metal concentrations (As,Cd, Cu, Pb, and Zn) in *Shortorn sculpins*, *Myoxocephalus scorpius* and Arctic char, *Salvelinus alpinus* from the vicinity of Strathcona Sound, N.W.T. Water Research, 12(9):659-663, Oxford.

BOOTH, A., 1990: Recycling in Iqaluit. N.W.T. Science Update:7. Iqaluit. - Supplement to Nanutsiaq News, April 12, 1990.

BOURGOIN, B.P. & RISK, M.J., 1987: Historical changes in lead in the eastern Canadian Arctic, determined from fossil and modern *Mya truncata* shells. The Science of the Total Environment, 67:287-291, Amsterdam.

BOWES, G.W. & JONKEL, C.J., 1975: Presence and distribution of polychlorinated biphenyls (PCB) in arctic and subarctic marine food chains. Journal of the Fisheries Research Board of Canada, 32(11):2111-2123, Ottawa.

BOYD, W.L. & BOYD, J.W., 1962: Viability of thermophiles and coliform bacteria in arctic soils and water. Canadian Journal of Microbiology, 8:429-430, Ottawa.

BOYKO, A., 1985: PCBs analysis on soil samples. Iqaluit. - Unveröffentlichtes Memorandum an den Environmental Protection Service.

BRETT, A., 1986: The effects of water supply and sewage disposal facilities on public health in the Northwest Territories. Toronto. - Unveröffentlichte B.A.A. Thesis, School of Environmental Health, Ryerson Polytechnical Institute.

BRIDGEO, W.A. & EISENHAUER, H.R. (eds.), 1986: Arctic water pollution research: Applications of science and technology. Water Science and Technology, 18(2):1-193, Oxford.

BROWN, R.J.E., 1978: Permafrost. Hydrological Atlas of Canada (Plate 32). Ottawa. - Canada, Department of Fisheries and the Environment.

BURTON, G.A., GUNNISON, D. & LANZA, G.R., 1987: Survival of pathogenic bacteria in various freshwater sediments. Applied and Environmental Microbiology, 53(4):633-638, Washington.

CALMANO, W. & FÖRSTNER, U., 1985: Schwermetallbindungsformen in Küstensedimenten - Standardisierung von Extraktionsmethoden. Bonn. - BMFT, Forschungsbericht M 85-004.

CAMERON, J.J., 1987: Water use in trucked serviced residences. In: SMITH, D.W. & TILSWORTH, T. (eds.): Cold regions environmental engineering, Second International Conference, Proceedings:29-46, Edmonton.

CAMERON, J.J. & ARMSTRONG, B.C., 1979: Water conservation alternatives for the North. Environmental Protection Service, Report EPS 3-WP-80-2, Ottawa.

CAMERON, T.W.M. & BILLINGSLEY, L.W. (eds.), 1975: Energy flow - its biological dimension. Ottawa. - Royal Society of Canada.

CANADA, 1941: 8th Census of Canada. Ottawa. - Statistics Canada.

CANADA, 1944: Copies of correspondence on External Affairs files relating to the Crimson Route, 28 May 1942 - 26 June 1944. Ottawa. - Department of External Affairs.

CANADA, 1979: Analytical methods manual. Ottawa. - Environment Canada, Inland Waters Directorate, Water Quality Branch.

CANADA, 1983a: Environment Canada and the North. Ottawa. - Unveröffentlichtes Diskussionspapier, Environment Canada.

CANADA, 1983b: Sampling for water quality. Ottawa. - Environment Canada, Water Quality Branch, Inland Waters Directorate.

CANADA, 1984: Frobisher Bay A. Principal station data PSD/DSP-48. Ottawa. - Environment Canada, Atmospheric Environment Service.

CANADA, 1986: 12th Census of Canada. Ottawa. - Statistics Canada.

CANADA, 1987a: The Canadian system of soil classification. Ottawa. Department of Agriculture, Expert Committee on Soil Survey (ACECSS), Publication 1646.

CANADA, 1987b: Frobisher Bay A. Principal station data. Ottawa. - Environment Canada, Atmospheric Environment Service.

CANADA, 1987c: Guidelines for Canadian drinking water quality. Ottawa. - National Health and Welfare.

CANADA, 1989: Historical streamflow summary Yukon and Northwest Territories. Ottawa. - Environment Canada, Inland Waters Directorate.

CANADA, 1991. The state of Canada's environment. Ottawa

CANADIAN ARCTIC RESOURCES COMMITTEE (CARC), 1991a: Northwest Territories Environmental Rights Act. Members' Update, 1(5):3.

CANADIAN ARCTIC RESOURCES COMMITTEE (CARC), 1991b: The road to Rovaniemi: Forging an environmental strategy. Members' Update, 1(6):1.

CLAYTON, J.S., EHRLICH, W.A., CANN, D.B., DAY, J.H. & MARSHALL, I.B. (eds.), 1978: Soils of Canada. 2 Vols. Ottawa. - Canada, Department of Agriculture, Research Branch.

COLEMAN, T, 1986: Report on PCB clean-up of the Upper Sylvia Grinnel dumpsite, Iqaluit, N.W.T. Iqaluit. - Unveröffentlichter Bericht, Environmental Protection Service.

CUCHERAN, J., 1990: Submission to the Northwest Territories Water Board on application for renewal of license N5L4-0087 by the Town of Iqaluit. Iqaluit. - Town of Iqaluit, Department of Public Works.

DAVIES, D.F., 1974: Loss-on-ignition as an estimate of soil organic matter. Soil Science of America Proceedings, 38:150-151, Madison.

DUSSEAULT, J. & ELKIN, B., 1983: Community water and sanitation services - 1983. Baffin Region, Northwest Territories. Yellowknife. - GNWT, Department of Local Government.

DEPARTMENT OF INDIAN AFFAIRS AND NORTHERN DEVELOPMENT (DIAND), 1991: Unveröffentlichte Daten des Regional Headquarter. Iqaluit.

DEPARTMENT OF PUBLIC WORKS (DPW), 1990: Unveröffentlichte Daten des Regional Office. Iqaluit.

DOUGLAS, L.A. & TEDROW, J.C.F., 1959: Organic matter decomposition rates in arctic soils. Soil Science, 88:305-312, New Brunswick.

DOUGLAS, R.J.W. (ed.), 1981: Geology and economic minerals of Canada. Ottawa. - Canada, Geological Survey of Canada.

DYKE, A.S., ANDREWS, J.T. & MILLER, H., 1982: Quaternary geology of Cumberland Peninsula, Baffin Island, District of Franklin. Ottawa. - Canada, Geological Survey of Canada, Memoir 403.

DZIUBAN, S.W., 1959: Military relations between the United States and Canada 1939-1945. Washington. - United States Army in World War II, Special Studies.

EATON, R.D.P., 1982: Metallic contaminants of significance to Northwest Territories residents. Yellowknife. - GNWT, Science Advisory Board of the Northwest Territories.

EDLUND, S.A., 1983: Bioclimatic zonation in a High Arctic region: Central Queen Elisabeth Islands. In: Current Research, Part A:381-390, Ottawa. - Canada, Geological Survey of Canada, Paper 83-1A.

EDLUND, S.A. & ALT, B.T., 1989: Regional congruence of vegetation and summer climate patterns in the Queen Elizabeth Islands, Northwest Territories, Canada. Arctic, 42(1):3-23, Montreal.

EHRIG, H.J., 1988: Inhaltsstoffe von Deponiesickerwässern. In: KAYSER, R. & ALBERS, H. (eds.): Behandlung von Sickerwässern aus Abfalldeponien. Braunschweig. - Zentrum für Abfallforschung der Technischen Universität Braunschweig.

EHRIG, H.J. & SCHEELHAASE, T., 1992: Verfahren zur Behandlung von Sickerwässern aus Deponien für Siedlungsabfälle. Korrespondenz Abwasser, 39(2):179-187, Bonn.

ENGLAND, J., 1978: The glacial geology of northeastern Ellesmere Island, N.W.T., Canada. Canadian Journal of Earth Science, 15:603-617, Ottawa.

ENGLAND, J. & BRADLEY, R.S., 1978: Past glacial activity in the Canadian High Arctic. Science, 200:265-270, Washington.

ERICKSON, M.D., 1986: Analytical chemistry of PCBs. Stoneham.

FAIRBANKS, W., 1989: Commentary: Lagoon a disgrace to "wealthy" Iqaluit. Nunatsiaq News, 25. August 1989:4,6, Iqaluit.

FALLIS, B.W., 1982: Trace metals in sediments and biota from Strathcona Sound, N.W.T.: Nanasivik marine monitoring programme, 1974-1979. Ottawa. - Technical Report of Fisheries and Aquatic Sciences 1082.

FÖRSTNER, U. & WITTMANN, G.T.W., 1983: Metal pollution in the aquatic environment. Berlin.

FORGIE, D., 1974: Characterization of solid wastes from three northern communities. University of Saskatchewan. - Unveröffentlichter Bericht an Environment Canada.

FULTON, R.J. (ed.), 1989: Quaternary geology of Canada and Greenland. Ottawa. - Canada, Geological Survey of Canada.

GEONICS Ltd., 1986: Proven applications for Geonics EM-38, EM-31, EM-34 ground conductivity meters. Mississauga. - Geonics Limited.

GEONICS Ltd., 1984: EM-31 operating manual. Mississauga. - Geonics Limited.

GESELLSCHAFT DEUTSCHER CHEMIKER, 1991: Deutsche Einheitsverfahren zur Wasser,- Abwasser- und Schlammuntersuchung. 3 Bd. Weinheim.

GIBSON, B., 1990: Water management north of 60°N: The administration of inland waters. In: PROWSE, T.D. & OMMANNEY, C.S.L. (eds.), 1990: Northern hydrology: Canadian perspectives:227-239, Saskatoon. - NHRI Science Report 1.

GILBERT, R., AITKEN, A., McKENNA-NEUMAN, C., DALE J. & GLEW, J., 1987: Sedimentary environments, Pangnirtung Fiord. In: ANDREWS, J.T. et al. (eds.): Cumberland Sound and Frobisher Bay, Southeastern Baffin Island, N.W.T.:23-51, Montreal. - 12th INQUA Congress Field Excursion C-2.

GILLIECE, R., 1957: Polar flights get new refueling base. The Gazette, September 5, 1957, Montreal.

GLACCUM, R.A., BENSON, R.C. & NOEL, M.R., 1982: Improving accuracy and costeffectiveness of hazardous waste site investigations. Ground Water Monitoring Review, 2(3):36-40, Worthington.

GOLDER ASSOCIATES, 1973: Subsurface investigation, underground services and treatment facilities, Frobisher Bay, N.W.T. Iqaluit. - Bericht an J.L. Richards & Associates Ltd.

GOLTERMANN, H.L., CLYMO, R.S. & OHNSTAD, M. A. 1978. Methods for physical and chemical analyses of freshwater. London. - IBP Handbook 8.

GORDON, R.C., 1972: Winter survival of faecal indicator bacteria in a subarctic river. Washington. - United States, Environmental Protection Agency, National Environmental Research Centre, EPA-R2-72-013.

GOVERNMENT OF THE NWT (GNWT), 1981: Guidelines for municipal type wastewater discharges in the Northwest Territories. Yellowknife.

GOVERNMENT OF THE NWT (GNWT), 1990: 1990 Annual Report of the N.W.T. Yellowknife. - GNWT, Department of Culture & Communications.

GOVERNMENT OF THE NWT (GNWT), 1991a: NWT Databook 1990. Yellowknife. - Department of Culture & Communications.

GOVERNMENT OF THE NWT (GNWT), 1991b: Water Licence No. N5L4-0087 (Town of Iqaluit). Yellowknife. - GNWT, Northwest Territories Water Board.

HÄRTLING, J.W., 1987: Heavy metals and PCBs in waste disposal sites in Iqaluit, Baffin Island, N.W.T., Canada. Montreal. - Unveröffentlichtes Manuskript zur Exkursion C-2 der INQUA-Konferenz 1987.

HÄRTLING, J.W., 1988a: Trace metal pollution from the municipal waste disposal site near Pangnirtung, N.W.T. Kingston. - Unveröffentlichter Bericht an das Hamlet of Pangnirtung.

HÄRTLING, J.W., 1988b: PCB contamination of the water, soils and sediments downslope of the West 40 #1 Waste Disposal Site, Iqaluit, N.W.T. Kingston. - Unveröffentlichter Bericht an die Town of Iqaluit.

HÄRTLING, J.W., 1988c: PCB and trace metal pollution from a former military waste disposal at Iqualuit, Northwest Territories. Kingston. - Unveröffentlichte M.Sc. Thesis, Department of Geography, Queen's University.

HÄRTLING, J.W., 1989a: Trace metal pollution from a municipal waste disposal site at Pangnirtung, Northwest Territories. Arctic, 42(1):57-61, Montreal.

HÄRTLING, J.W., 1989b: Environmental Research on Baffin Island. Communique, 1:5, Ottawa.

HÄRTLING, J.W., 1990a: The development of environmental health in the Canadian Arctic: Water supply, sanitation and housing, Reply. Environmental Health Review 34,(4):110-111, Burlington.

HÄRTLING, J.W., 1990b: The development of environmental health in the Canadian Arctic: Radiological and chemical contamination. Environmental Health Review, 34(4):99-104, Burlington.

HÄRTLING, J.W., 1990c: The development of environmental health in the Canadian Arctic: Water supply, sanitation and housing. Environmental Health Review, 34(2):44-47, Burlington.

HÄRTLING, J.W., 1991a: Mülldeponie Arktis? Umwelt- und Gesundheitsprobleme in der kanadischen Arktis. Spiegel der Forschung, 8(2):14-19, Gießen.

HÄRTLING, J.W., 1991b: Jüngste Umwelt- und Gesundheitsprobleme in den kanadischen Nordwest-Territorien (N.W.T.). Polarforschung, 61(2/3):171-178, Bremerhaven

HÄRTLING, J.W., 1993a: Hydrochemie einiger Oberflächengewässer im südlichen Baffin Island, Nordwest-Territorien, Kanada. (eingereicht)

HÄRTLING, J.W., 1993b: Morphogenese und Chemismus von natürlichen und kontaminierten Böden in Iqaluit, Baffin Island, Nordwest-Territorien. (in Vorbereitung)

HÄRTLING, J.W., 1993c: Umwelteinflüsse von Sickerwässern aus genutzten und aufgelassenen Mülldeponien in der Baffin Region, Nordwest Territorien. Zeitschrift für Kanada-Studien (in Druck).

HATFIELD, C.T. & WILIAMS, G.L., 1976: A summary of possible environmental effects of disposing mine tailings into Strathcona Sound, Baffin Island. Vancouver. - Bericht an DIAND von Hatfield Consulting Ltd.

HAVLIN, J.L. & SOLTANPOUR, P.N., 1981: Evaluation of the NH4HCO3 -DTPA soil test for iron and zinc. Soil Science Society of America Journal, 45:70-75, Madison.

HAYNES, R.J. & SWIFT, R. S., 1983: An evaluation of the use of DTPA and EDTA as extractants for micronutrients in moderately acid soils. Plant and Soil, 74:111-122, The Hague.

HEENEY, P.L. & HEINKE, G.W., 1991a: Disposal of hazardous wastes in Canada's Northwest Territories. In: HMC-Northeast 91, Hazardous Material Control Research Institute, Proceedings:28-32, Boston.

HEENEY, P.L. & HEINKE, G.W. 1991b: Guidelines for the collection, treatment and disposal of hazardous and bulky wastes in the Northwest Territories. Yellowknife. - GNWT.

HEIN, H. & SCHWEDT, G., 1991: Richt- und Grenzwerte: Luft-Wasser-Boden-Abfall. Würzburg.

HEINKE, G.W., & SMITH, D.W., 1988: Guidelines for the planing, design, operation, and maintenance of wastewater lagoon systems in the Northwest Territories. Vol. II: Operation and maintenance manual. Yellowknife. - Department of Municipal and Community Affairs, GNWT.

HEINKE, G.W. & WONG, J., 1990a: An update of the status of solid waste management in communities of the Northwest Territories. Yellowknife. - GNWT.

HEINKE, G.W. & WONG, J., 1990b: Solid waste composition study for Iqaluit, Pangnirtung, and Broughton Island of the Northwest Territories. Yellowknife. - Bericht an das Department of Municipal and Community Affairs, GNWT.

HEINKE, G.W. & WONG, J., 1991. Guidelines for the planning, design, operation & maintenance of solid waste modified landfill sites in the Northwest Territories - 2 Vols. Yellowknife. - Department of Municipal and Community Affairs, GNWT.

HEINKE, G.W., SMITH, D.W. & FINCH, G.R., 1991: Guidelines for the planning and design of wastewater lagoon systems in cold climates. Canadian Journal of Civil Engineering, 18(4):556-567, Ottawa.

HEINKE, G.W., SMITH, D.W. & FINCH, G.R., 1988: Guidelines for the planning, design, operation, and maintenance of wastewater lagoon systems in the Northwest Territories. Vol. I: Planning and design. Yellowknife. - Department of Municipal and Community Affairs, GNWT.

HELLMANN, H., 1986: Analytik von Oberflächengewässern. Stuttgart.

HEROUX, J.A., 1987: The impact of raw wastewater discharge to Alert Inlet. In: SMITH, D.W. (ed.): Third International Specialty Conference on Cold Regions Engineering, Proceedings. Vol. III:861-878, Edmonton. - Canadian Society for Civil Engineering.

HESS, N., 1991: Einflüsse des geklärten Sickerwassers der Hausmülldeponie Waldeck-Frankenberg auf die Bachbiozönose. Gießen. - Unveröffentlichte Diplomarbeit, Agrarwissenschaften, Justus-Liebig-Universität, Gießen.

HODGSON, D.A. & HASELTON , G.M., 1974: Reconnaissance glacial geology, northeastern Baffin Island. Ottawa. - Canada, Geological Survey of Canada, Paper 74-20.

HÖLL, K., 1979: Wasser. Berlin.

HOLTZ, A., SHARPE, M.A., CONSTABLE, M. & WILSON, W., 1986: Removal of contaminants from Distant Early Warning sites in Canada's Arctic. Ottawa. - Canada, Environment Canada, Environmental Protection Service, Western and Northern Region 86/87-CP(EP)-16.

HONIGMANN, J.J. & HONIGMANN, I., 1965: Eskimo townsmen. Ottawa. - Canada, Canadian Research Centre for Anthropology.

HOPKINS, D.M. & SIGAFOOS, R.S., 1951: Frost action and vegetative patterns on Seward Peninsula, Alaska. In: United States Geological Survey, Bulletin 974-C:51-100, Washington.

ISHERWOOD, D.J., 1975: Soil geochemistry and rock weathering in an arctic environment. Boulder. - Unveröffentlichte PhD Thesis, University of Colorado.

ISKANDAR, I.K., 1986: Effect of freezing on the level of contaminants in uncontrolled hazardous waste sites. In: United States Cold Regions Research and Engineering Laboratory (CRREL), Special Report 86-19, Hanover.

IVES, J.D., 1978: The maximum extent of the Laurentide ice sheet along the east coast of North America during the last glaciation. Arctic, 31:24-53, Montreal.

IVES, J.D. & BARRY, R.G. (eds.), 1974: Arctic and alpine environments. London.

JACKSON, G.D. & MORGAN, W.C., 1978: Precambrian metamorphism on Baffin and Bylot Islands. In: FRASER, J.A. & HEYWOOD, W.W. (eds.): Metamorphism in the Canadian Shield. Geological Survey of Canada, Paper 78-10:249-267, Ottawa.

JACKSON, G.D. & SANGSTER, D.F., 1987: Geology and resource potential of proposed national park, Bylot Island and northwest Baffin Island, Northwest Territories. Geological Survey of Canada, Paper 87-17, Ottawa.

JACKSON, G.D. & TAYLOR, F.C., 1972: Correlation of major Aphebian rock units in the northern Canadian Shield. Canadian Journal of Earth Sciences, 9:1650-1669, Ottawa.

JACKSON, M.L., 1958: Soil chemical analysis. Englewood Cliffs.

JACOBS, J.D., 1985: Environment and prehistory, Baffin Island. In: ANDREWS, J.T. (ed.): Quaternary environments:719-740, Boston.

JACOBS, J.D. & STENTON, R., 1985: Environment, resources, and prehistoric setting in upper Frobisher Bay. Arctic Anthology, 22(2):59-76, Madison.

JACOBS, J.D., ANDREWS, J.T. & FUNDER, S., 1985a: Environmental background. In: ANDREWS, J.T. (ed.): Quaternary environments:27-68, Boston.

JACOBS, J.D., MODE, W.N., SQUIRES, C.A. & MILLER, G.H., 1985b: Holocene environmental change in the Frobisher Bay area, Baffin Island, N.W.T. Geographie Physique et Quaternaire, 39:151-162, Montreal.

JACOBS, J.D., MODE, W.N. & DOWDESWELL, E.K., 1985c: Contemporary pollen deposition and the distribution of Betula glandulosa at the limit of Low Arctic tundra in Southern Baffin Island, N.W.T., Canada. Arctic and Alpine Research, 17(3):279-287, Boulder.

JESSIMAN, D., 1990: Sewage lagoon effluent testing programm Iqaluit, N.W.T. Iqaluit. - Unveröffentlichter Bericht Report, DIAND.

JURICK, R. & McHATTIE, R., 1982: Mapping soil resistivity. The Northern Engineer, 14(4):14-19, Fairbanks.

KAY, M.A., MCKOWN, D.M., GRAY, D.H., EICHOR, M.E. & VOGT, J.R., 1973: Neutron activation analysis in environmental chemistry. American Laboratory,7:39-48, Greens Farms.

KARICKHOFF, S.W., 1984: Organic pollutant sorption in aquatic systems. Journal of Hydraulic Engineering, 110:707-735, New York.

KHEBOIAN, C. & BAUER, C.F., 1987: Accuracy of selective extraction procedures for metal speciation in model aquatic sediments. Analytical Chemistry, 59:1417-1423, Washington.

KING, C., 1958: Huts and radar masts - Home in the Arctic. Land of tomorrow is barren patch. The Ottawa Citizen, September 17, 1958, Ottawa.

KING, L., 1981a: Gletschergeschichtliche Arbeiten im Gebiet zwischen Oobloyah Bay und Esayoo Bay, N-Ellesmere Island, N.W.T., Kanada. Heidelberger Geographische Arbeiten, 69:233-267, Heidelberg.

KING, L., 1981b: Typen von Torfhügeln im Gebiet der Oobloya Bay, N-Ellesmere Island, N.W.T., Kanada. Polarforschung, 51(2):201-211, Balve.

KINLOCH, D. & KUHNLEIN, D.V., 1987: Assessment of PCBs in arctic foods and diets. Yellowknife. - Unveröffentlichter Bericht, Health and Welfare Canada, NWT Region.

KLUTE, A. (ed.), 1986: Methods of soil analysis. Part 1 - Physical and mineralogical methods. Madison. - American Society of Agronomy / Soil Science Society of America.

KOCH, T.C., SEEBERGER, J. & PETRIK, H., 1991: Ökologische Müllverwertung. Karlsruhe.

KONISHCHEV, V.N., 1982: Characteristics of cryogenic weathering in the permafrost zone of the European USSR. Arctic and Alpine Research, 14(3):261-265, Boulder.

KONRAD, J.G., CHESTERS, G. & KEENEY, D.R., 1970: Determination of organic- and carbonate-carbon in freshwater lake sediments by a microcombustion procedure. Journal of Thermal Analysis, 2:199-208, London.

KUHNLEIN, H.V., 1989: Nutritional and toxicological components of Inuit diets in Broughton Island, Northwest Territories. Yellowknife. - Bericht an das Department of Health, GNWT.

LADWIG, K.J., 1983: Electromagnetic induction methods for monitoring acid mine drainage. Ground Water Monitoring Review, 3(3):46-51, Worthington.

LENZ, K., 1988: Kanada. Eine geographische Landeskunde. Darmstadt.

LINDSAY, W.L. & NORVELL, W.A., 1978: Development of a DTPA soil test for zinc, iron, manganese and copper. Soil Science Society of America Journal, 42:421-428, Madison.

LIND, E.K., 1983: Holocene paleoecology and deglacial history of the Cape Rammelsberg area, southern Baffin Island, N.W.T., Canada. Boulder. - Unveröffentlichte M.Sc. Thesis, Department of Geology, University of Colorado.

LUMBSDEN, T.W. & SIU, K., 1984: Pangnirtung water supply study. In: Cold Regions Engineering Specialty Conference, Proceedings:307-322, Montreal.

LUMSDEN, T.W., SMITH, D.W., SIU, K.L. & PENEL, J., 1986: Evaluation of sewage treatment requirements in cold regions: case study - City of Whitehorse. In: RYAN, W.L. (ed.): Fourth International Conference on Cold Regions Engineering, Proceedings:499-509, New York.

MACBAIN-MELDRUM, S., 1975: Frobisher Bay. An area economic survey 1966 - 1969. Ottawa. - Bericht an die Industrial Division, Department of Indian Affairs and Northern Development.

MACKAY, D. & PATERSON, S., 1983: The fugacity approach for calculating nearsource toxic substance concentrations and partitioning in lakes. Water Pollution Research Journal of Canada, 16:59-69, Burlington.

MACKAY, D. & PATERSON, S., 1981: Calculating fugacity. Environmental Science and Technology, 15(9):1006-1014, Easton.

MACKAY, D., PATERSON, S., EISENREICH, S.J. & SIMMONS, M.S. (eds.), 1983a: Physical behavior of PCBs in the Great Lakes. Ann Arbor.

MACKAY, D., PATERSON, S. & JOY, M., 1983b: Application of fugacity models to the estimation of chemical distribution and persistence in the environment. In: SWANN, R.L. & ESCHENROEDER, A.: Fate of chemicals in the environment. ACS Symposium Series 225:175-196.

MACLEAN, B., 1985: Geology of the Baffin Island Shelf. In: ANDREWS, J.T. (ed.): Quaternary environments:154-177, Boston.

MARTIN, B., 1979: The water wastage problem in Alaska. In: Cold Regions Specialty Conference Anchorage, Proceedings:1085-1092, New York.

MARTIN, J.D., 1982: The impact of housing and sanitation on communicable diseases in the N.W.T. In: SMITH, D.W. (ed.): Third Symposium on Utilities Delivery in Cold Regions, Proceedings:204-215, Edmonton.

MARTIN, T.H.W., 1969: Then and now in Frobisher Bay. Iqaluit.

MAXWELL, M.S., 1985: Prehistory of the Eastern Arctic. Orlando.

MAXWELL, J.B. (ed.), 1980: The climate of the Canadian Arctic Islands and adjacent waters. 2 Vols. Canada, Environment Canada, Atmospheric Environment Service. Climatological Studies 30, Ottawa.

MCALISTER, J.J. & HIRONS, K.R., 1984: Total elemental analysis of lake sediments in paleoecology. An investigation of sample preparation techniques for Atomic Absorption analysis. Microchemical Journal, 30:79-91, New York.

MCGHEE, R., 1978: Canadian Arctic prehistory. Toronto.

MCGHEE, R., 1989: The prehistory of Arctic Canada. Zeitschrift der Gesellschaft für Kanada-Studien, 9(2):81-108, Augsburg.

MCINTYRE, L. & HEINKE, G., 1987: Health services and water and sanitation services in the Northwest Territories: An examination of the present state of development and some thoughts for the future. Canadian Journal of Public Health, 78:244-248, Ottawa.

MCKEAGUE, J.A. (ed.), 1978: Manual on soil sampling and methods of analysis. Ottawa. - Canadian Society of Soil Science.

MCNEILL, J.D., 1980a: Electromagnetic terrain conductivity measurement at low induction numbers. Geonics Limited, Technical Note TN-6, Mississauga.

MCNEILL, J.D., 1980b: EM-34-3 survey interpretation techniques. Geonics Limited, Technical Note TN-8, Mississauga.

MCNEILL, J.D., 1980c: Electrical conductivity of soils and rocks. Geonics Limited, Technical Note TN-5, Mississauga.

MERCK, 1985: Die Untersuchung von Wasser. Darmstadt.

MILLER, G.H., 1980: Late Foxe glaciation of southern Baffin Island, N.W.T., Canada. Geological Society of America Bulletin 91:399-405, Washington.

MILLER, G.H., ANDREWS, J.T. & SHORT, S.K., 1977: The last interglacial-glacial cycle, Clyde Foreland, Baffin Island, NWT: Stratigraphy, biostratigraphy, and chronology. Canadian Journal of Earth Science, 14:2824-2857, Ottawa.

MILLER, W.P., MARTENS, D.C. & ZELAZNY, L.W., 1986: Effect of sequence in extraction of trace metals from soils. Soil Science Society of America Journal, 50:598-601, Madison.

MICHAEL, P.M., 1984: Effects of municipal services and housing on public health in the Northwest Territories. Toronto. - Unveröffentlichte M.A.Sc. Thesis, Department of Civil Engineering, University of Toronto.

MUECKE, G.K. (ed.), 1980: Short course in neutron activation analysis in the Geosciences. Mineralogical Association of Canada, Short Course Handbook 5, Toronto.

MUIR, D.C.G., WAGEMANN, R. LOCKHART, W.L., GRIFT, N.P., BILLECK, B. & METHER, D., 1987: Heavy metal and organic contaminants in arctic marine fishes. Department of Fisheries and Oceans, Freshwater Institute, Environmental Studies 42, Ottawa.

NELSON, D.W. & SOMMERS, L.E., 1982: Total carbon, organic carbon, and organic matter. In: PAGE, A.L. (ed.): Methods of soil analysis. Part 2: Chemical and microbiological properties. American Society of Agronomy / Soil Science Society of America. Agronomy Monograph 9:539-579, Madison.

NELSON, J.L., BOAWN, L.C. & VIETS, F.G., 1959: A method for assessing zinc status of soils using acid-extractable zinc and "titrable alkalinity" values. Soil Science, 88:275-283, New Brunswick.

NESBITT, T., 1985: Communication to J.M.A. Theriault (DIAND) - 15. November 1985. Iqaluit. - Unveröffentlichter Brief, Environmental Protection Service.

OBRADOVIC, M.M. & SKLASH, M.G., 1986: An isotopic and geochemical study of snowmelt runoff in a small arctic watershed. Hydrological Processes, 1:15-30, Chichester.

OHMURA, A., 1981: Climate and energy balance on arctic tundra. Züricher Geographische Schriften 3, Zürich.

OLIVER, MANGIONE, MCCALLA & ASSOCIATES Ltd. (OMM), 1983a: Evaluation of solid waste disposal. Job No. 83-3794. Iqaluit. - Bericht an die Town of Frobisher Bay.

OLIVER, MANGIONE, MCCALLA & ASSOCIATES Ltd. (OMM), 1983b: Proposal for assessment of piped water and sewer evaluation of solid waste disposal. Iqaluit. - Bericht an die Municipality of Frobisher Bay, Department of Public Works.

OSBERG, Z. & HAZELL, S., 1989: Towards a sustainable approach. Natural resource development and environmental protection in the Northwest Territories. N.W.T. Legislative Assembly, Special Committee on the Northern Economy, Yellowknife.

OSTERMANN, L.E., MILLER, G.H. & STRAVERS, J.A., 1985: Late and mid-Foxe glaciation of southern Baffin Island. In: ANDREWS, J.T. (ed.): Quaternary Environments:520-545, Boston.

PAGE, A.L. (ed.), 1982: Methods of soil analysis. Part 2 - Chemical and microbiological properties. American Society of Agronomy / Soil Science Society of America. Agronomy Monograph 9, Madison.

PATCHINEELAM, S.R. & FÖRSTNER, U., 1977: Bindungsformen von Schwermetallen in marinen Sedimenten - Untersuchungen an einem Profilkern aus der Deutschen Bucht. Senckenbergiana Maritima, 9:75-104, Frankfurt.

PATTIMORE, J., 1984: Baffin harvest study 1983. Baffin Region Inuit Association. Iqaluit. - Unveröffentlichter Bericht.

PELLY, D.F., 1991: Pond Inlet. An Inuit community caught between two worlds. Canadian Geographic, 2:47-52, Ottawa.

POLUNIN, N., 1951: The real arctic: suggestions for its delimitation, subdivision and characterization. Journal of Ecology, 39:308-315, Oxford.

POLUNIN, N., 1960: Introduction to plant geography and related sciences. London.

PORSILD, A.E., 1958: Geographical distribution of some elements in the flora of Canada. Geographical Bulletin, 11:57-77, Ottawa.

PORSILD, A.E., 1964: Illustrated flora of the Canadian Arctic Archipelago. National Museum of Canada Bulletin 146, Ottawa.

PORSILD, A.E. & CODY, W.J., 1980: Vascular plants of the Northwest Territories. National Museum of Canada, Ottawa.

PUTZ, G., SMITH, D.W. & GERARD, R. 1984. Microorganism survival in an ice-covered river. Canadian Journal of Civil Engineering, 11(177):1201-1206, Ottawa.

RAHN, K.A., 1981: Atmospheric, riverine and oceanic transport of seven trace metals to the Arctic Ocean. Atmospheric Environment, 15:1507-1511, Oxford.

RAPIN, F., TESSIER, A., CAMPBELL, P.G.C. & CARIGNAN, R., 1986: Potential artifacts in the determination of metal partitioning in sediments by a sequential extraction procedure. Environmental Science and Technology, 20(8):836-840, Easton.

REID, CROWTHER & PARTNERS Ltd. (RCPL), 1989: Municipality of Iqaluit water and sewer study. Iqaluit. - Bericht an die Town of Iqaluit.

REID, CROWTHER & PARTNERS Ltd. (RCPL), 1984: Pond Inlet water source evaluation, Phase 2. Yellowknife. - Bericht an das Department of Public Works, GNWT.

REINDERS, J.F. & ASSOCIATES Ltd. (RAA), 1982: Frobisher Bay sewage system evaluation. Iqaluit. - Bericht an die Town of Iqaluit.

REMMERT, H., 1980. Arctic animal ecology. Berlin.

RICHARDS, J.L. & ASSOCIATES Ltd. (RAL), 1979: Report on solid waste disposal study, Frobisher Bay, N.W.T. Iqaluit.

RIEGER, S., 1983: The genesis and classification of cold soils. New York.

RILEY, G.C., 1960: Petrology of the gneisses of Cumberland Sound, Baffin Island, Northwest Territories. Geological Survey of Canada, Bulletin 61, Ottawa.

ROBINSON, B. & HEINKE, G.W., 1990: Guidelines for the planning, design, operation and maintenance of solid waste modified landfill sites in the Northwest Territories. 2 Vols. Yellowknife. - GNWT.

ROBINSON, B. & HEINKE, G.W., 1991: The effect of municipal service improvements on public health in the Northwest Territories, Yellowknife. - GNWT.

ROCK, I. & PALMER, S., 1991: Das Vermächtnis der Gestaltpsychologie. Spektrum der Wissenschaft, 2:68-75, Weinheim.

ROLLINS, D.M. & COLVELL, R.R., 1986: Viable but nonculturable stage of Campylobacter jejuni and its role in survival in the natural aquatic environment. Applied Environmental Microbiology, 52(3):531-538, Washington.

SABO, G.III. & SABO, D.R., 1985: Belief systems and the ecology of sea mammal hunting among Baffinland Eskimos. Arctic Anthropology, 22(2):77-86, Madison.

SARTORELLI, A.N. & FRENCH, R.B., 1982: Electromagnetic induction methods for mapping permafrost along northern pipeline corridors. In: Proceedings of the Fourth Canadian Permafrost Conference:283-295.

SCHINDLER, J.F., 1983. Solid waste disposal. National petroleum reserve in Alaska. In:Permafrost: Fourth International Conference, Proceedings:1111-1117.

SHORT, S.K. & JACOBS, J.D., 1982: A 1100 year paleoclimatic record from Burton Bay - Tarr Inlet, Baffin Island. Canadian Journal of Earth Sciences, 29:398-409, Ottawa.

SIMMONS, N.M., DONIHEE, J. & MONAGHAN, H., 1984: Planning for land use in the Northwest Territories. In: OLSON, R., et al. (eds.): Northern ecology and resource management:343-364, Edmonton.

SLAINE, D.D & GREENHOUSE, J.P., 1982: Case studies of geophysical contaminant mapping at several waste disposal sites. In: Second National Symposium on Aquifer Restoration and Ground Water Monitoring, Proceedings:299-315, Columbus.

SLAVIN, W., 1992: A comparison of atomic spectroscopic analytical techniques. Spectroscopy International, 4(1):22-27, Eugene.

SMITH, D.W. (ed.), 1986: Cold climate utilities manual. Montreal. - Canadian Society for Civil Engineering.

SMITH, D.W. & Given, P.W., 1979: Ozonation of dilute, low-temperature wastewater. In: Cold Regions Specialty Conference Anchorage, Proceedings:548-559, New York.

SMITH, L.B., SHEVKENEK, A. & MILBURN, R., 1984: Design and performance of earthworks water reservoirs in the Northwest Territories. In: Cold Regions Engineering Specialty Conference Montreal, Proceedings:323-343, Montreal.

SMYTH, T.B., 1987: Dynamic draw down analysis of water storage facilities in cold regions. In: SMITH, D.W. & TILSWORTH, T. (eds.): Second International Conference on Cold Regions Environmental Engineering, Proceedings:78-94, Kitchener.

SPENCE, M., 1990a: Iqaluit begins spring clean up. Nunatsiaq News, June 17, 1990:9, Iqaluit.

SPENCE, M., 1990b: Iqaluit residents plan to "clean up their town". Nunatsiaq News, June 15, 1990:3, Iqaluit.

SPENCE, M., 1991a: Iqaluit needs waste management plan "immediately". Nunatsiaq News, January 20, 1991:1,7, Iqaluit.

SPENCE, M., 1991b: The great environmental strategy show. Arctic Cycle, 2(1):12, Iqaluit.

SQUIRES, C.A., 1984: The Late Fox deglaciation of the Burton Bay area, southeastern Baffin Island, N.W.T. Windsor. - Unveröffentlichte M.A. Thesis, Department of Geography, University of Windsor.

STANLEY ASSOCIATES ENGINEERING LTD. (SAE), 1986: Waste management in the North: A discussion paper. Edmonton. - Bericht an das Department of Indian nad Northern Affairs.

STANLEY, S.J. & SMITH, D.W., 1991: Reduction of ice thickness on northern water reservoirs. Journal of Cold Regions Engineering, 5(3):106-124, New York.

STELTZER, U., 1982: Inuit: the North in transition. Vancouver.

STRACHAN, A.M., 1988: The truth is changing all the time. An exploration into the nature of Inuit logik. Guelph. - Unveröffentlichte M.A. Thesis, University of Guelph.

TEDROW, J.C.F., 1962: Morphological evidence of frost action in arctic soils. Biuletyn Periglacjalny, 11:343-352, Wrockow.

TEDROW, J.C.F., 1968: Pedogenic gradiants of the polar regions. Journal of Soil Science, 19:197-204, Oxford.

TEDROW, J.C.F., 1977: Soils of the polar landscapes. New Brunswick.

TESSIER, A., CAMPBELL, P.G.C. & BISSON, M., 1979: Sequential extraction procedure for the speciation of particulate trace metals. Analytical Chemistry, 51(7):844-851, Washington.

THOMANN, R.V. & MUELLER, J.A., 1983: Steady state modeling of toxic chemicals - Theory and application to PCBs in the Great Lakes and Saginaw Bay. In: MACKAY, D. et al. (eds.): Physical behavior of PCBs in the Great Lakes:283-311, Ann Arbor.

THOMAS, G.W., 1982: Exchangeable cations. In: PAGE, A.L. (ed.): Methods of soil analysis. Vol. 2. Chemical and microbiological properties. American Society of Agronomy / Soil Science Society of America. Agronomy Monograph 9:159-165, Madison.

TWITCHELL, K., 1991: The not-so-pristine Arctic. Canadian Geographic, Feb/March 1991:53-60, Ottawa.

UGOLINI, F.C., 1986: Pedogenic zonation in the well-drained soils of the Arctic Regions. Quaternary Research, 26:100-120, New York.

UGOLINI, F.C., ZACHARA, J.M. & REANIER, R.E., 1982: Dynamics of soil-forming processes in the arctic. In: FRENCH, H.M. (ed.): Fourth Canadian Permafrost Conference, Proceedings:103-115. Ottawa. - National Research Council of Canada.

UNDERWOOD MCLELLAN & ASSOCIATES (UMA), 1982: Identification and verification of active and inactive land disposal sites in the Northwest Territories. Yellowknife. - Unveröffentlicher Bericht, Environmental Protection Service.

VIRARAGHAVAN, T. & MATHAVAN, G.N., 1988: Effects of low temperature on physicochemical processes in water quality control. Journal of Cold Regions Engineering, 2(3):101-110, New York.

WAGEMANN, R. & MUIR, D.C.G., 1984: Concentrations of heavy metals and organochlorines in marine mammals of northern waters: Overview and evaluation. Canadian Fisheries and Aquatic Sciences, Technical Report 1279, Ottawa.

WARDROP, W.L. & ASSOCIATES Ltd. (WAL), 1979: Inventory of hazardous wastes in the Northwest Territories. 2 Vols. Ottawa. - Bericht an Fisheries and Environment Canada, Environmental Protection Service.

WEBER, W.J., VOICE, T.C. PIRBAZARI, M., HUNT, G.E. & ULANOFF, D.M., 1983: Sorption of hydrophobic compounds by sediments, soils and suspended solids - 2. Sorbent evaluation studies. Water Research, 17(10):1443-1452, Oxford.

WETMORE-STAVINGA, J.M., 1986: Physio-chemical evaluation of water in tundraponds and precipitation samples from Frobisher Bay, N.W.T. Windsor. - Unveröffentlichte B.A. Thesis, Department of Geography, University of Windsor.

WILSON, J.B. & WARNER, G.B., 1986: The Northwest Territories Water Board: a model for management decisions in the north. Water Science and Technology, 18:157-160, Oxford.

WOLFE, A., 1990: Late holocene diatoms from water supply lake, Pond Inlet, Baffin Island, N.W.T. Kingston. - Unveröffentlichter Bericht.

WONG, M.P., 1985: Chemical residues in fish and wildlife species harvested in northern Canada. Yellowknife. - Unveröffentlichter Bericht, Environmental Studies Programme, Northern Environment Directorate, DINA.

WORRALL, D., 1984: A Baffin Region economic baseline study. Yellowknife. - Department of Economic Development & Tourism, GNWT.

YATES, A.B. & STANLEY, D.R., 1963: Domestic water supply and sewage disposal in the Canadian North. In: First International Conference on Permafrost, Proceedings:413-420.

ZOLTAI, S.C. & TARNOCAI, C., 1978: Perennially frozen peatlands in the western arctic and subarctic of Canada. Canadian Journal of Earth Sciences, 12:28-43, Ottawa.

APPENDIX A

AUSGEWÄHLTE TRINKWASSER-, ABWASSER- UND SICKERWASSERGRENZWERTE UND -RICHTWERTE

Zusammengefaßt aus
CANADA (1987c), EHRIG (1988)
und HEIN und SCHWEDT (1989)

Parameter	TVO-BRD	TVO-NL	E.G.-TW	TVO-Kanada
Farbe (TCU)	-	20	20	15*
Turbidität (NTU)	1.5	-	-	1.0
Leitf. (μS/cm)	2000	1250	-	-
pH	6.5-9.5	7.0-9.5	-	6.5-8.5*
Härte (mg/l)	-	-	-	500*
CL (mg/l)	250	150	-	250*
F (mg/l)	1.5	1.1	1.5	-
SO_4 (mg/l)	240	150	250	500
NO_3 (mg/l)	50	50	50	44
NO_2 (mg/l)	0.1	0.1	0.1	3.3
NH_4 (mg/l)	0.5	0.2	0.5	-
PO_4 (mg/l)	6.7	2.0	6.7	-
AG (mg/l)	0.01	0.01	0.01	-
AL (mg/l)	0.2	0.2	0.2	-
AS (mg/l)	0.04	0.05	0.05	0.05
BA (mg/l)	1.0	0.5	-	1.0
CA (mg/l)	400	150	-	-
CD (mg/l)	0.005	0.005	0.005	0.005
CO (mg/l)	-	-	-	-
CR (mg/l)	0.05	0.05	0.05	0.05
CU (mg/l)	-	3.0	-	1.0*
FE (mg/l)	0.2	0.2	0.2	0.3*
HG (mg/l)	0.001	0.001	0.001	0.001
K (mg/l)	12	12	12	-
MG (mg/l)	50	50	50	-
MN (mg/l)	0.05	0.05	0.05	0.05*
MO (mg/l)	-	-	-	-
NA (mg/l)	150	120	150	-
NI (mg/l)	0.05	0.05	0.05	-
PB (mg/l)	0.04	0.05	0.05	0.05
SB (mg/l)	0.01	0.01	0.01	-
SE (mg/l)	0.01	0.01	0.01	0.01
V (mg/l)	-	-	-	-
ZN (mg/l)	-	5.0	-	5.0*
PCBs (mg/l)	0.0005	0.0005	0.0005	-
Gesamtcoli- forme (/100ml)	10	10	10	10
Fäkale Coli- forme (/100ml)	0	0	0	0

* AO

Parameter	Abw-VwV*	VGS-HE*	GNWT
pH	–	–	6-9**
BSB5 (mg/l)	20	–	25-600**
CSB (mg/l)	200	–	–
PO$_4$-P (mg/l)	–	–	0.1
NH$_4$-N (mg/l)	50	–	–
AOX (mg/l)	0.5	0.5	–
AG (mg/l)	–	0.2	–
AS (mg/l)	–	0.05	–
CD (mg/l)	0.1	0.02	–
CO (mg/l)	–	0.5	–
CR (mg/l)	0.5	0.2	–
CU (mg/l)	0.5	0.3	–
HG (mg/l)	0.05	0.005	–
NI (mg/l)	0.5	0.2	–
PB (mg/l)	0.5	0.2	–
ZN (mg/l)	2.0	0.5	–
TC	–	–	$<10^3-<10^6$**

*   Sickerwasser aus Hausmülldeponien nach der Klärung
** Je nach Konzentration des Abwassers und dem Verdünnungsgrad
    durch den Vorfluters

Parameter	EHRIG (1988)		
pH	6	–	9*
Leitf. (μS/cm)		–	
BSB5 (mg/l)	100	–	13000
CSB (mg/l)	2500	–	22000
NH_4 (mg/l)	200	–	1100
N (mg/l)	300	–	1200
P (mg/l)	1	–	10
AG (mg/l)	0.002	–	0.01*
AS (mg/l)	0.005	–	2.0
BA (mg/l)	0.3	–	1.0
CD (mg/l)	0.0003	–	0.1
CO (mg/l)	0.003	–	1.0
CR (mg/l)	0.03	–	3.0
CU (mg/l)	0.004	–	1.0
FE (mg/l)	15	–	780
HG (mg/l)	0.0001	–	0.1
MN (mg/l)	0.7	–	25
MO (mg/l)		0.01**	
NI (mg/l)	0.01	–	1.0
PB (mg/l)	0.004	–	2.0
V (mg/l)	0.01	–	0.03
ZN (mg/l)	0.5	–	5.0
AOX (μg/l)	1000	–	2300
PCB (μg/l)	0.2	–	35
TC (100 ml)		–	
FC (100 ml)		–	

* Typische Mittelwerte

APPENDIX B

VERGLEICH DER TRINKWASSER-, ABWASSER UND SICKERWASSERWERTE IN IQALUIT, PANGNIRTUNG UND POND INLET

1 Rohwasser*

Parameter		Iqaluit	Pangnirtung	Pond Inlet
pH		6.4-7.5	6.0-6.5	6.6-7.5
Leitf.	(uS/cm)	18-60	5-130	24-220
TSS	(mg/l)	<2-3	<2-6	<5.0
TDS	(mg/l)	<5-37	<5-20	16-84
Alk.	(mg/l)	5-24	0.7-3.9	7-39
Härte	(mg/l)	7-24	<0.6-7.8	8-44
Ca	(mg/l)	2.2-9.3	<0.1-2.4	1.3-9.3
Mg	(mg/l)	0.4-1.8	<0.1-0.8	1.0-5.1
K	(mg/l)	0.1-0.9	<0.1-0.6	0.3-1.4
Na	(mg/l)	0.4-3.0	0.3-12	0.9-3.6
Cl	(mg/l)	0.2-2.6	<0.2-18	1.0-7.2
SO4	(mg/l)	1.0-3.7	<1.0-5.2	1.0-6.0
NO3-N	(mg/l)	<0.04-0.26	<0.04	<0.04
PO4-P	(mg/l)	0.007-0.12	<0.005	<0.005-0.008
As	(ug/l)	<1.0-1.0	<0.1-1.5	<1.0-1.0
Cd	(ug/l)	<1.0	<0.1-1.0	<0.05-0.13
Cr	(ug/l)	<0.5-3.0	<0.5-3.1	0.5-2.2
Cu	(ug/l)	3.0-150	<1.0-31	0.6-4.0
Fe	(ug/l)	25-160	30-274	18-250
Hg	(ug/l)	0.01-0.85	<0.01-11.0	<0.01-0.1
Ni	(ug/l)	<2.0	<0.5-1.8	<1.0-2.2
Pb	(ug/l)	0.3-6.0	<0.1-6.0	<0.1-0.6
Zn	(ug/l)	2-30	13-68	2-32

* Alle Werte liegen deutlich unter den kanadischen und
den deutschen Grenzwerten

2 Abwasser und Sickerwasser*

Parameter	Iqaluit (1)	Iqaluit (2)	Pangnirtung	Pond Inlet
pH	6.3-7.3	6.4-6.8	6.5-9.2	7.3-9.1
Leitf.(uS/cm)	210-500	n.b.	20-3680	n.b.
TSS (mg/l)	17-93	n.b.	n.b.	n.b.
TDS (mg/l)	60-283	n.b.	n.b.	n.b.
BSB5 (mg/l)	33-103	n.b.	n.b.	n.b.
NO3-N (mg/l)	0.7-14	0.6-0.7	n.b.	n.b.
PO4-P (mg/l	1.8-3.8	0.08-0.1	n.b.	n.b.
As (ug/l)	n.b.	n.b.	n.b.	n.b.
Cd (ug/l)	n.b.	<0.02	<10	<10
Cr (ug/l)	n.b.	12-29	<20	<20
Cu (ug/l)	n.b.	3-4	<20-280	<30-30
Fe (ug/l)	n.b.	550-700	1130-53300	2080-9750
Hg (ug/l)	n.b.	n.b.	n.b.	n.b.
Ni (ug/l)	n.b.	9-15	n.b.	n.b.
Pb (ug/l)	n.b.	44-65	90-6100	<50
Zn (ug/l)	n.b.	71-81	20-570	110-610
TC(10^3/100 ml)	16-1800	n.b.	0-130	0.2-1300
FC(10^3/100 ml)	0.9-24	n.b.	0-5.4	0-800

* In Iqaluit Klärteich am Ausfluß (1) und unterhalb der kommunalen Mülldeponie (2), in Pond Inlet und Pangnirtung unterhalb der kommunalen Mülldeponie (Abwasser plus Sickerwasser)

APPENDIX C

SCHADSTOFFAHNEN AUSGEWÄHLTER SCHWERMETALLE
IN DEN A-HORIZONTEN DER BÖDEN UNTERHALB VON DEPONIETEIL B,
WEST 40 #1 DEPONIE, IQALUIT
(0.1 M HCl- und 1 N NH$_4$OAc-extrahierte Proben)

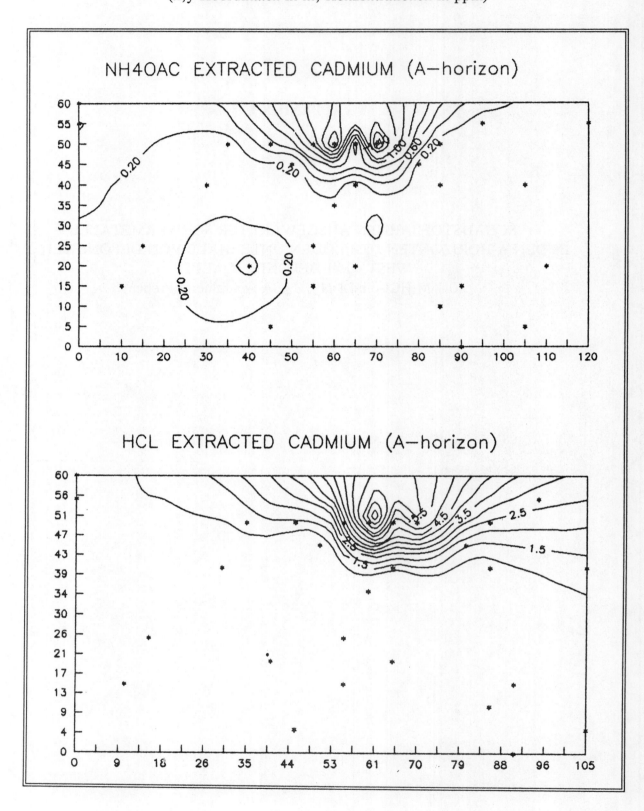

1 Die Verteilung von 0.1 M HCl- und 1 N NH₄AOc-extrahiertem Cadmium
in den A- Horizonten der Böden unterhalb von Deponieteil B
(x,y-Koordinaten in m; Konzentrationen in ppm)

2 Die Verteilung von 0.1 M HCl- und 1 N NH$_4$AOc-extrahiertem Chrom
in den A- Horizonten der Böden unterhalb von Deponieteil B
(x,y-Koordinaten in m; Konzentrationen in ppm)

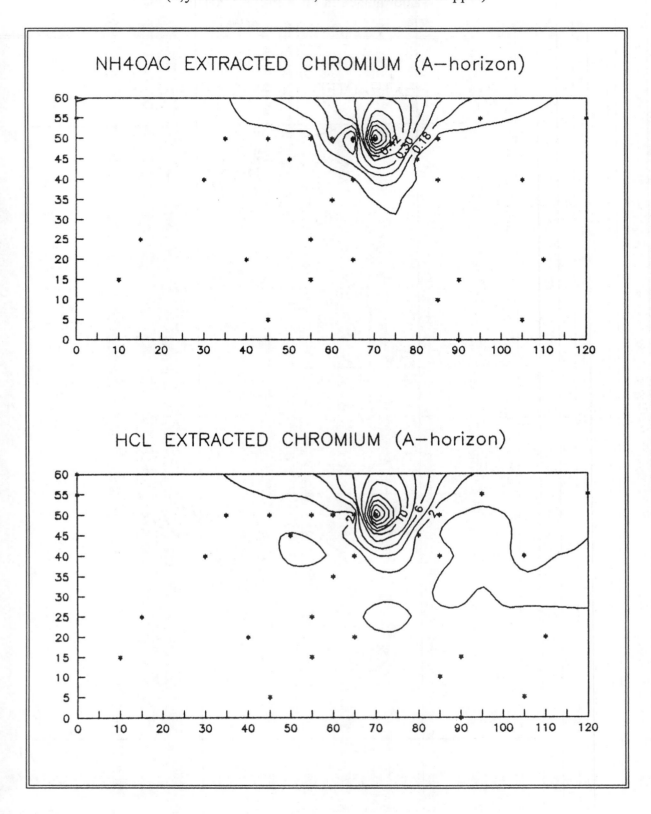

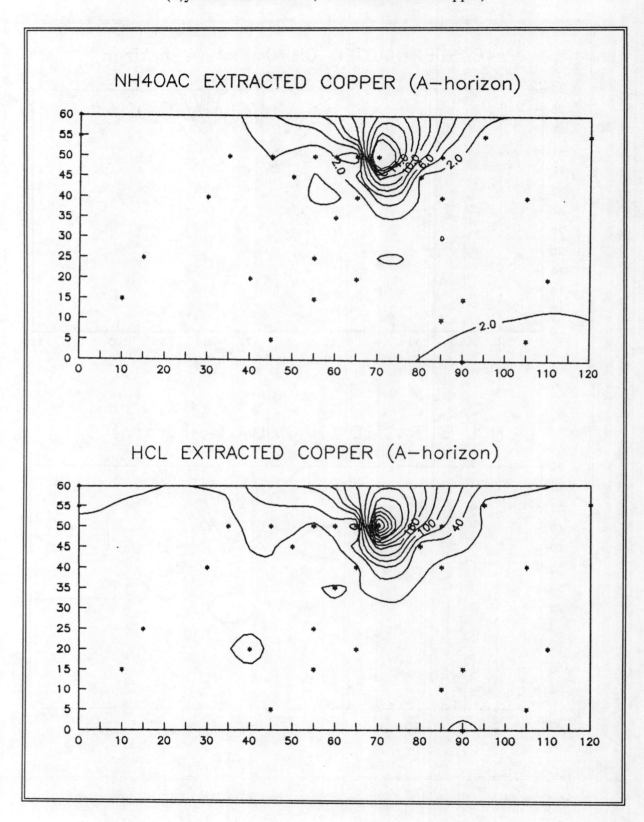

3 Die Verteilung von 0.1 M HCl- und 1 N NH$_4$AOc-extrahiertem Kupfer
in den A- Horizonten der Böden unterhalb von Deponieteil B
(x,y-Koordinaten in m; Konzentrationen in ppm)

4 Die Verteilung von 0.1 M HCl- und 1 N NH$_4$AOc-extrahiertem Blei
in den A- Horizonten der Böden unterhalb von Deponieteil B
(x,y-Koordinaten in m; Konzentrationen in ppm)

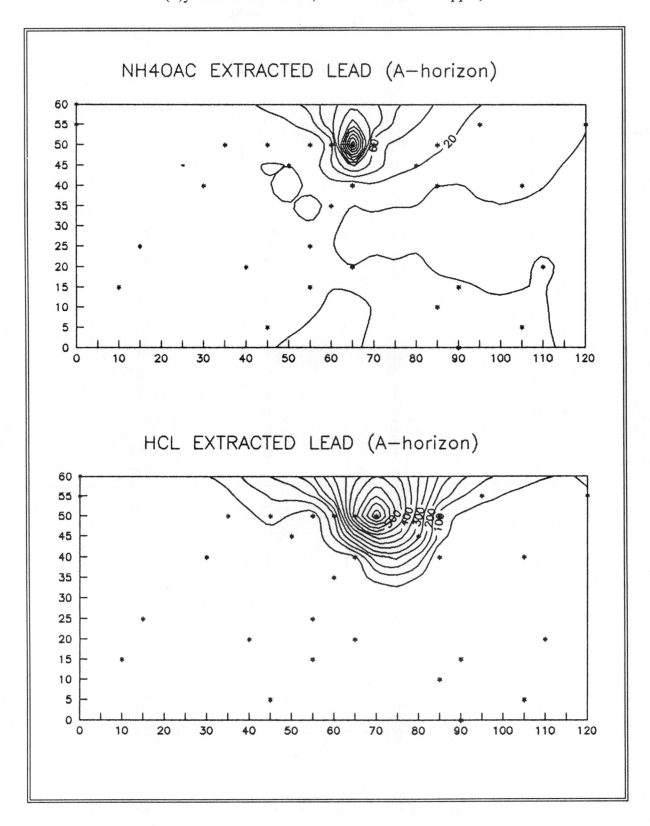

5 Die Verteilung von 0.1 M HCl- und 1 N NH_4AOc-extrahiertem Nickel
in den A- Horizonten der Böden unterhalb von Deponieteil B
(x,y-Koordinaten in m; Konzentrationen in ppm)

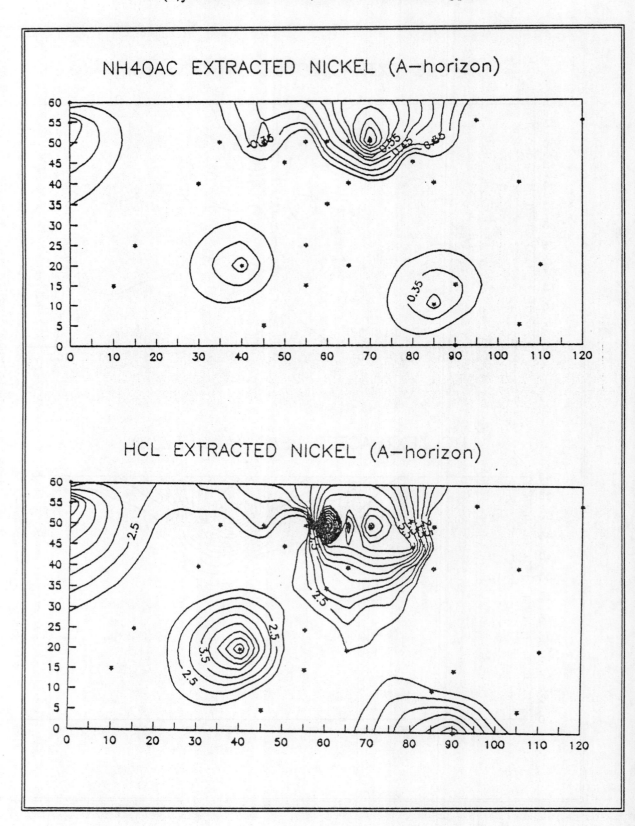

6 Die Verteilung von 0.1 M HCl- und 1 N NH$_4$AOc-extrahiertem Zink
in den A- Horizonten der Böden unterhalb von Deponieteil B
(x,y-Koordinaten in m; Konzentrationen in ppm)

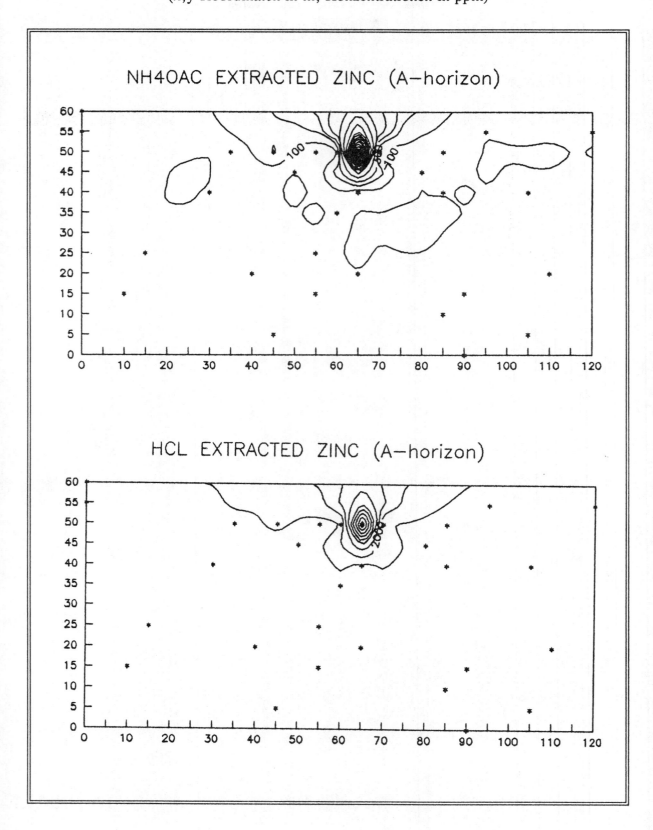

GIESSENER GEOGRAPHISCHE SCHRIFTEN

herausgegeben von
den Hochschullehrern des Geographischen Instituts
der Justus-Liebig-Universität Gießen

Heft 1:	PFEIFER, W., 1957: Die Paßlandschaft von Nigde. Ein Beitrag zur Siedlungs- und Wirtschaftsgeographie von Inneranatolien. 151 S., 5 Ktn., 4 Fig., 14 Tab.	vergriffen
Heft 2:	UHLIG, H., MANSHARD, W., GERSTENHAUER, A., 1962: Beiträge zur Geographie tropischer und subtropischer Entwicklungsländer. Indien - Westafrika - Mexiko. 96 S., 7 Ktn., 21 Fig., 24 Abb., 3 Tab.	vergriffen
Heft 3:	FAUTZ, B., 1963: Sozialstruktur und Bodennutzung in der Kulturlandschaft des Swat (Nordwesthimalaya). 119 S., 5 Ktn., 4 Fig., 12 Zeichn., 16 Abb.	DM 14.80
Heft 4:	MERTINS, G., 1964: Die Kulturlandschaft des westlichen Ruhrgebiets (Mühlheim - Oberhausen - Dinslaken). 235 S., 8 Ktn., 14 Fig., 23 Abb., 10 Tab.	DM 25.00
Heft 5:	HERRMANN, R., 1965: Vergleichende Hydrogeographie des Taunus und seiner südlichen und südöstlichen Randgebiete. 152 S., 10 Ktn., 12 Fig., 19 Tab.	DM 25.00
Heft 6:	Festkolloquium, 1965: 100 Jahre Geographie in Gießen (mit Beiträgen von UHLIG, H., MANSHARD, W., LAUTENSACH, W., PANZER, W. u. KRÜGER, H.). 72 S., 2 Fig., 25 Abb.	vergriffen
Heft 7:	ROHDENBURG, H., 1965: Untersuchungen zur pleistozänen Formung am Beispiel der Westabdachung des Göttinger Waldes. 76 S., 2 Ktn., 23 Fig., 16 Abb., 1 Tab.	DM 18.00
Heft 8:	FREITAG, U., 1966: Verkehrskarten, Systematik und Methodik der kartographischen Darstellung des Verkehrs mit Beispielen zur Verkehrsgeographie des mittleren Hessens. 112 S., 26 Ktn., 2 Tab.	vergriffen
Heft 9:	RÖLL, W., 1966: Die kulturlandschaftliche Entwicklung des Fuldaer Landes seit der Frühneuzeit. 199 S., 26 Ktn., 20 Fig., 17 Abb., 68 Tab.	DM 35.00
Heft 10:	ENGELHARDT, K., 1967: Die Entwicklung der Kulturlandschaft des nördlichen Waldeck seit dem späten Mittelalter. 269 S., 27 Ktn., 6 Fig., 22 Abb., 40 Tab.	DM 30.00
Heft 11:	Nicht erschienen, vom Programm abgesetzt.	
Heft 12:	HOTTES, K., 1967: Die Naturwerkstein-Industrie und ihre standortprägenden Auswirkungen. Eine vergleichende industriegeographische Untersuchung, dargestellt an ausgewählten europäischen Beispielen. 270 S., 15 Ktn., 1 Fig., 8 Abb., 41 Tab. sowie Beiheft: Die Betriebe in der Standortgemeinschaft Aquaniens, 24 S.	DM 45.00
Heft 13:	KÜCHLER, J., 1968: Penang - Kulturlandschaftswandel und ethnisch-soziale Struktur einer Insel Malaysias. IX und 165 S., 24 Ktn., 31 Fig. u. Tab., 27 Abb.	DM 12.00
Heft 14:	MOEWES, W., 1968: Sozial- und wirtschaftsgeographische Untersuchung der nördlichen Vogelsbergabdachung - Methode zur Erfassung eines Schwächeraumes. 232 S., 36 Abb., 14 Tab.	DM 17.00

Heft 15: SEIFERT, V., 1968: Sozial- und wirtschaftsgeographische Struktur- und Funktionsunter-
suchung im Landkreis Gießen unter besonderer Berücksichtigung regional-planerischer
Gesichtspunkte. 208 S., 29 Ktn., 45 Tab.   vergriffen

Heft 16: SIMMS, A., 1969: Assynt - die Kulturlandschaft eines keltischen Reliktgebietes im nord-
westschottischen Hochland. III u. 111 S., 8 Bilder, 15 Ktn., 8 Abb.   vergriffen

Heft 17: MERTINS, G., 1969: Die Bananenzone von Santa Marta, Nordkolumbien. Probleme ihrer
Wirtschaftsstruktur und Möglichkeiten der Agrarplanung. 66 S., 9 Abb., 2 Ktn.   vergriffen

Heft 18: JAHN, G., 1969: Die Beydaglari. Studien zur Höhengliederung einer südwestanatoli-
schen Gebirgslandschaft. 163 S., 10 Ktn., 10 Fig., 12 Tab.   DM 17.00

Heft 19: MÄCKEL, R., 1969: Untersuchungen zur jungquartären Flußgeschichte der Lahn in der
Gießener Talweitung. 36 S., 18 Abb., 9 Profile.   vergriffen

Heft 20: Beiträge zur Geomorphologie der wechselfeuchten Tropen:
FÖLSTER, H., 1969: Slope Development in SW-Nigeria During Late Pleistocene and
Holocene. 54 p., 6 maps, 15 figures, 9 photos.
ROHDENBURG, H., 1969: Hangpedimentation und Klimawechsel als wichtigste Fakto-
ren der Flächen- und Stufenbildung in den wechselfeuchten Tropen an Beispielen aus
Westafrika, besonders aus dem Schichtstufenland Südost-Nigerias. 96 S., 8 Textfig. u.
Ktn., 54 Photos, 18 Luftbildserien.   vergriffen

Heft 21: BARTELS, G., 1970: Geomorphologische Höhenstufen der Sierra Nevada de Santa
Marta (Kolumbien). 56 S., 6 Ktn., 3 Textfig., 35 Photos.   DM 12.00

Heft 22: WENZEL, H.-J., 1970: Strukturzonen und Funktionsbereiche im Iserlohner Raum (Mär-
kisches Sauerland) in Gliederung, Aufbau und Dynamik und in ihrer Bedeutung für die
Planung. 116 S., 39 Abb., 9 Tab.   DM 18.00

Heft 23: (Sonderheft I): HERRMANN, R., 1970: Zur regionalhydrologischen Analyse und Gliederung der nordwestlichen Sierra Nevada de Santa Marta (Kolumbien). 88 S., 46 Textfig.,
8 Ktn.   DM 22.00

Heft 24: HERBERICH, E., 1971: Untersuchungen über die zeitliche und räumliche Immissions-
verteilung im Stadtgebiet München. 80 S., 47 Abb., 19 Tab.   DM 18.00

Heft 25: JÄGER, F., 1972: Entwicklung und Wandlung der Oberharzer Bergstädte - Ein sied-
lungsgeographischer Vergleich. 177 S., 52 Abb., 17 Tab., 17 Photos, 68 Anlagen   vergriffen

Heft 26: LEIB, J., 1972: Die Nahbereichsgemeinde. Methoden zur Struktur- und Funktionsunter-
suchung von Gemeinden in der verstädterten Zone einer Mittelstadt und Beispiele aus
Krofdorf-Gleiberg und Vetzberg. 234 S., 25 Abb., 130 Tab.   DM 20.00

Heft 27: STREIT, U., 1973: Ein mathematisches Modell zur Simulation von Abflußganglinien (am
Beispiel von Flüssen des Rechtsrheinischen Schiefergebirges). 97 S., 14 Abb., 10 Tab.,
1 Karte.   vergriffen

Heft 28: SCHLIEPHAKE, K., 1973: Geographische Erfassung des Verkehrs - Ein Überblick über
die Betrachtungsweise des Verkehrs in der Geographie mit praktischen Beispielen aus
dem mittleren Hessen. 112 S., 13 Ktn.   DM 23.00

Heft 29: STREMPLAT, A., 1973: Die Flächenbilanz als neues Hilfsmittel für die Regionalplanung
- dargestellt am Beispiel von Oberhessen. 61 S., 8 Ktn., 19 Abb.   vergriffen

Heft 30: MEYER, R., 1973: Der Knüll als Entwicklungsgebiet. Materialien und Überlegungen zum Problem der Landesentwicklung in peripheren Mittelgebirgsräumen. 96 S., 13 Ktn., 4 Abb., 22 Tab.   DM 12.00

Heft 31: (Sonderheft II): SCHÄTZL, L., 1973: Räumliche Industrialisierungsprozesse in Nigeria - Industriegeographische Untersuchung eines Entwicklungslandes. 221 S., 25 Abb., 75 Tab.   DM 42.50

Heft 32: GIESE, E. (Hrsg.), 1975: Symposium "Quantitative Geographie" Gießen 1974. Möglichkeiten und Grenzen der Anwendung mathematisch-statistischer Methoden in der Geographie. 209 S.   DM 20.00

Heft 33: NIPPER, J., 1975: Mobilität der Bevölkerung im engeren Informationsfeld einer Solitärstadt. Eine mathematisch-statistische Analyse distanzieller Abhängigkeiten, dargestellt am Beispiel des Migrationsfeldes der Stadt Münster. IX u. 101 S., 30 Abb., 4 Diag., 32 Tab.   vergriffen

Heft 34: GÜSSEFELD, J., 1975: Zu einer operationalisierten Theorie des räumlichen Versorgungsverhaltens von Konsumenten. (Empirisch überprüft in den Mittelbereichen Varel und Westerstede und den Bereichsausschnitten Leer und Oldenburg). 149 S., 60 Abb., 22 Tab., 3 Ktn.   DM 20.00

Heft 35: UHLIG, H. u. LIENAU, C. (Hrsg.), 1975: 1. Deutsch-Englisches Symposium zur Angewandten Geographie Gießen - Würzburg - München 1973. 1. German-English Symposium on Applied Geography Gießen - Würzburg - München 1973. 254 S.   vergriffen

Heft 36: (Sonderheft III): MÄCKEL, R., 1975: Untersuchungen zur Reliefentwicklung des Sambesi-Eskarpmentlandes und des Zentralplateaus von Sambia. 162 S., 31 Abb., 4 Tab., 56 Photos.   DM 26.60

Heft 37: LIENAU, C., 1976: Bevölkerungsabwanderung, demographische Struktur und Landwirtschaftsform im West-Peloponnes. Räumliche Ordnung, Entwicklung und Zusammenhänge von Wirtschaft und Bevölkerung in einem mediterranen Abwanderungsgebiet. 120 S., 15 Abb., 11 Farbkarten, 18 Tab., Neugriechische Zusammenfassung.   DM 34.50

Heft 38: DESSELBERGER, H., 1975: Schule und Ujamaa - Untersuchungen zur Wirtschaftsentwicklung und zum Ausbau der Primarschulen in der Tanga Region/Tansania. 135 S., 13 Ktn., 10 Diag., 19 Tab.   vergriffen

Heft 39: LEIB, J., 1976: Justus-Liebig-Universität, Fachhochschule und Stadt. Probleme des Zusammenhanges zwischen Hochschul- und Stadtentwicklung aufgezeigt am Beispiel der Universitätsstadt Gießen.   vergriffen

Heft 40: RIEGER, W., 1976: Vegetationskundliche Untersuchungen auf der Guajira-Halbinsel (Nordost-Kolumbien) - Natürliche Halbwüsten-, Trockenbusch-, Dornbaum-, Kakteendornbusch- und Halophyten-Gesellschaften des Untersuchungsgebietes in pflanzensoziologischer, ökologisch-standortskundlicher und dynamischer Sicht. 142 S., 19 Abb., 21 Tab., 16 Photos.   vergriffen

Heft 41: SCHOLZ, U., 1977: Minangkabau - Die Agrarstruktur in West-Sumatra und Möglichkeiten ihrer Entwicklung. 213 S., 32 Ktn., 23 Tab., 3 Abb., 46 Photos.   vergriffen

Heft 42: CORVINUS, F., 1978: Regionale Analyse von Volkszählungen in Südnigeria. 132 S., 31 Abb., 33 Tab., 2 Diagr.   DM 23.00

| Heft 43: | BOCKENHEIMER, Ph., 1978: Struktur und Entwicklung ausgewählter Kibbuzim in Israel. 272 S., 33 Ktn., 26 Abb., 125 Tab., 18 Photos. | vergriffen |

| Heft 44: | WITTENBERG, W., 1978: Neuerrichtete Industriebetriebe in der Bundesrepublik Deutschland 1955 - 1971. 181 S., 23 Ktn., 69 Tab., 15 Abb. | DM 25.00 |

| Heft 45: | KOHL, M., 1978: Die Dynamik der Kulturlandschaft im oberen Lahn-Dillkreis. Wandlungen von Haubergswirtschaft und Ackerbau zu neuen Formen der Landnutzung in der modernen Regionalentwicklung. 181 S., 55 Fig. (einschl. 4 Farbkarten), 55 Tab. | vergriffen |

| Heft 46: | STREIT, U., 1979: Raumvariante Erweiterung von Zeitreihenmodellen: Ein Konzept zur Synthetisierung monatlicher Abflußdaten von Fließgewässern unter Berücksichtigung von Erfordernissen der wasserwirtschaftlichen Planung. 105 S., 10 Ktn./Abb., 15 Tab. vergriffen | |

| Heft 47: | MEURER, M., 1980: Die Vegetation des Grödner Tales/Südtirol. IX u. 287 S., 78 Abb., 58 Tab., 30 Photos, 1 Karte als Beilage. | DM 40.00 |

| Heft 48: | RÖLL, W., SCHOLZ, U., UHLIG, H. (Hrsg.), 1980: Symposium "Wandel bäuerlicher Lebensformen in Südostasien". 168 S. | DM 25.00 |

| Heft 49: | MÜLLER, U., 1981: Thimi - Social and Economic Studies on a Newar Settlement in the Kathmandu Valley. IV u. 99 S., 11 Fig., 12 Tab., 18 Photos. | DM 25.00 |

| Heft 50: | JANISCH, P., 1982: Weilburg/Lahn. Funktionswandel einer ehemaligen Residenzstadt seit dem 18. Jahrhundert. VI u. 157 S., 37 Ktn., 32 Abb., 10 Tab. | DM 27.50 |

| Heft 51: | SCHIEBER, M., 1983: Bodenerosion in Südafrika - Vergleichende Untersuchungen zur Erodierbarkeit subtropischer Böden und zur Erosivität der Niederschläge im Sommerregengebiet Südafrikas. X u. 143 S., 67 Abb., 49 Tab. | DM 25.00 |

| Heft 52: | KRAFT, B., 1983: Die Folgenutzungsauswahl und zielorientierte Rekultivierung von Baggerseen dargestellt am Beispiel des Abgrabungsgebietes Lippstadt-Ost. X u. 175 S., 67 Abb., 21 Tab., 15 Photos, 2 Pläne als Beilage. | DM 28.00 |

| Heft 53: | (Sonderheft IV): NIPPER, J., 1983: Räumliche Autoregressivstrukturen in raum-zeitvarianten sozio-ökonomischen Prozessen. VIII u. 101 S., 43 Abb., 11 Tab. | DM 37.00 |

| Heft 54: | WEISE, O., CHRISTIANSEN, T., DICKHOF, A., HAHN, A., LOOSER, U., SCHORLEMER, D., 1984: Die Bodenerosion im Gebiet der Dhauladhar Kette am Südrand des Himalaya/Indien. IV u. 74 S., 21 Abb., 3 Ktn., 4 Tab., 8 Photos. | DM 18.00 |

| Heft 55: | HEYBROCK, G., 1984: Der Tayrona-Trockenwald Nord-Kolumbiens. Eine Ökosystemstudie unter besonderer Berücksichtigung von Biomasse und Blattflächenindex (LAI). VIII u. 104 S., 19 Abb., 20 Tab., 2 Photos. | DM 20.00 |

| Heft 56: | MÜLLER, U., 1984: Die ländlichen Newar-Siedlungen im Kathmandu-Tal. Eine vergleichende Untersuchung sozialer und ökonomischer Organisationsformen der Newar. VIII u. 181 S., 24 Abb., 43 Tab., 17 Photos. | DM 29.00 |

| Heft 57: | RÜHL, R., 1984: Biologischer Erosionsschutz unter besonderer Berücksichtigung von Nebeneffekten. 103 S., 29 Abb., 4 Tab., 27 Photos. | DM 25.00 |

Heft 58:   UHLIG, H. (Ed.), 1984: Spontaneous and Planned Settlement in Southeast Asia. Forest Clearing and Recent Pioneer Colonization in the ASEAN Countries and two Case-Studies on Thailand. Giessener Geographische Schriften und Asien-Institut Hamburg (sale and distribution). 332 S., 7 Abb., 30 Ktn., 51 Photos.   DM 55.00

Heft 59:   HEIN, G., 1985: Die Fleuthkuhlen am Niederrhein - Untersuchung und Bewertung von Feuchtgebieten im Rahmen der Naturschutzplanung. VI u. 121 S., 14 Abb., 25 Tab., 17 Ktn., 11 Photos.   DM 22.00

Heft 60:   KLÜTER, H., 1986: Raum als Element sozialer Kommunikation. V u. 190 S., 19 Abb., 17 Tab., 13 Ktn.   DM 23.00

Heft 61:   REYNDERS, H., 1987: Zwergstrauchheiden am Unteren Niederrhein. Maßnahmen zur Erhaltung und zum Schutz des Arteninventars auf der Grundlage kulturhistorischer, bodenkundlicher und vegetationskundlicher Untersuchungen. IV u. 170 S., 34 Abb., 40 Tab.   DM 22.00

Heft 62:   GIESE, E. (Hrsg.), 1987: Aktuelle Beiträge zur Hochschulforschung. IV u. 164 S., 41 Abb., 6 Farbkarten, 41 Tab.   DM 27.00

Heft 63:   (Sonderheft V): SCHOLZ, U., 1988: Agrargeographie von Sumatra. Eine Analyse der räumlichen Differenzierung der landwirtschaftlichen Produktion. VI u. 251 S., 29 Abb., 16 Ktn., 22 Tab., 40 Photos.   DM 44.70

Heft 64:   KOTTKAMP, R., 1988: Systemzusammenhänge regionaler Energieleitbilder. Raumordnung als Koordinierungs- und Entwicklungsaufgabe ökonomischer, ökologischer, technischer und rechtlicher Anforderungskomponenten der Energiebereitstellung im Verbrauchssektor Haushalte und Kleinverbraucher. V u. 150 S., 33 Abb., 10 Schemata, 18 Tab.   DM 19.00

Heft 65:   SCHORLEMER, D., 1990: Die Al Mahwit Provinz/Jemen. Das natürliche Entwicklungspotential einer randtropischen Gebirgsregion. VII u. 150 S., 56 Abb., 36 Tab., 15 Photos, 5 Farbkarten.   DM 29.00

Heft 66:   SCHMITT, T., 1989: Xerothermvegetation an der Unteren Mosel. Schutzwürdigkeit und Naturschutzplanung von Trockenbiotopen auf landschaftsökologischer Grundlage. VIII u. 183 S., 26 Abb., 35 Tab., 13 Photos, 2 Farbkarten als Beilage.   DM 25.00

Heft 67:   TURBA-JURCZYK, B., 1990: Geosystemforschung. Eine disziplingeschichtliche Studie zur Mensch-Umwelt-Forschung in der Geographie. V u. 126 S., 10 Abb.   DM 15.00

Heft 68:   SEIFERT, C., 1990: Meteorologische Analyse der Wind- und Strahlungsverhältnisse in deutschen Mittelgebirgen. Ermittlung der Energiepotentiale kleiner Windenergieanlagen und photovoltaischer Systeme. X u. 188 S., 67 Abb., 45 Tab.   DM 39.50

Heft 69:   SCHMITT, E., 1991: Biotopverbundmodell Oberer Mittelrhein. Möglichkeiten und Grenzen der Vernetzung xerothermer Biotope. VIII u. 201 S., 18 Abb., 30 Tab., 11 Photos, 9 Farbkarten.   DM 27.00

Heft 70:   HEINRICH, H.-A., 1991: Politische Affinität zwischen geographischer Forschung und dem Faschismus im Spiegel der Fachzeitschriften. Ein Beitrag zur Geschichte der Geographie in Deutschland von 1920 bis 1945. XVIII u. 420 S., 69 Abb., 63 Tab.   DM 35.00

Heft 71: POHLE, P., 1993: Manāṅ: Mensch und Umwelt im Nepāl-Himālaya. Untersuchungen zur
biologischen und kulturellen Anpassung von Hochgebirgsbewohnern.
(im Druck)   DM 39.50

Heft 72: HÄRTLING, J.W., 1993: Kommunale Entsorgung in der kanadischen Arktis. Umweltaspekte von Wasserversorgung, Abwasserentsorgung und Abfallwirtschaft in der Baffin-
Region, Nordwest-Territorien, Kanada. IX u. 153 S., 24 Abb., 41 Tab., 4 Photos   DM 25.00

Heft 73: SCHMIDT, P., 1994: Naturschutz in der Wetterau. Rahmenplanung für einen integrierten Naturschutz auf der Grundlage flächendeckender Analyse und Bewertung des Natur-
raumes. 22 Abb., 20 Tab., 6 Photos, 4 Farbkarten (im Druck)

171025